"十二五"国家重点图书出版规划项目

风力发电工程技术丛书

风电场防雷与接地

郑明　刘刚　周冰　李炬添　编著

内 容 提 要

本书是《风力发电工程技术丛书》之一，介绍了雷电作用机制和雷电效应、防雷装置工作原理与运行维护、接地的类型及要求、接地装置与接地材料、接地测量技术等雷电防护知识；着重阐述了风电机组及箱式变电站的雷电防护、风电场集电线路的雷电防护、风电场升压站的雷电防护以及风电场二次系统的雷电入侵防护、陆上风电场的接地计算及降低接地电阻的措施、海上风电机组的接地仿真计算等；最后结合设计案例归纳总结出风电场雷电防护和接地的特点。

本书既适合从事风电场防雷与接地设计、维护工程技术人员阅读参考，也可作为高等院校相关专业的教学参考用书。

图书在版编目（CIP）数据

风电场防雷与接地 / 郑明等编著. -- 北京 : 中国水利水电出版社, 2016.5
（风力发电工程技术丛书）
ISBN 978-7-5170-4021-7

Ⅰ. ①风… Ⅱ. ①郑… Ⅲ. ①风力发电—发电厂—防雷②风力发电—发电厂—接地保护 Ⅳ. ①TM614

中国版本图书馆CIP数据核字(2015)第321575号

书　　名	风力发电工程技术丛书 **风电场防雷与接地**
作　　者	郑明　刘刚　周冰　李炬添　编著
出版发行	中国水利水电出版社 （北京市海淀区玉渊潭南路1号D座　100038） 网址：www.waterpub.com.cn E-mail：sales@waterpub.com.cn 电话：(010) 68367658（发行部）
经　　售	北京科水图书销售中心（零售） 电话：(010) 88383994、63202643、68545874 全国各地新华书店和相关出版物销售网点
排　　版	中国水利水电出版社微机排版中心
印　　刷	北京纪元彩艺印刷有限公司
规　　格	184mm×260mm　16开本　15.75印张　374千字
版　　次	2016年5月第1版　2016年5月第1次印刷
印　　数	0001—3000册
定　　价	**55.00**元

《风力发电工程技术丛书》

编 委 会

前　言

风电场防雷是风电场运行维护中的重要部分，随着风电装机容量的不断增加，因雷电导致的风电场雷击事件呈逐年增长的趋势，雷击造成的叶片、机组电控设备损伤严重，给整机、叶片制造企业及业主单位造成了较大的经济损失，雷击已经成为影响风电机组安全运行、风电场安全生产的危险因素之一。

接地技术是为了防止电力或电子等装置遭受雷击而引入的保护性措施，对于风力发电场，由于其所处的位置风力资源好，也比较空旷，因此遭受雷击的概率也比较高。风力发电机的雷电防护具有一定的特殊性，即利用自身作为引导雷电泄放的通道，因此其自身必须具有良好的通路。风电场所在区域的土壤电阻率一般较高，要使每台风电机组的接地电阻满足要求，需要做好风电场的接地设计。

海上风力资源以其自身优势与丰富的储量，已成为未来风力发电的重点发展方向。海上风电场比陆上风电场更易遭受雷击，雷击故障后的维修难度更大，但同时海上风电场可以利用海水和海床散流，利用机组基础作为自然接地体一般可以满足接地电阻的要求。本书在分析海上风电场防雷接地特点后对其防雷和接地措施，特别是对利用基础作为自然接地体的海上风电机组的接地仿真计算成果进行了重点介绍。

本书介绍了雷电作用机制和雷电效应、防雷装置工作原理与运行维护、接地的类型及基本要求、接地装置与接地材料、接地测量技术等雷电防护知识；着重阐述了风电机组及箱式变电站、集电线路、升压站的防雷保护以及风电场二次系统的防雷保护，陆上风电场的接地计算及降低接地电阻的措施，海上风电机组的接地计算等；最后结合设计案例归纳总结出风电场雷电防护和接地的特点。

本书由中国能源建设集团广东省电力设计研究院有限公司郑明、周冰、李炬添及华南理工大学电力学院刘刚等编著，其中：第1章～第3章、第10章由郑明编写；第5章～第7章、第9章由刘刚编写；第4章和第8章分别由周冰和李炬添编写。同时，陆莹、张弦、周露、郭亚勋、金尚儿、马浩禹、梁嘉浩、许玮、邱梓庭、刘峻岐、游阳、王湘女、陈芷彤、陈长富等参与了文字编录、校正工作，在此表示感谢。

由于编写时间较为仓促，加上编者水平有限，书中错误和不当之处在所难免，欢迎广大读者批评指正。

作者

2015年12月

目录

第1章　雷电放电与雷电参数

本章系统地介绍了雷电产生的大气条件、雷云中的电结构以及关于雷云起电机制的各种假说，并对雷电的类型以及雷电过程进行了描述，使读者对于雷电有一定的了解。

1.1　雷电的形成机制

1.1.1　积雨云、雷雨云的电结构

天空中的云千变万化、千姿百态、形形色色。气象学根据云的结构特点、外形特征和云底高度，把云分成20多种。云在不同天气系统演变过程中形成，不仅代表着当时的天气状况，也预示着未来天气的变化。大量观测及研究也显示雷电的形成与云有着密不可分的关系。因此在研究雷电的进程中，对云的研究尤其是积雨云的研究便显得尤为重要。

1. 云的分类

大气中的云可以分为很多种，在气象学中，按地面观测（只能观测到云底）可将云分成高云、中云、低云，按云的稳定性可分成层状云和直展（对流）云。具体情况见表1-1。

表1-1　云　的　类　型

类型	垂直分类	成　分	特　点
卷云	高云	冰晶	白色狭条状，细丝或碎片状，具有纤维或柔丝般光泽的外形或两者兼有
卷积云	高云	冰晶	由白色颗粒状或波纹状等很小的单元组成，排列有规律
卷层云	高云	冰晶	具有细微结构的淡白色的云幕，均匀地覆盖大部分天空
高积云	中云	水滴	白色或灰色的云层，云的小单体排列较有规律，有明显的轮廓
高层云	中云	水滴	淡灰色或淡蓝色云层，具有均匀或纤维的外形，覆盖大部分天空
雨层云	低云	水滴	灰色厚云层，很暗，有雨或雪
层积云	低云	水滴	灰色或灰白色云层，带有暗黑部分，有规律地排列
层云	低云	水滴	灰色云层，云底很均匀，有时有毛毛雨或米雪
积云	直展云	水滴	离散云体，浓密轮廓清楚，垂直方向发展，产生阵性降水
积雨云	直展云	顶部冰晶，中下部水滴	云浓而厚，垂直发展强烈，有闪电雷暴，顶部出现云砧或羽毛状

由表1-1中不同云的特点可以看出，并不是所有的云都会带来雷暴和闪电。能够带来雷电的主要是积雨云，也可称为雷雨云。

2. 雷雨云的形成及发展

直击雷和感应雷都与带电的云层有关，带电的云层称为雷雨云。有关雷雨云形成的假说很多，但至今尚未有一种被公认为无懈可击的完整学说。本章介绍其中被认为比较完善并经常被推荐的假说。由于大气的剧烈运动引起静电摩擦和其他电离作用，云团内部产生了大量的带正、负电荷的带电离子。在空间电场力的作用下，这些带电离子定向垂直移动，使云团上部积累正电荷，下部积累负电荷（或者相反），云团内产生分层电荷，形成产生雷电的雷雨云。雷雨云的成因主要来自大气的运动。当雷雨云在天空移动时，在其下方的地面上会静电感应出一个带相反电荷的地面阴影，如图 1-1 所示。

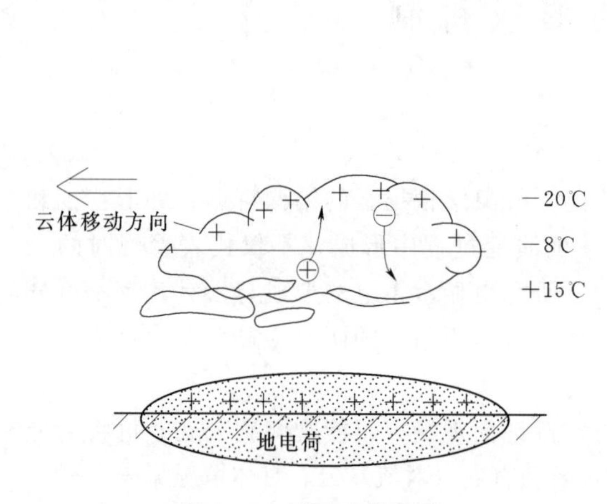

图 1-1　雷雨云带电图

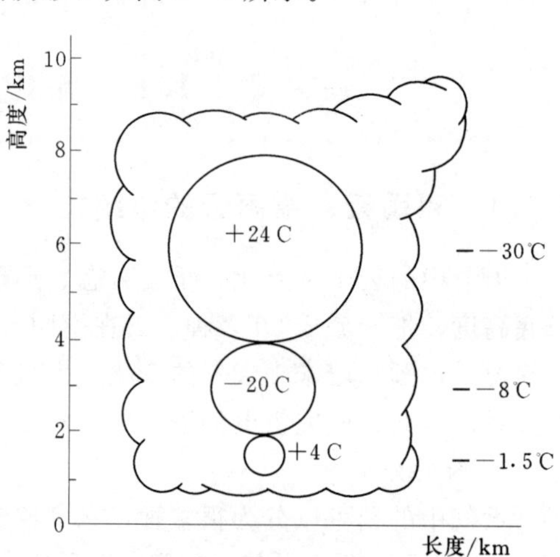

图 1-2　雷雨云中的电结构

雷暴出现会带来强降水、大风、光、强电场和强电流、雷、声、电磁脉冲辐射、天电、无线电噪声等。一方面，它可以造成洪涝灾害；另一方面，也会形成强电流强电场造成人类生命财产的损失，因此对雷暴的研究和分析有重要意义。

3. 雷雨云中的电结构

大量研究显示，雷雨云上部为正电荷区，下部为负电荷区，具有正的双极性分布，所以一般用偶极性电荷分布来描述雷雨云内主电荷结构。但它的实际电荷分布却要比这种简单模式复杂得多。雷雨云中的电结构如图 1-2 所示。

雷雨云中的电偶极子分布模式：雷雨云上部为中心高度 6km、半径 2km、含正电 24C 的区域，下部为中心高度 3km、半径 1km、含负电 20C 的区域，云底附近有一个中心高度 1.5km、半径 0.5km、含正电 4C 的区域（常称为正电荷中心）。

根据观测结果，雷雨云中的电结构除上述电偶极子分布外，还有很多其他的特征，雷雨云的电荷分布较晴天大气电荷的分布要复杂得多。

越来越多的研究表明，实际雷雨云中的电结构远比上述垂直分布的偶极型或三极性电荷结构复杂得多，除了主正、负电荷区和底部的小的正电荷区外，电荷结构也会发生倾斜，也可能呈现多层正负极性电荷层互相交替的结构，也会有反极性的电荷结构出现，而且不同极性的电荷也可能出现在同一高度。即使在同一纬度，不同地区、不同季节、不同的环流形式及不同扰动温度形成的雷雨云也各不相同。模式研究是与实际观测相互补充的

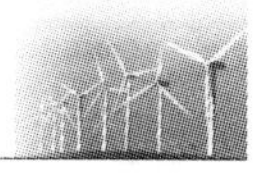

一项重要研究手段。

假定云内正负电荷分别集中分布在某一高度上，且上方为正电荷，下方为负电荷。如果把大地看成是一平面导体，从物理上分析，在点电荷 Q 的电场作用下，导体板上出现感应电荷分布。若 Q 为正的，则感应电荷为负的；若 Q 为负的，则感应电荷为正的。空间中的电场是由给定的点电荷 Q 以及导体面上的感应电荷共同激发的。利用镜像法，测站点处地面电场 E 为

$$E=\frac{1}{4\pi\varepsilon_0}\left[\frac{2Q_P H_P}{(D_P^2+H_P^2)^{3/2}}-\frac{2Q_N H_N}{(D_N^2+H_N^2)^{3/2}}\right] \tag{1-1}$$

式中　Q_P、Q_N——正、负电荷中心的电量；

H_P、H_N——正、负电荷中心高度；

D_P、D_N——测站点与云中正、负电荷中心在地面的投影点之间的距离。

1.1.2　积雨云的起电机制

在积雨云内，由云中粒子间相互作用起电称为微观起电；而由云内大尺度上升气流使云不同部位和不同极性的电荷的起电机制称为宏观起电机制。目前关于云内的起电理论有几十种，但没有哪一种理论能完善解释所有云荷电的实际观测结果。典型的雷雨云起电主要有感应起电、温差起电、大云滴破碎起电、对流起电等理论，但是这些理论难以用实际的观测证明其正确性。关于积雨云电荷的产生原因有很多学说，可以由感应起电、温差起电和破碎起电等进行解释。

1.1.2.1　感应起电

当云中存在固态或液态水滴时，感应起电十分重要。大量科学研究表明，地球本身就是一个电容器，通常稳定地携带 50 万 C 的负电荷，而地球上空有一个带正电的电离层，这样就形成了一个已经充电的电容器，它们之间的电压大约为 300kV，上正下负。

降水粒子（大粒子）和云粒子（小粒子）受到外电场的作用而极化，由于降水粒子远大于云粒子，降水粒子向下运动，云粒子向上运动。它们相遇发生碰撞时交换电量。如果电场垂直向下，则粒子上半部极化为负电，下半部极化为正电。当它们接触时，降水粒子正电荷与云粒子负电荷相交换，最后导致降水粒子带负电，云粒子带正电。根据重力分离机制，荷正电的云粒子向云的上部运动，荷负电的降水粒子向云的下部运动，从而形成云中上部为正，下部为负的电荷中心。

积雨云的感应起电机制如图 1-3 所示。

1.1.2.2　温差起电

夏季经常可观测到在积雨云的顶部的卷云处有电晕现象，这与该处的冰晶和温度有关。

1. *温差起电原理*

在强对流天气系统中，水打在冰面上而未完全冻结时，所形成的冰凇层带有相当多的负电荷，研究表明，结凇起电决定于垂直冰块表面的温度梯度，单个水滴冻结后，水滴表面会长出一些冰刺而脱落，有时水滴还会破裂，脱落下一些冰屑。

在冰刺或水滴破裂时，较大的残块常常带负电荷，每滴破碎后分离的电量在（－3.67～

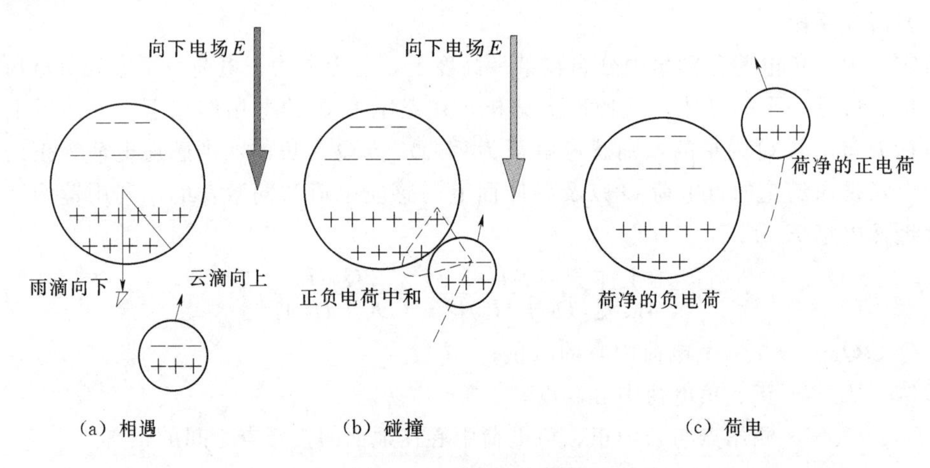

图 1-3　感应起电机制

$-400)\times10^{-14}$C，平均为-2.87×10^{-13}C。冻结的起电原因如下：

（1）冰中有一小部分的分子处于电离状态，形成较轻的H^+和较重的羟基OH^-离子，并且其浓度随温度升高而很快增加，温度高（热）的地方离子浓度大，温度低（冷）的地方离子浓度低。

（2）H^+离子的扩散系数和迁移率比OH^-离子要大 10 倍以上。因此当冰中有温度梯度时，将出现离子浓度梯度。由于热端起初具有较多的正、负离子，而后沿此浓度梯度，H^+离子扩散得快，导致正负离子分离，使冷端获得净正电荷电量，而热的一端为净的负电荷，冰中体电荷生成的电场将阻止电荷分离的继续，最后达到平衡状态，冰内建立了稳定的电位差。

温差起电原理如图 1-4 所示。

2. 雹块与冰晶摩擦温差起电机制

对于摩擦温差起电，雹粒系雹胚碰冻云中过冷水滴增长而成，表面较为粗糙，在它降落过程中，云中的冰晶与它碰撞摩擦增温。摩擦时雹粒的粗糙表面只有少量突出部分与冰晶接触，这些少量突出部分升温较高，加上雹粒含有气泡，而空气的导热率小于冰的导热率，不利于这些突出部分的温度因热传导而下降。反之冰晶表面较为细密而光滑，以较大面积与雹粒突出部分接触，摩擦增温面积大，则单位面积增温小。因而由于冰的热电效应，温度较高的雹粒带负电荷，温度较低的冰晶带正电荷。由于云中重力分离作用，带正电荷的冰晶随气流上升至云体上部，而带负电荷的雹粒因重力沉降至云下部，形成云体上部为正电荷区，云体下部为负电荷区。

3. 碰冻温差起电机制

较大过冷云滴与雹粒碰撞时，一般因冰核化而引起冻结，云滴表面形成一层冰壳，同时释放冻结潜热，使过冷云滴内部增温；随后，当过冷云滴内部亦冻结时释放潜热，形成冻滴内部热外部冷的径向温度梯度。由于冰的热电效应，使冻滴外壳带正电荷，内部携带负电荷。在过冷云沿着内部冻结的时候，膨胀作用使冰壳破裂，于是冻滴表面飞离的冰屑携带正电荷，冻滴核心部分携带负电荷。在正、负电荷的重力分离过程中，携带正电荷的冰屑随上升气流到达云体上部，而携带负电荷的雹粒因重力下沉到云的下部。

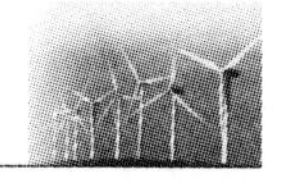

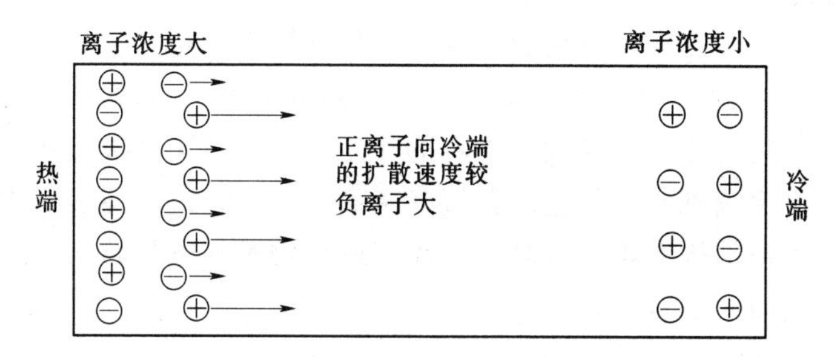

(a) 温差引起离子浓度差异和离子的运动

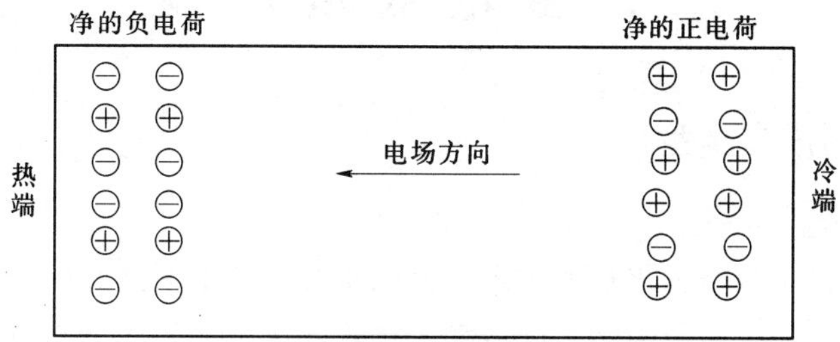

(b) 冰内电荷分离成功

图 1-4　温差起电原理图

1.1.2.3　破碎起电

在积雨云荷电结构中，其底部带有少量的正电荷，这一现象可以从大云滴的破碎而引起的带电机制来说明。

如图 1-5 所示，观测表明，雷暴云底处集中相当数量的大雨滴，当大雨滴出现在上升气流很强的地方，且半径超过 1mm 时，大雨滴即被强上升气流作用而破碎。最初大雨滴表现为变得扁平，然后其下表面被气流吹得凹进去，成为一个水泡或口袋，最后破裂为小水滴。如果外电场 E 的指向是自上而下，则大雨滴上半部破碎成负电荷的小水滴，下半部破碎成带正电荷的较大水滴。云中正、负电荷在重力作用分离过程中，带负电的小水滴随上升气流到达云的上部；而带正电的大水滴因重力沉降而聚集于 0℃ 层以下的云底附近，使云底带正电。

破碎起电比较复杂，它与水滴的化学组成、气流、水滴温度、外场强度及水滴破裂形

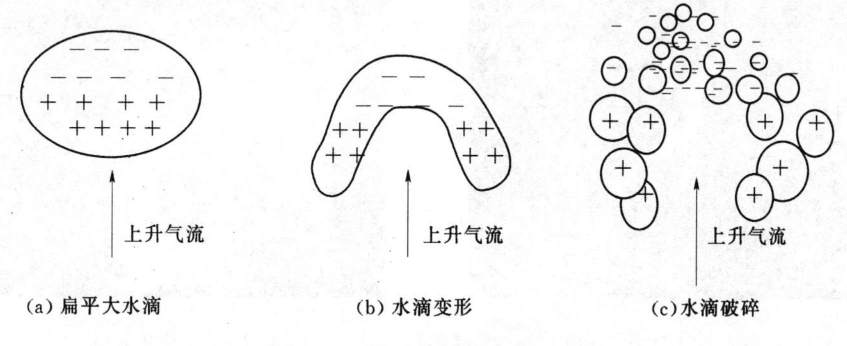

(a) 扁平大水滴　(b) 水滴变形　(c) 水滴破碎

图 1-5　大水滴破碎起电过程

式有关，其起电量很不稳定。

当水滴在大气电场中破碎时，其起电量与大气电场密切相关。水滴在大气电场作用下极化，球内沿电场 E 方向的上半部带正电，下半部带负电，破碎时最大可能起电量使水滴的上半部和下半部完全分离。在大气电场的作用下，大雨滴因破碎产生正、负电荷，在重力分离作用下，大水滴破碎后带正电荷沉降聚集于云底附近，使云底附近形成一正电荷区。这对云下部的电荷结构有重要贡献，这种荷电结构对闪电初始击穿的形成具有重要作用，它激发云内负电荷向下运动。

1.2　雷电放电机制

1.2.1　闪电的形成与类型

1.2.1.1　闪电的产生

雷鸣闪电是大自然中经常出现的现象，然而很多人并不清楚它的产生原理和本质。事实上，闪电是云与云之间、云与地之间或者云体内各部位之间的强烈放电现象，这种放电一般发生在积雨云中。

1.2.1.2　闪电的类型

闪电一般有两种分类方法。

1. 按闪电发生的空间位置分类

(1) 云内闪电：云团内不同极性荷电中心之间的放电过程。

(2) 云际闪电：两块不同极性云团荷电中心之间的放电过程。

(3) 晴空闪电：云团荷电中心与云团外大气或不同极性荷电中心之间的放电过程。

(4) 云地闪电：云团荷电中心与大地（地物）之间的放电过程，通常称之为地闪。它与人类的关系最密切，是防雷研究的主要对象。

2. 按闪电的形状分类

(1) 线状闪电，如图1-6所示。

(2) 带状闪电，如图1-7所示。

图1-6　线状闪电

图1-7　带状闪电

（3）片状闪电。

（4）联珠状闪电，如图1-8所示。

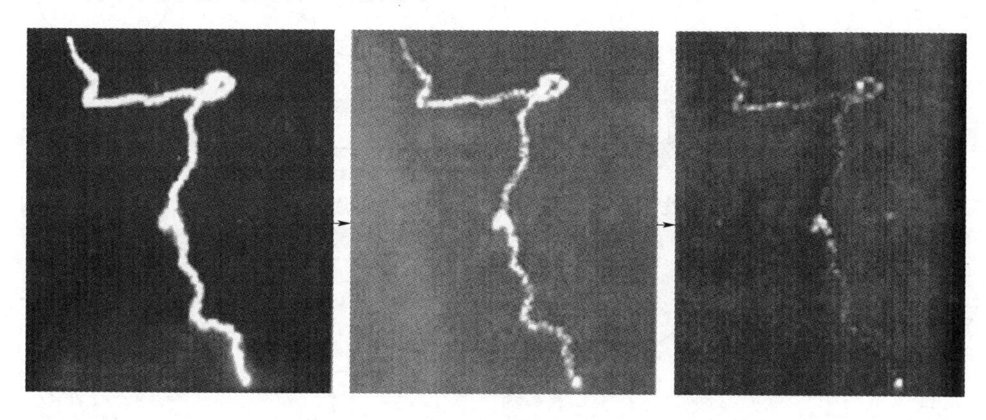

图1-8 联珠状闪电

（5）球状闪电。

1.2.2 地闪的类型及其特性

通常情况下，一半以上的闪电放电过程发生在云内主要正、负电荷区间，这种闪电称为云内闪电，它与发生概率相对较低的云间闪电和云-空气放电一起被称作云闪。云地之间的对地放电则被称为地闪。由于地闪对人类危害较大，与人类生活息息相关，所以对它的研究也较为深入。

1.2.2.1 地闪的分类

1. 按先导方向划分

（1）向下先导：由云向地面发展的先导；如果先导带负电，称向下负先导；如果先导带正电，称向下正先导。

（2）向上先导：由地面向云中发展的先导；如果先导带负电，称向上负先导；如果先导带正电，称向上正先导。

2. 按闪电电流划分

（1）正地闪：闪电电流为正（向下）的称为正地闪；通常云底荷正电荷，地面为负电荷。

（2）负地闪：闪电电流为负（向上）的称为负地闪；通常云底荷负电荷，地面为正电荷。

3. 按照地闪先导传播方向和地闪电流方向划分

第一类地闪：具有向下先导和向上回击，云中负荷电中心与大地和地物间的放电过程具有负闪电电流，简称为向下负先导负地闪，如图1-9（a）所示。如果负先导不着地，则无回击，此时只有云空放电。如果负先导着地，则产生回击，将云中的部分电荷泄放到大地，如图1-9（b）所示，若该过程只一次则为单闪击闪电，若重复多次则为多闪击闪电。

第二类地闪：具有向上正先导的云中负荷电中心与大地和地物间的放电过程，具有负

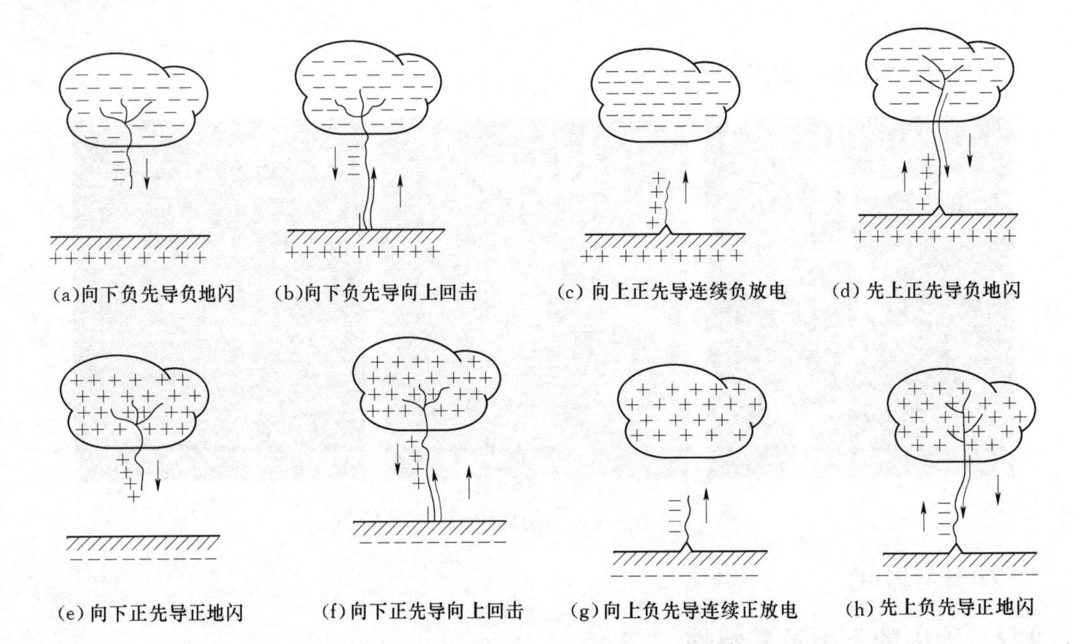

图 1-9　四种不同类型的地闪示意图

闪电电流。它又分两种情况：若先导带正电向上，放电一般始于高耸的接地体（塔尖或山顶），具有向上正先导而无回击，简称为向上正先导连续负放电，如图 1-9（c）所示；若先导带正电向上和向下回击，称之为向上正先导负地闪，如图 1-9（d）所示，如果其后有随后闪击，称之向上正先导多闪击负地闪。

第三类地闪：云中电荷为正，具有向上负先导的云中正电荷中心与大地和地物间的放电过程，具有正闪电电流。若向上先导始于高耸的高层建筑的尖顶，这类地闪也有以有无回击而细分为 A 型和 B 型。A 型地闪具有向上先导和向下回击的放电过程，简称向上负先导连续正放电，如图 1-9（g）所示。向上正地闪多为单闪击地闪。B 型地闪具有向上先导而无回击的放电过程，只是在先导后出现持续时间约几百毫秒，持续电流为几百安的放电过程，简称为向上负先导正地闪，如图 1-9（h）所示。

第四类地闪：云中荷正电，为具有向下正先导和向上回击，云中正电荷中心与大地和地物间放电过程具有正闪电电流，简称为向下正先导正地闪，如图 1-9（e）所示。若向下正先导不着地，于是产生云空放电过程。若向下正先导着地，引起向上正回击，泄放云中的正电荷到大地，如图 1-9（f）所示，这一类在山地区少见，在湖边可见到。

1.2.2.2　地闪放电全过程

地闪放电过程电荷活动如图 1-10 所示。

1. 梯式（级）先导

（1）闪电的初始击穿：在图 1-9（a）～图 1-9（d）中，当积雨云的下部有一负电荷中心与其底部的正电荷中心附近局部地区的大气场达到 10^4 V/cm 左右时，该云雾大气会初始击穿负电荷中和正电荷，这时从云下部到云底部全部为负电荷区。

（2）梯式先导过程：随大气电场进一步加强，进入起始击穿的后期，这时电子与空气

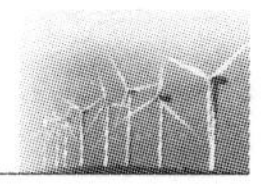

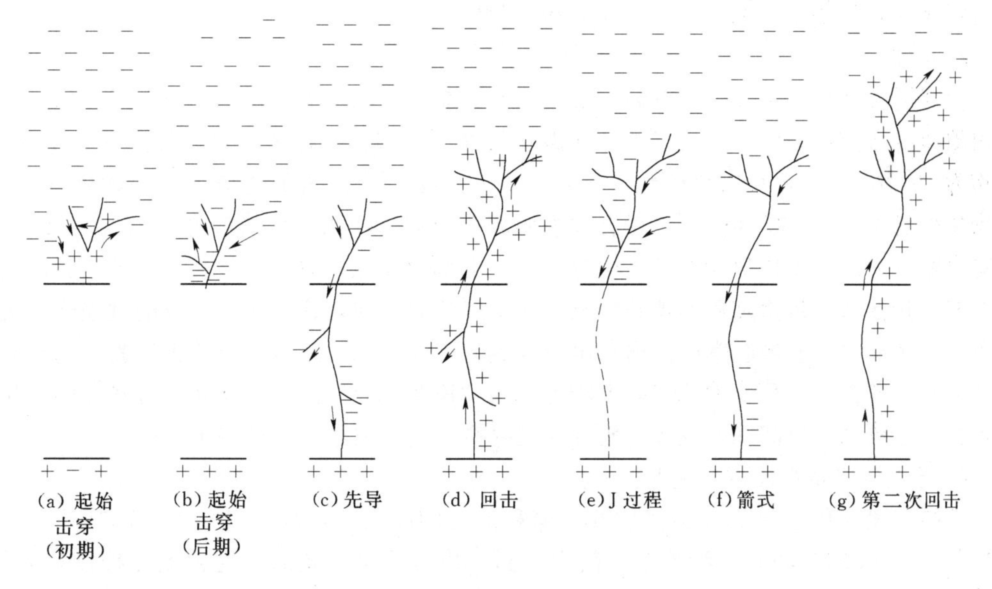

图 1-10 地闪放电过程电荷活动

分子发生碰撞，产生轻度电离，从而形成负电荷向下发展的流光，表现为一条暗淡的光柱像梯级一样逐级伸向地面，称为梯式先导，如图 1-9（e）～图 1-9（f）所示，每一梯级的顶端发出较亮的光。由于大气体电荷随机分布，梯式先导在大气中蜿蜒曲折地进行，并产生许多向下发展的分支。梯式先导的平均传播速度为 3.0×10^5cm/s 左右，其变化范围 $(1.0\sim26)\times10^5$cm/s，梯式先导由若干个单级先导组成，而单个梯级的传播速度则快得多，一般为 5×10^7cm/s，单个梯级的长度平均为 50m 左右，其变化范围为 30～120μm 左右。梯式先导通道的直径较大，变化范围为 1～10m。

（3）电离通道：梯式先导向下发展的过程是一电离过程，电离过程中生成成对的正、负离子，其中正离子被由云中向下输送的负电荷不断中和，从而形成一充满负电（对负地闪）荷为主的通道，称为电离通道或闪电通道，简称通道。闪电通道由主通道、失光通道和分叉通道组成。闪电放电过程中主通道起重要作用，电离通道结构如图 1 11 所示。

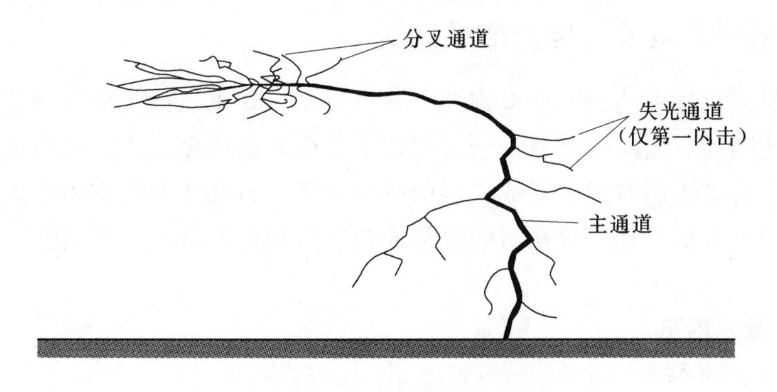

图 1-11 电离通道结构

（4）连接先导：当具有负电位的梯式先导到达地面附近，离地约 5～50m 时，可形成很强的地面大气电场，使地面在正电荷向上运动，并产生从地面向上发展的正流光，这就

是连接先导，连接先导大多发生于地面凸起物处。

2. 回击

当梯级先导与连接先导会合时，形成一股明亮的光柱，沿着梯式先导所形成的电离通道由地面高速冲向云中，称为回击。回击比先导亮得多，传播速度也比梯式先导快得多，平均为 5×10^7cm/s，变化范围为（2～20）$\times10^7$cm/s。回击的通道直径平均为几厘米，其变化范围为0.1～23cm。回击具有较强的放电电流，峰值电流强度可达10^4A量级，因而发出耀眼亮光。地闪所中和的云中负电荷绝大部分在先导放电时贮存在先导主通道及其分支中，并在回击传播过程不断被中和。由梯式先导到回击这一完整的放电过程称为第一闪击。从地面向上发展起来的反向放电不仅具有电晕放电，还具有强的正流光，它与向下先导会合，其会合点称为连接点，有时称之为“连接先导”的向上流光，若其在向下先导到达放电距离同一瞬间开始发展，则连接先导高度约为放电距离的一半。

3. 箭式（直窜或随后）先导

紧接着第一闪击之后，经过约几十毫秒的时间间隔，形成第二闪击。这时又有一条平均长为50m的暗淡光柱沿着第一闪击的路径由云中直驰地面，这种流光称箭式先导。箭式先导是沿着预先电离了的路径通过的，它没有梯式先导的梯级结构。箭式先导的传播速度大于梯式先导的平均传播速度，平均值为 2×10^6cm/s，变化范围为（1.0～21）$\times10^6$cm/s，箭式通道直径的变化范围亦为1～10m。当箭式先导到达地面附近时，又产生向上发展的流光由地面与其会合，随即产生向上回击，以一股明亮的光柱沿着箭式先导的路径由地面高速驰向云中。由箭式先导到回击这一完整的放电过程称为第二闪击，第二闪击的基本特征与第一闪击是相同的，而以后各次闪击的情况与第二闪击的情况基本相同。

由一次闪击构成的地闪称为单闪击地闪，由多次闪击构成的地闪称为多闪击地闪，而第一闪击后的各闪击称为随后闪击。通常一次地闪由2～4次闪击构成，个别地闪的闪击数可达26次之多。多闪击地闪各闪击间隙时间，在无连续电流的情况下平均为50ms左右，其变化范围为3～380ms。一次地闪的持续时间平均为0.2s左右，其变化范围为0.01～2s。

1.2.3　人工触发闪电及闪电的形成机制

闪电是强对流风暴中的瞬态放电现象。自古以来，雷电所产生的划破长空的炫目的闪光以及与之相伴随的震人心魄的霹雳给人们留下了强烈的印象，因而成为近代科学最早研究的对象之一。目前人们对闪电形成机制的研究主要来自高压实验室内的人工模拟雷电实验，与自然界闪电有所差异，故在对闪电形成机制学说的理解上，既要注意其局限性，又要注意相似性。

1.2.3.1　人工触发闪电

1. 人工触发闪电技术

目前采用的人工引发雷电技术是在雷暴当顶且地面电场强度达到3kV/m时，发射拖带直径为0.2mm细金属丝的小火箭。绕有金属丝的线轴固定在火箭的尾翼上，火箭的飞行速度为100～200m/s，最大飞行高度约800m。金属丝下端可以是接地的（地面触发方

式），也可以是不接地的（空中触发方式）。在后一种情况下，火箭升空时首先从线轴放出的是几十到几百米长的尼龙线，然后才是与地绝缘的金属导线，由于这种方式能模拟自然闪电的下行先导的接地行为，因而目前得到了较多的使用。当火箭上升到离地面几百米高度时，环境电场强度为3～30kV/m。由于细金属丝对电场的局部增强作用，在紧靠导线上、下端处的电场强度就会超过10^6V/m而发生电击穿，并以电子雪崩的方式先后形成向上和向下传输的先导。下行先导首先到达地面，形成类似于回击的快速电荷中和过程（微回击），然后上行先导进入云中，形成了云-地之间的电流通道。

2. 人工触发闪电的意义

人工触发闪电是研究闪电和利用闪电的重要途径之一。由于自然闪电在时间上和空间上的随机性，给研究闪电带来了一定的困难，而人工触发闪电则可以弥补其不足。在触发之前可以做好各种观测和测试准备，因此，可以方便地对闪电的机制、闪电的物理化学过程等进行研究。通过人工触发闪电还可研究闪电对人体、建筑物以及电器、电子设备等的破坏作用，以找到防雷击的有效技术。人工触发闪电在军事上也有广泛的用途，如在发射大火箭之前，先发射小火箭以触发云中闪电，以便在带电云中暂时打开一个安全通道，使大火箭、导弹等飞行器安全通过。同时，人工触发闪电还可以作为核爆电磁脉冲信号的模拟信号源，以用于检验爆炸定位系统的工作情况，也可能作为人工影响雷电和防雹消雹的一种手段，对农业减灾方面有所贡献。总之，人工触发闪电作为可以控制的模拟自然雷电源，在雷电机理研究、雷电防护以及电力、通信、军事及宇航等部门都有着广泛的应用前景。

1.2.3.2 闪电的形成机制

1. 关于先导机制的学说

闪电是大气电场增强到一定程度后空气的自持导电现象，因此可以引用实验室条件下关于实验气体从被激导电转化为自持导电的学说。绝缘的气体在强电场作用下，当电场强度达到一定值时，初始的少量带电粒子在电场力的作用下加速，当动能达到一定值时，可以通过碰撞作用把能量传给气体原子或分子并使之电离，产生更多的电子，新产生的电子被加速后再去碰撞，从而产生类似雪崩一样的连锁反应，这种现象称为电子崩，最后绝缘气体变成良导体，气体被击穿。实际上，根据H. Reather和K. W. Wagner先后利用云室照相拍得的气体放电照片可以看出，导体通道中除了电子崩以外，还有扩展更快的“流光”，它们是被碰撞的原子、分子或离子发出的光子以及光子撞击原子、分子而产生的二次电子及电子崩所组成的。这些流光才是造成气体击穿电离的主要因素，而闪电的先导正是靠流光开辟闪电通道的，光子的速度比电子大得多，所以先导推进的速度较快。

2. 积雨云电击穿机制

空气的电击穿所需要的电场强度约为3×10^4V/cm，而云中出现流光形成梯级先导时，实验测得此时云中的电场强度还远未达到此值。麦基（Macky）在1931年发现：在强电场的作用下，水滴极化并沿电场方向伸长，当电场强度超过临界电场时，水滴就变得很不稳定，开始电晕放电，水滴两端发出流光。如果水滴半径取0.1cm，则临界电场为1.2×10^4V/cm，如果水滴半径取0.2cm，则临界电场为0.87×10^4V/cm，这说明云中水滴在较低的场强下就产生流光了。实验观测表明，在积雨云出现下行先导之前，云内已先有流光发展，使云下端的次正电荷区与云中部的主负电荷区导通，积雨云的负电荷从中层发展到下层。

3. 云地间的先导通道

在云下方与大地之间的大气电场强度，从观测值来看，几乎未达到 1×10^4 V/cm，而梯级先导的流光向下方推进所需要的电场强度至少要达到 3×10^4 V/cm，即空气的击穿场强。由于云中先导已经形成了高度电离的通道，云中电荷就会沿通道充满先导的下端，在这尖端附近就产生电场强度很高的不均匀电场，其值远远大于 3×10^4 V/cm，它足以使附近的大气击穿导电，而且其作用力产生的电子迁移速度可达 10^7 cm/s，这正是梯级先导的传播速度。先导通道的电阻非常小，故先导下端与积雨云中负电荷区中心处的电位几乎相等，先导的下端很容易发出流光，迅速推进先导一级一级地跃进。

4. 其他地闪的先导

下行负地闪虽然占地闪的70%～90%，但是近几年上行闪电也越来越受到人们的重视。因为先导是从地面发展的，可以瞬间提供足够的自由电荷，所以一般来说，上行雷没有回击。当上行先导只伸展到云中负电荷区，不出现回击，这是上行负地闪；当此先导伸展到云顶深处，与正电荷导通，范围很高，先导通道顶端与地面的电位差非常大，引起的回击特别强烈，此时为上行正地闪。

1.3　雷电表征参数与测量

在防雷工程中的雷电参数主要是为了表征雷电的时间分布和强弱活动特点，主要的雷电参数包括雷暴日、地面落雷密度、雷电电流幅值、雷电电流陡度等。雷电活动随地域而异，我国南北方雷电活动差异较大，因此，各地积极展开雷电观测活动可以积累雷电活动参数作为防雷经验，根据这些数据来设计防雷保护设备和制定防雷保护方式，采取有效和经济的防雷保护措施。

1.3.1　雷电表征参数

1. 雷暴日

雷暴日通常是指一年内的平均雷暴日数，即年平均雷暴日，用 T_d 表示，单位 d/a。只要一天之内能听到雷声就算一个雷暴日，主要反映了雷电活动的频繁程度。雷暴日数越大，说明雷电活动越频繁。山地雷电活动较平原频繁，约为平原的三倍。我国广东省的雷州半岛（琼州半岛）和海南岛一带雷暴日在80d/a以上，长江流域以南地区雷暴日为40～80d/a，长江以北大部分地区雷暴日为20～40d/a，西北地区雷暴日多在20d/a以下。西藏地区因印度洋暖流沿雅鲁藏布江上溯，很多地方雷暴日高达50～80d/a。通常广州、昆明、南宁为70～80d/a，重庆、长沙、贵阳、福州约为50d/a，北京、上海、武汉、南京、成都、呼和浩特约为40d/a，天津、郑州、沈阳、太原、济南约为30d/a等。

我国把年平均雷暴日不超过15d/a的地区划为少雷区，超过40d/a的划为多雷区，超过90d/a的地区及运行经验表明雷灾特别严重的地区划为特殊强雷区。在防雷设计时，应考虑当地雷暴日数的影响。

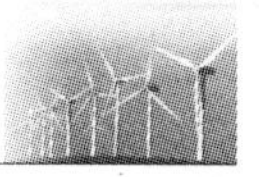

2. 地面落雷密度

每平方千米地面在一个雷暴日中受到的雷击数，用地面落雷密度γ表示。它等于地闪密度除以年雷电日［单位为$N/(km^2 \cdot a)$］。地闪密度即统计区域里每平方千米的地闪次数，一般用年平均地闪密度表示。

3. 雷电电流幅值

主放电时冲击电流的最大值称为雷电电流幅值，大小可达数十安至数百千安。根据实测，可绘制雷电流概率曲线。我国年平均雷暴日为20d/a以上地区的雷电流幅值的概率为

$$\lg P=-\frac{I}{108} \tag{1-2}$$

式中　I——雷电流幅值，kA；

P——幅值大于I的雷电流出现的概率。

年平均雷暴日为20d/a以下的地区，雷电流幅值的概率为

$$\lg P=-\frac{I}{54} \tag{1-3}$$

4. 雷电流陡度

雷电流陡度是指雷电流随时间上升的速度。雷电流冲击波波头陡度可达到50kA/μs，平均陡度约为30kA/μs。雷电流陡度与雷电流幅值和雷电流波头时间的长短有关，雷电流波头时间仅数微秒。做防雷设计时，一般取波头形状为斜角波，时间按2.6μs考虑。雷电流陡度越大，对电气设备造成的危害也越大。因此，在防雷要求较高的场合，波头形状宜取为半余弦波。此时有

$$I=\frac{1}{2}(1-\cos\omega t)=\frac{1}{2}\left(1-\cos\frac{\pi t}{\tau_t}\right) \tag{1-4}$$

式中　τ_t——雷电流波头时间，$\tau_t=\pi/\omega$。

1.3.2 雷电表征参数测量

1. 人工记录方法

我国气象部门在全国各地建立了气象观测站，记录每天的雷电及闪电数据，可从国家气象局获取。

2. 雷电定位系统

传统的雷电参数不能全面地反映全国各个区域的雷电活动特征，因此雷电定位监测技术及其系统已广泛应用于国内外电网，是当前监测雷电的主要技术平台。雷电定位系统（简称LLS）测量的地闪发生时间、位置、雷电流幅值、极性等长期监测数据，可以为电力系统提供具有地域特征的雷电日和地面落雷密度数据。

3. 雷电流波形监测

雷电流波形监测装置是了解各地雷电流幅值及波形的最直接的手段。对于空旷地区，由于物体的尖端效应，一般雷击比较高的物体；在山区，雷击山顶物体，另外山坡迎风面的物体、山体夹沟中的迎风带中的物体也易遭受雷击；雷击与地质条件有关，如果地下有矿物质，则地面物体容易遭受雷击。由此可见，一方面引起雷电放电定向过程只能是导致发展中的先导流注区域的电场产生畸变的地面物体；另一方面，计算表明，当雷电先导发

展到比地面物体高得多的地方就可以满足从地面物体发展迎面先导的条件。不同物体对雷电的吸引作用不同，因此输电线路和高塔的雷电流监测结果应该存在差异。自高塔或高山上的观测塔的雷电流监测结果对输电线路的防雷设计有一定的参考作用，但考虑到雷电流波形与实际的杆塔结构及杆塔高度具有重要的关联性，这些监测结果用于线路防雷时可能会偏高。另外，输电线路的工作电压对雷电的吸引作用可能会导致雷击概率的增加。

4. 雷电放电过程及闪络路径拍摄

随着照相及摄像技术的发展，安装高速照相机和高速摄像机拍摄雷电放电过程及闪络路径是近年来雷电研究的一个重要方向，为更深刻地揭示雷电放电过程提供了有效手段。另外，拍摄得到的雷击输电线路的图片及过程为雷电先导模型的建立提供了重要依据。

1.4　工程中的雷电模型

1.4.1　工程界对雷电的描述

在许多工程技术防雷技术研究中，常常用电工理论上的等效电路来处理闪电，即把大气电过程类比为一些电工学上的器件，这是一种近似估算的方法。

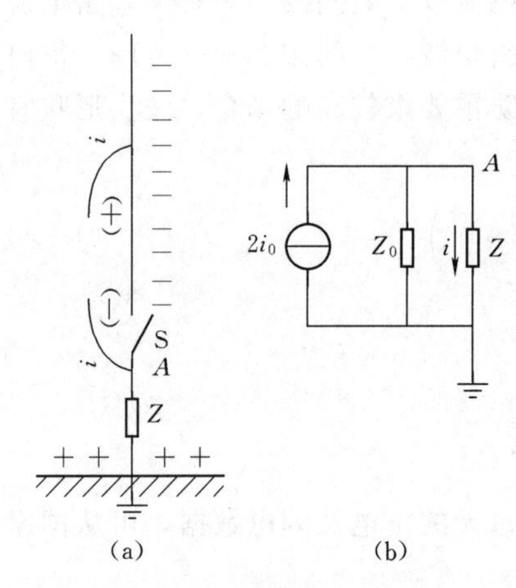

图1-12　雷电放电的计算模型

闪电从上行先导转到回击时，向下先导与向上先导连接导通，电流剧增，于是在第一级近似中，把下行先导看作阻抗为 Z 的无阻导体。若假定整个下行先导两端（从积雨云负电荷区中心到下行先导下端开路先锋的流光）的电压为 U，就有 $i=U/Z$。同时认为上行先导的连接先导（即迎面先导）可视为电感为 L 的良导体，就有 $\mathrm{d}i/\mathrm{d}t=U/Z$。

如图1-12（a）所示为雷电放电的计算模型。为了进行定量的分析，必须建立闪电的计算模型分析它对雷击地面由先导放电发展为主放电过程的影响。图中 Z 是被击物体与大地（零电位）之间的阻抗。开关S闭合以前相当于先导放电阶段，由于它的发展速度相对较低，可以忽略地面上被感应电荷的移动速度，认为 A 点仍保持零电位。

S突然闭合，相当于主放电过程开始。此时，大量正、负电荷沿先导通道逆向运动，并使得来自雷云的负电荷中和，这表现为幅值甚高的主放电电流（即雷电流）i 通过阻抗 Z，此时 A 点电位也突然上升。显然电流 i 的数值与先导通道的电荷密度以及主放电的发展速度有关，而且还受到阻抗 Z 的影响。先导通道的电荷密度很难测定，主放电的发展速度也只能根据观测大体判断，唯一易测知的是主放电开始以后流过阻抗 Z 的电流 i 以及它所引起的 A 点的电位升高。因此着眼于 A 点来建立雷电放电的计算模型，以求得到比较统一的分析方法。先导放电尽管是不规则的树枝状，而且是脉冲式发展，但研究表明，它还具有分布参数的特征。可以近似假定它是一个具有电感、电容等均匀分布参数的导电

通道，称为雷电通道，其波阻抗为 Z。再把主放电过程看作是沿着波阻抗为 Z 的无限长的雷电通道，自云层向地面传来的前行波 $U=Zi$ 到达 A 点的过程。从地面感受的实际效果和工程实用的角度出发，把雷电放电过程简化为一个数学模型，从而得出它的彼得逊等值电路——电流源等值电路，如图 1-12（b）所示。

综上所述得到以下两点结论：

（1）雷云对地放电的实质是雷云电荷向大地的突然释放。地面被击物体的电位取决于雷电流与被击物体阻抗的乘积（被击物体阻抗是指被击点与大地零电位参考点之间的阻抗）。因此，从电源的性质看，雷击相当于一个电流源的作用过程。

（2）雷电放电的物理过程虽然很复杂，但是从地面感受到的实际效果和防雷保护的工程实用角度可以把它看作是一个沿着一条有固定波阻抗的雷电通道向地面传播的电磁波过程，可以据此建立计算模型。在主放电时，雷电通道每米的电容和电感的估算为

$$L_1=\frac{\mu_0}{2\pi}\ln\frac{D}{r} \tag{1-5}$$

$$C_1=\frac{2\pi\varepsilon_0}{\ln\dfrac{D}{R}} \tag{1-6}$$

式中 ε_0——空气的介电常数，为 8.86×10^{-12}F/m；

μ_0——空气的导磁系数，为 $4\pi\times10^{-7}$；

D——主放电的长度，m；

R——主放电通道的电晕半径，m；

r——主放电电流的高导通道半径，m。

取 $D=300$m，$R=6$m，$r=0.03$m，作为二级近似，相当于可求出 $C_1=14.2$pF/m，$L_1=1.84\mu$H/m。从而可以算出雷电通道波阻抗为

$$z=\sqrt{\frac{L_1}{C_1}}=\sqrt{\frac{1.84\times10^{-6}}{14.2\times10^{-12}}}=360(\Omega) \tag{1-7}$$

波速为
$$v=\sqrt{\frac{1}{L_1C_1}}=\sqrt{\frac{1}{1.84\times10^{-12}\times14.2\times10^{-6}}}=1.96\times10^{8}(\text{m/s}) \tag{1-8}$$

根据国内外的实测统计，75%～90%的雷电流是负极性，因此电气设备的防雷保护和绝缘配合通常都取负极性的雷电冲击波进行研究分析。

从波动观点看闪电的过程，认为回击式电流冲击波以 10%～30%的光速沿着导电通道向上传播。相当于高频电路的传输线，这个冲击波到达闪电通道上端，产生反射，并因云和通道的阻尼呈衰减延缓，此外，还有电磁辐射的影响。

对于先导上下端的电压 U 的估算，由于对云中电荷的分布认识不够，无法确定云对于地的电位，因此只能近似估算先导到达地面前一瞬间其上端与地面之间的电压 U_L。它包含两部分，沿先导的电压降 U_L 和电晕套的内外两面间的电压降 U_t。

根据测量和估算，得到 $U_L=3\times10^7$V，$U_t\leqslant1.8\times10^7$V，所以 $U=3\times10^7+1.8\times10^7=4.8\times10^7$(V)。

显然，这些方法尚且没有得到很好地验证，需要发展和完善。

1.4.2　雷电放电的工程模型及计算

1. 理想化模型

构建模型是科学研究的基本方法之一，建立适当的理想模型有利于突出问题的主要因素，排除次要因素，使所研究的问题变得简单、易于理解、思路清晰。

倘若离开了理想模型，不仅许多科学研究无法进行，而且对科学的纵深发展必然会起阻碍束缚的作用。

物理学上，用理想化方法建立物理模型来研究问题的例子数不胜数。总归有五种分类方法：①将物质形态自身理想化，如质点、系统、理想气体、点电荷、匀强电场、匀强磁场等；②将所处的条件理想化，如光滑、绝热等；③将结构理想化，如分子电流、原子模式结构、磁力线、电力线；④将运动变化过程理想化，如匀速圆周运动、等压、等温、等容过程、匀速、匀变速直线运动、抛体运动、简谐振动、稳恒电流等；⑤将物理实验理想化，包括将实验条件理想化、实验器材理想化等。

雷电具有发生、发展的随机性和瞬时性的特点，它的信息快速瞬变，这给对它的测量和研究带来了很大的困难。防雷设计离不开计算，所以必须把复杂的闪电过程简化，抓住主要因素，用一种工程上熟悉的模型来代替复杂的过程，以便进行分析和计算。

2. 雷电放电的工程计算

雷电放电的工程模型一般分为两种：一种是针对闪电直接落到地面的情况；另一种是针对闪电袭击到具有分布参数的建筑物、输电线路、线路杆塔或者避雷针上的情况。

第一种情况比较简单，运用理想化模型的方法：①把大地简化为无限大的理想化导体，即大地电阻为零；②把这无限大面积的导体与积雨云之间的电容也理想化，把它看作非常大，以至于闪电放电时位移电流所遇到的阻抗为零；③把接近地面的先导通道看作带有线电荷密度σ的导体，认为积雨云的电荷已分布到其上；④认为放电时σ以波速v运动，产生电流为σv；⑤把回击产生时地面发出的迎面先导与下行先导会合，相当于一个短路开关，把放电电路接通。这样，就可以形象地画出闪电过程的物理模型。回击发生后，地面有$+\sigma$电荷沿着闪电通道向上运动，与$-\sigma$相中和。闪电通道的点、穴特性可以将其简化成为一段阻抗为z_0的元件，连接先导被简化为开关元件，大地与云、地间的电容一起被简化成一段无阻抗的导线，而先导的端电压被简化成电路的电压源，其电动势为z_0上的电压降，即$\sigma v z_0$。

第二种情况可以认为电流波在雷击点分正电流（i_z正波）和负电流（i_z负波），它们分别流经阻抗为z_0的闪电通道和波阻抗为z的地面物，其等效电路图相当于在电路中串联进一个阻抗为z的元件。此时，流经地面物的电流应为

$$i_z=\sigma v\frac{z_0}{z_0+z} \tag{1-9}$$

式中　z——被击物体的波阻抗（或集中参数表示的阻抗）。

为了计算简便，忽略大地阻抗，令式（1-9）中$z=0$，而实际中存在大地阻抗，但对计算影响不大。

而防雷过程中规定：当$z=0$时，流过地面物的电流即雷电流i_L为

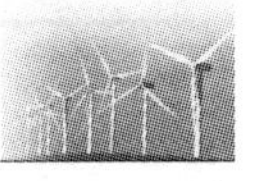

$$i_L = \sigma v \tag{1-10}$$

以上只是工程界流行的一种近似的处理雷电的方法，与实际的闪电规律还有较大差别，要视具体情况来采用科学有效的方法来解决有关雷电的问题。

1.4.3 全球电路和地球与雷雨云之间的电荷输送

全球电路概念是在电导大气的基础上产生的，在地球上局部的雷电过程可以通过电离层和地球的电传导作用而遍及全球，它对维持晴天大气电场起重要作用。在晴天，大气中存在方向垂直向下的电场，大气带正电荷，而地球带等量的负电荷，大气的电导率随高度增加而增加，大约到 50km 高度处，即电离层，大气对于缓变的电信号成为很好的导体，无线电波被反射。在晴天大气区域，电离层与地球之间的电压约为 300V，为维持这电压，地球表面需荷约 10^6C 的负电荷，而整个大气则需荷等量的正电荷。由于大气离子的存在，大气本身有弱的导电特性，在晴天大气中，大气电流的量级约为 1000A，消耗大气和地球的电荷，如图 1-13 所示。大气中存在复杂的电过程，主要有：在大气电场作用下，正离子向下运动，形成晴天大气传导电流，将大气中的正电荷输送给地球；同时，地面的负电荷向上运动与向下的正电荷中和。如果无相反的电荷输送，晴天大气电场会很快消失，但是，实际大气电场是稳定的，这说明大气中必定有一与晴天大气电相反方向的电荷输送。

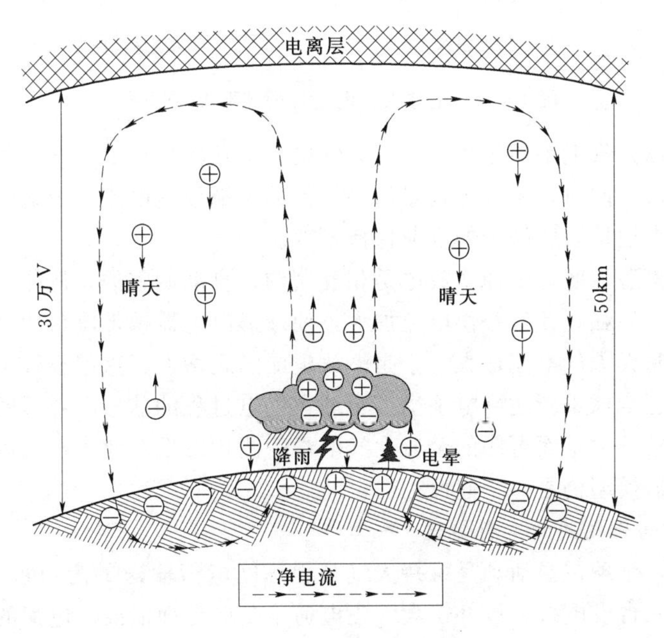

图 1-13　大气中的电过程

1. 全球大气的球形电容器模型

全球大气电路的经典图像是球形电容器图像，由于土壤电导率与大气电离层的电导率都比低层大气电导率大 10 个数量级左右，所以可把地球表面和大气电离层看作导体。即可将大气-地球系统看作以地球表面和电离层为两极，以大气对流层、平流层为电介质的球形电容器模型。白天电离层下界面高约 60km，晚上约为 100km，故一般取其平均值 80km。在这两个电极之间的大气具有随高度呈指数增加的电导率，由全球雷暴所产生的

正电流向上流到电离层，使电离层相对于地面具有几千千伏的正电位，从而维持晴天大气电场。由于大气有一定的电导率，故正电荷通过大气由电离层向地球流动，然后再由地面流回到积雨云而完成电流环路。图1-14给出了全球大气电过程的球形电容器模型。在全球电路的研究中，最重要的课题之一就是对电源的研究。在全球电路的经典图像和近来发展的现代图像中，雷暴都是作为主要的电流源。雷暴提供的向上正电流由云顶流向电离层，又由地面流向云底。从雷暴云上空飞机测量数据可知，每个雷暴向上的充电电流为0.1～6A，平均为0.5～1A。全球雷暴的统计并不确切，最近的估计为全球每个时刻有1500～3000个雷暴，故全球雷暴总的充电电流为750～3000A。雷暴在全球电路中的作用相当于电池，是把正、负电荷分开的机制。这种正负电荷的分离是由其他机械能如对流、沉降等提供能量来实现的。

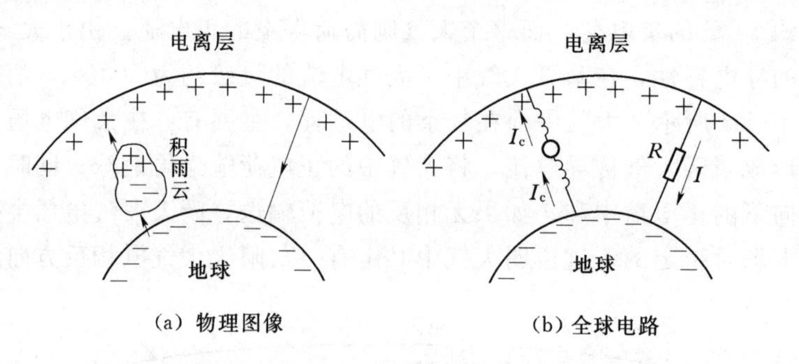

图1-14 全球大气电过程的球形电容器模型

综合考虑全球大气电平衡过程，晴天大气电流不断使球形电容器正负极携带的电荷减小，形成泄放电流；同时，由全球雷暴活动导致的尖端放电电流及云地闪电电流将形成补偿电流，从而使大地地表所携带的电荷保持不变。

球形电容器模型表明，全球充放电是相互制约、自动调整的。例如，当全球雷暴活动较强时，充电过程加强，此时补偿电流加大，使球形电容器携带电荷增多，并导致整层晴天大气电位差和晴天大气电流增大，于是泄放电流随之增大，这就导致了球形电容器所携带电荷减小，直至全球重新达到电平衡。全球大气电过程的球形电容器模型虽能解释许多电过程，但由于缺乏大量而可靠的全球大气电学的测量结果对此模拟加以验证，所以到目前为止球形电容器模型仍是一个假设。

2. 地球与雷雨云之间的电荷输送

威尔逊指出，全球雷暴活动是维持大气与地球间电荷输送平衡的基本原因，他认为，每一次雷雨云是一台发电机，以补偿大气正电荷不断向地面泄漏。电荷的输送有以下几种过程：①雷雨云具有将正、负电荷分离的机制，在云的上部正电荷、下部负电荷，这种电荷分离相当于形成向上的充电电流，而云内的电导率决定了云内的泄漏电流；②由于雷暴顶部的正电荷作用，在云之上大气的电场方向与晴天大气电场相反，由于自由电荷随高度是增加的，方向向上的电流是由向下的负电荷造成的；③云下的电场与晴天电场方向相反，电流是由电场作用下的传导电流，也可以是强对流产生的对流电流，正电荷源是地面的尖端电晕放电；④在云下，雷暴的闪电形成充电电流、降水电流、尖端电流等电荷输送过程。

(1) 晴天大气电流输送的电量。观测表明，全球表面晴天大气电场数值相当稳定，即地球带负电荷，晴天大气电流将大气中的正电荷输送给地面，晴天大气电流的输送的电荷通量密度为35～120C/(km^2·a)，如若全球晴天大气电流强度为1500A，则可以求得晴天大气电流输送的电荷通量密度为90C/(km^2·a)。

(2) 闪电电流输送的电量。地闪闪电电流的电荷输送过程是指地闪闪电电流将云中的电荷输送给地球大气的放电过程。在多数状况下，地闪为发生在积雨云下部的负电荷与大气之间的放电过程，因此地闪电流向地球输送电荷，据估计地闪电流向大地输送的电荷通量密度为－5～－45C/(km^2·a)。若全球每秒发生100次闪电，其中地闪约占15%，每次地闪向地球输送的负电荷为－20C，于是全球每秒地闪输送给大地的负电荷为－300C，由此可求出地闪闪电电流的输送的电荷通量密度为－20C/(km^2·a) 左右。在中高纬度地区，地闪占整个放电的40%，而低纬雷暴频繁，地闪只占10%，如一个雷暴在20min内平均产生3次闪电，则一个雷暴的有效电流为1A，若全球平均100个闪电/s，其中10%为地闪，则总电流相当于300A，仅为晴天电流的几分之一。对于雷暴中发生的负地闪，电流方向向上，每一雷暴的平均电流为0.5A，则为了平衡全球晴天电流1800A，全球将有3600个雷暴或荷电活动中心在同一时刻活动着。如果每一雷暴的平均电流为1.3A，则只需1400个活动雷暴。

(3) 尖端放电电流输送的电量。在积雨云强电场的作用下，尖端物产生的尖端放电电流将大气中的电荷进行输送。尖端放电电流可正可负，但是平均而言，尖端放电电流密度为负，即尖端放电电流密度的方向垂直向上，尖端放电电流将大气中的负电荷输送给地球，尖端放电电流输送的电荷通量密度为－5～－300C/(km^2·a)。尖端放电电流与地闪电流输送相同极性的电荷，将补偿因晴天大气电流和降水电流所中和的负电荷，维持地球携带负电荷。

(4) 降水输送的电量。降水携带不同极性和大小的电荷量向下形成降水电流，将电荷输送给地球，观测得出降水有时带正电荷，有时带负电荷，带正电的和带负电的降水是充分混合的，即使在短暂的时间间隔内，也只是偶然才出现所有降水带一种符号电荷的情况，在各种类型的降水中，带正电的雨量大于带负电的雨量，形成净一的正电荷向地面输送；低压的稳定性降水主要带正电荷，雷暴的强降水中心处的降水带正电荷。虽然云底附近负电荷占优势，而雷暴下的地面为负电场，实际输送给地面的是正电荷。降水电荷的观测通常是使雨滴相继通过两个绝缘金属环的方法测量电荷，这时在金属环中感生的脉冲振幅就是雨滴电荷的量，而通过两脉冲的时间间隔就可得出降水雨滴的降落速率，对于小雨滴降水速率与它的大小有关。另一种观测方法是用平板电容器作为高频振荡器的一部分，当雨滴下落至垂直放置的两平板组成的电容器之间时，将引起电容量的突变，于是高频振荡器的振荡频率发生变化，从而出现指示雨滴的大小、荷电量和降落速度以及雨滴质量的脉冲通过示波器显示，同时对电场和尖端电流的测量。结果发现当取样间隔为2min时，在同样大小的雨滴上的电荷量变化相差很大，但对一定大小的雨滴上的平均电荷量却表现有系统性，小雨滴上的电荷符号与电势梯度相反，而大雨滴上却相同。观测表明，降水电流值的范围为10^{-16}～10^{-11}A·cm^2，其中雷暴降水的降水电流密度绝对值比其他各类降水电流密度的绝对值大得多。此外，各类降水的降水电流密度时正时负，平均而言，降水

电流密度为正，即降水电流密度方向垂直向下，这表明降水电流将大气中的正电荷输送给地球，降水电流输送的电荷通量密度约为 20～40C/(km^2・a)。降水电流输送的电荷过程与晴天大气电流输送的电荷过程相同，都使地球携带的正电荷迅速消失。

参 考 文 献

[1]　陈渭民．雷电学原理［M］．2版．北京：气象出版社，2006.

[2]　虞昊．现代防雷技术基础［M］．2版．北京：清华大学出版社，2005.

[3]　欧阳沁，崔大龙，等．环球大气电路——一个充满奥秘的谜［J］．工科物理，1997（4）：19-23.

[4]　陈水明，何金良，曾嵘．输电线路雷电防护技术研究（一）：雷电参数［J］．高电压技术，2009，35（12）：2903-2909.

第2章　雷电效应及其危害

雷电具有电压高、电流大、发展时间短等特点，并且蕴含着巨大的能量。因此发生雷击时，雷电会对雷击点附近的人和物体产生明显的效应作用，这些效应作用对人体和物体会造成一定的危害。雷电不仅会对人体产生生理效应，还会产生光效应、热效应、冲击效应、机械效应，另外静电感应和电磁感应也会伴随雷电流产生。在电力系统和电气设备中，雷击会造成暂态电位升高和电涌过电压，给系统和设备带来破坏。本章在讨论雷电效应及其危害后，会进一步结合陆上和海上风电系统的情况，分析雷电给风电系统带来的危害。

2.1　雷电对人体的生理效应

2.1.1　雷电流对人体的作用机理

2.1.1.1　人体阻抗的组成

雷击电流的大小由接触电压和人体阻抗所决定，合理地考虑人体阻抗的取值是防雷减灾工程设计的需要。我国一般采用弗莱贝尔加等值电路模型分析人体阻抗，电路模型如图2-1所示。人体总阻抗 Z 由电阻分量和电容分量组成，它表现为皮肤阻抗 Z_p 和人体内阻抗 Z_i 的串联。

人体内阻抗 Z_i 主要取决于电流路径，与接触面积关系不大，只有当接触面积小到几平方毫米数量级时，内阻抗才会增大。一般情况下，取人体内阻抗为500Ω，而皮肤阻抗 Z_p 随表面接触面积、温度、频率、潮湿程度等显著变化。人体触电面积越大，接触电压越高，环境温度越高或者电源频率越高时皮肤阻值越小。此外，当通电电流较大且持续时间较长，触电者的发热出汗或皮肤炭化都会使得皮肤阻抗值下降。当皮肤破损时，皮肤阻抗则可忽略不计。

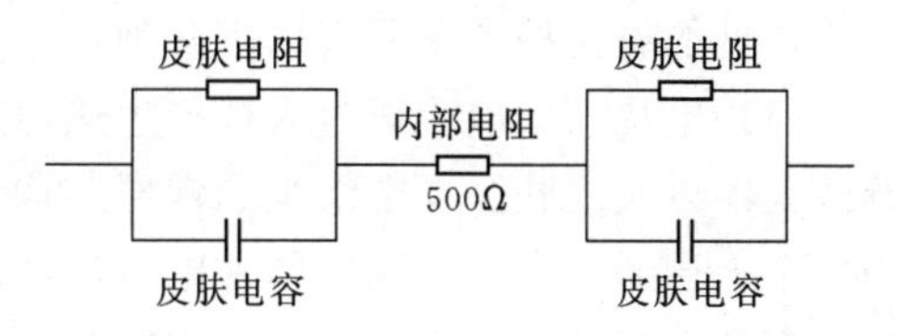

图2-1　弗莱贝尔加等值电路模型

我国相关标准取人体阻抗的范围为1000～1500Ω，但在涉及触电保安类电器的设计时，则应考虑最坏情况，取人体内阻抗为500Ω。大量雷击事故研究表明，人体总阻抗一般是500～1000Ω。由于直击雷击或旁侧闪络一般是从头或肩着雷，雷电流从人的两脚流入地面，所以这个电阻取值500～1000Ω合理。

2.1.1.2　雷电对人体造成危害的四种方式

雷电对人体造成危害的方式主要有四种：直接雷击、旁侧闪击、接触雷击和跨步电压雷击。

2.1.1.3 雷电对人体的伤害类型

1. 心室纤维性颤动

心室纤维性颤动是受到雷击伤害时最常见的生理效应，也是电击致死的主要原因。人的心脏有两个心室，左心室使血液流经全身，右心室使血液流经肺部，正常人的两个心室的肌肉同时收缩或同时舒张以保证血液正常的循环流动。当雷电流流经心肌时，心脏正常搏动的电信号便受到干扰而被打乱，心脏不再作有规律的收缩，变成单独的以各自的速率进行无规则的颤动（医学上称之为纤维性颤动），这样心室里就不能产生足够的压力把血液输送到全身各部。若血液循环停止，约4min之内可导致死亡。

一个心动周期包括产生兴奋期、兴奋扩展期和兴奋复原期。在兴奋复原期内有一个相对较短的时期称为易损期，在这个时期内，心肌纤维处于兴奋的不均匀状态，受到足够幅度的雷击电流刺激，心室纤维发生颤动，血压降低。如果电流足够大甚至会使心脏停止供血，造成死亡。因此，电击现象发生在心动周期中的兴奋复原期容易导致死亡。

2. 电击伤

雷击电流迅速通过人体，会引起呼吸中枢麻痹、心室纤维或心跳骤停，以及致使脑组织及一些主要器官受到严重损害，出现休克或突然死亡，这种现象称为电击伤。电击伤导致人停止呼吸可分为两种情况：当雷电流流经脑下部的呼吸中枢时，会导致呼吸停止，这种情况不可自己恢复；当电流流经胸部时，使胸肌收缩造成呼吸障碍，导致呼吸停止，但这种情况下，呼吸可能自己恢复。

3. 电伤

闪电对人体还会产生热效应、化学效应、机械效应，伤害人体外部组织或器官，造成电伤。与电击伤相比，电伤属于局部伤害，一般包括电烧伤、电烙印、机械损伤等形式，受伤程度主要取决于受伤面积、受伤深度、受伤部位等因素。

常见的电伤种类主要有以下几种：

（1）电烧伤指电流通过人体产生热电效应、电生理效应、电化学效应和电弧、电火花等致人体以及皮肤、皮下组织、深层肌肉、血管、神经、骨关节和内部脏器的广泛损伤。当一个人遭遇雷击，有瞬间脉冲电流流经人体，人体从头到脚间就会产生很高的电位差。这样高的电压足以击穿空气，对周围与地面等电位的任何近物发生闪络电弧，因此会造成皮肤闪弧处的灼伤。雷电流幅值越大，通过的时间越长，人体的阻抗越小，则灼伤越为严重。人体由于躯体表面有汗或雨水导致皮肤表面潮湿时，汗水中含有大量的盐分使得皮肤表面呈现出良好的导电特性。由于集肤效应，电流瞬间经过体表，没有伤及内脏，这种情况就不一定导致死亡，但全身各部位，尤其是有钥匙、腰带等金属物的部位会留下严重的电灼伤。

（2）电烙印是人体不被直接电击，但与带电体有良好接触的情况下，在接触部位留下的斑痕。它会使斑痕处的皮肤变硬，失去原有的弹性和光泽，表层破坏失去知觉。

（3）皮肤金属化是由于高温电弧使周围金属熔化、蒸发并飞溅渗透到皮肤表层所形成的。金属化后的皮肤表层变得粗糙坚硬，而且因接触的金属元素不同而呈现不同颜色，如接触铅呈现灰黄色、接触紫铜呈现绿色、接触黄铜呈现蓝绿色。金属化后的皮肤经过一段

时间能自行脱离，不会有不良后果。

（4）机械损伤是当闪电电流作用于人体，肌肉会不由自主地剧烈收缩造成的肌腱、皮肤、血管、神经组织断裂以及关节脱落乃至骨折等伤害。

（5）电光眼是指发生弧光放电时，由红外线、可见光、紫外线对眼睛的伤害。

4. 其他

除了上述雷击电击人体现象外，也有其他一些特殊的情况。在极少数情况下，雷电流流经神经系统也带来意想不到的后果，如有些人会出现失忆等症状，但也有人会在受到雷击后身上的顽疾不治而愈。

2.1.2 影响雷电对人体生理效应的因素

1. 瞬间脉冲电流的大小

致命电流是指在较短的时间内危及生命的最小电流。一般情况下，通过人体的工频电流超过 50mA 时，心脏就会停止跳动，发生昏迷，并出现致命的电灼伤，因此，50mA 的电流一般被认为是致命电流。当通过人体的工频电流超过 100mA 时，这样的电流短时间内足以使人致命。而雷击对人产生的生理效应中最为常见的心室纤维性颤动程度也与电流强度相关。可见，雷电的瞬间脉冲电流越大，致命的危险越大。为了更好地理解不同的电流强度对人体的影响，可以参照表 2-1。

表 2-1 电流强度对人体的影响

电流强度/mA	对人体的影响	
	50Hz 交流电	直流电
0.6～1.5	开始有感觉，手指麻木	无感觉
2～3	手指强烈麻刺、颤抖	无感觉
5～7	手部痉挛	热感
8～10	手部剧痛，勉强可以摆脱电源	热感增多
20～25	手迅速麻痹，不能自主，呼吸困难	手部轻微痉挛
50～80	呼吸麻痹，心室开始颤动	手部痉挛，呼吸困难
90～100	呼吸麻痹，心室经 2s 颤动后即发生麻痹，心脏停止跳动	

2. 闪电电流流通途径

闪电电流通过人体，电流通过心脏、脊椎和中枢神经等要害部位时，电击对人体造成的伤害最为严重。因此，最危险的电流途径是从左手到胸部以及从左手到右脚，而从右手到胸部或从右手到脚、从手到手等也都是很危险的电流途径。因为电流流经心脏会引起心室颤动而致死，电流幅值较大时候甚至会使心脏即刻停止跳动。

从电流方向的角度看，电流纵向通过人体时要比横向通过人体时更易造成人体心室颤动，因此纵向电流危险性更大一些。除了导致人体心室颤动以外，电流通过中枢神经系统时，会引起中枢神经系统失调而造成呼吸抑制，导致死亡；电流通过头部，会使人昏迷，严重时会造成死亡；通过脊髓时会使人截瘫。

电流流通途径与通过心脏的比例见表 2-2。

表 2-2 电流流通途径与通过心脏的比例

电流通过人体的途径	通过心脏电流的百分数/%
从一只手到另一只手	3.3
从左手到脚	6.4
从右手到脚	3.7
从一只脚到另一只脚	0.4

3. 雷电流持续时间的长短

雷电流持续的时间越长，对人体造成的危害越大，原因有以下几点：

（1）由于人体发热出汗和皮肤角质层破坏等，人体电阻会随闪电电流流过人体的时间的增长而逐渐降低，因此，在闪电电压一定的情况下，会使电流增大，对人体组织的破坏更大，后果更严重。

（2）通电时间越长，能量积累增加，就更易引起心室颤动。

（3）在心脏搏动周期中，有约 0.1s 的特定相位对电流最敏感。因此，通电时间越长，与该特定相位重合的可能性就越大，引起心室颤动的可能性也越大。

4. 电压的高低

电压越高其穿透机体的能力越强，对人的危害越大。在电网中，高电压与低电压一般以 1000V 为界。在高电压工程中有更加细的区分：0.22～1kV 的为低压，3～35kV 的为中压，35kV 以上到 110kV 的为高压，而 220kV、500kV、750kV 为超高压，1000kV 及以上的交流电压为特高压。国内日常触电事故以 110～380V 交流电最常见，故也以 380V 以上称为高压电。雷击电压一般都比较高，达到数千伏特甚至数百万伏特，因此雷击人体造成的后果都很严重。

除此之外，人体阻抗大小、电流频率高低还有人体本身状况等因素都影响雷击对人体的生理效应。

2.2 雷电的光、热、冲击波与机械效应

2.2.1 雷电的光效应

雷电过程产生强大的闪电电流，在峰值温度高达上万摄氏度的闪电通道中，各种气体原子和分子等粒子激发到高能级。当这些高能级的气体分子和原子跃迁到低能级时，便形成光辐射，这种光辐射通常短暂而强烈。光谱范围从紫外到红外，利用闪电的可见光辐射可进行闪电的光谱观测，从而获得闪电的结构。常用的闪电光谱测量仪器有窄缝光谱计、无缝闪电光谱计和光电探测器的光谱仪等。

雷电信息瞬息万变，这给对它的测量和研究带来了很大的困难。雷电发生、发展的随机性和瞬时性导致了利用其他测量方法难以实现对通道等离子体诊断。因此，在闪电的物理研究中，光谱作为反映闪电放电通道内部等离子体行为的唯一形式，一直是人们关心的课题。利用光谱观测能在一定的距离内获取闪电通道内部的物理信息，通过对闪电光谱的

分析，可以直接获得通道温度和电子密度等反映等离子体基本特性的参数。由回击通道的温度和电子密度，又可以推算出通道的电导率、压强、相对质量密度、电离百分率、各种离子浓度等闪电通道物理参量，对闪电过程物理机制的研究有重要的意义。等离子体的辐射特性直接反映了闪电形成和发展的物理过程，也与通道中各种化学反应密切相关。

闪电产生大量在近红外区域的光辐射，并且有很强的光谱线，而在近红外区域连续辐射比较弱，分子散射也比可见光范围的弱，所以红外光谱是研究闪电通道光谱的最好选择，而红外光谱波段的OI777.4mm和NI868.3nm也成为星载雷电光学探测的首选谱线。目前，许多学者计算的闪电通道温度是使用回击前期产生的等离子体的特征光谱获得的，关于闪电通道红外波段的光谱观测很少。而闪电通道近红外光谱大部分是通道演化后期的中性原子辐射产生的，它们与通道中的各种化学反应密切相关。因此，定量分析近红外光谱也可以提供闪电的低温低电流过程和长过程如连续电流阶段的内部信息，对闪电过程物理机制的研究有重要的意义。

2.2.2 雷电的热效应

强大的雷电流通过被雷击的物体时，会产生很高的温度而发生融化、气化或燃烧现象，这便是雷电的热效应。在雷电的回击过程中，雷云对地放电的峰值电流可达10^5A以上，瞬间功率可达10^{11}W以上。根据焦耳定律可知，一次闪击的雷电流发出的热量Q为

$$Q = R\int_0^t i^2 \mathrm{d}t \tag{2-1}$$

式中 Q——发热量，J；

i——雷电流强度，A；

R——雷电流通道的电阻，Ω；

t——雷电流的持续时间，s。

由于雷电流持续的时间很短，产生的热量来不及扩散，几乎全部都用来提升物体的温度。雷电流在电流通路上由电流引起的温升ΔT为

$$\Delta T = \frac{Q}{mc} \tag{2-2}$$

式中 ΔT——温升，K；

m——通过雷电流的物体的质量，kg；

c——通过雷电流物体的比热容，J/(kg·K)。

由式（2-2）可见，温升幅度与Q成正比。由于雷电流很大，通过的时间又短，如果雷电击在树木或建筑物构件上，被雷击的物体瞬间将产生大量热，又来不及散热，以致物体内部的水分大量变成蒸汽，并迅速膨胀致爆炸，造成破坏。雷电击中地面物体时，巨大的能量在电弧和被击中物体之间传输，雷电通道内的温度可达3万K。在如此高温的通道中如果遇到易燃物质，可能会引起火灾。

对于金属表面来说，燃弧电压几乎总是不变的，由燃弧电压产生的燃弧热与雷电流所传输的电荷成正比。如果金属体的截面积不够大，燃弧热就可以使其熔化。一般来说，雷电的热效应所带来的瞬间局部高温可以使较小体积的金属熔化，而对于大面积的金属作用

就不那么明显了，这就是为什么遇到雷击的细架空明线会断掉而避雷针却无大碍，仅仅在针的表面留下小坑点的原因。如果闪电的半峰值时间较长，高温持续的时间较长，就会积聚更多的热量，造成严重的后果。瞬间的高温有时还会使物体发生热击穿，而是否发生热击穿则取决于被击中物体的材料、厚度以及雷电流的峰值和持续时间等。因此，在设计雷电防护系统的时候，可以适当增大所有可能承载雷电流的被保护物体的截面积来减少温升，避免物体燃烧或爆炸的危险。另外，设计时还需要考虑到雷电的趋肤效应，因为雷电流通过时，趋肤效应会使物体表面所达到的最大温度比直流均匀流过截面时的温度高得多。

日常生活中，由于闪电的热效应造成易爆物品燃烧以及金属熔化、飞溅等引起的火灾或爆炸事故不胜枚举，有时甚至造成大规模或超大规模集成电路接口和模块损坏，所以必须重视对闪电热效应的防护。

2.2.3　雷电的冲击波效应

1. 雷电冲击波的产生

闪电的主通道是一个温度高达 $10^4 \sim 10^5$ K 的高温等离子区，电流通过它只有几十微秒，电流的幅值却高达 2×10^4 A。据估计，平均每 1cm 长的闪电通道上在瞬间便可释放 10^4 J 的能量。雷电主通道可以看成是一个柱形的等离子体，在通道内，强电流感应出的磁场对等离子柱产生一个方向向内的束缚磁压力，而随温度迅速升高、压力迅速增大，这时等离子体要迅速向外膨胀。这时，在闪电通道周围形成气压、介质密度、温度及速度的突变面，沿着闪电通道的径向产生巨大的气压梯度，放电电流由大变小直至最后其磁场压力无法束缚住等离子柱体时，闪电通道即迅速向外扩展，闪电通道成为雷电冲击波的波源。当其扩展速度超过声速时，则可产生一个冲击波，这种冲击波与爆炸时产生的冲击波是类似的，可以使附近的建筑物、人、动物受到破坏或损害。冲击波的强度取决于回击电流的峰值和上升速率，其破坏作用与波阵面气压和环境大气压有关。冲击波在大气中传播会逐渐减弱，退化为一个声波，形成雷声。产生冲击波的同时，由于雷云的流动，使周围空气压力形成了次声波，次声波对人、畜也有一定的伤害作用。

2. 雷电冲击波的影响

目前，对闪电冲击波形成直接观测较为困难，因此大多采用与地闪相近似的长火花放电模拟闪电，从而研究闪电冲击波的形成。由火花放电的研究表明，当在 1μs 以内，1cm 的火花通道释放的电能达 0.1～1J、火花放电功率达 $10^5 \sim 10^6$ W 时，会形成一次爆炸过程，同时产生冲击波，并以 1～5km/s 的速度向外传播。模拟试验表明，在火花放电的初始阶段，火花通道的径向扩展速度高达每秒几千米，同时长火花产生冲击波波阵面的超压随着与长火花通道距离的增加而急剧减小。当离长火花通道为 0.3m 时，长火花产生冲击波波阵面的超压约为 10kPa；而当离长火花通道为 3m 时，它产生的超压平均仅为 1.5kPa。图 2-2 所示可以看出冲击波波峰随闪电通道距离的衰减，图中给出了回击后 4 个不同时间通道中超压及冲击波波峰前距离的关系，其初始线源半径 0.6mm，假定通道为对称圆柱体，闪电脉冲电流 I 为

$$I = I_0 (e^{-at} - e^{-bt}) \tag{2-3}$$

其中，$I_0=30000\text{A}$，$a=3\times10^4/\text{s}$，$b=3\times10^5/\text{s}$。

理论计算结果表明，闪电通道的初始半径越小，则闪电通道电流越大，径向扩展速度越大。在地闪初始阶段，闪电通道的径向扩展速度可达1.6km/s左右，远大于声波的速度。地闪回击的初始阶段，可形成闪电冲击波波阵面的超高压达一千千帕至几千千帕，可以在距离闪电通道几厘米至几米左右的周围造成破坏。

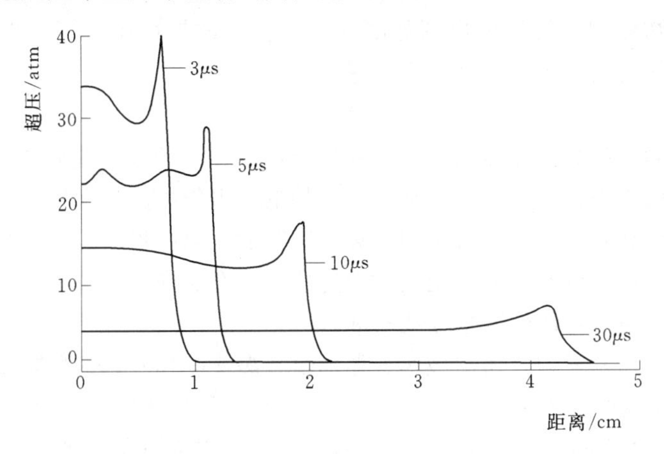

图2-2 对于4个不同时间通道中超压与通道半径间的关系
(1atm=101.325kPa)

冲击波的强度与闪电电流的大小密切相关，而它的破坏程度与冲击波波阵面的超压P有关。冲击波波阵面的超压P是指冲击波波阵面气压P_S与大气气压P_0的差，P值越大，造成的破坏程度也越大。当$P=7\times10^3\text{Pa}$时，只造成玻璃震碎等轻微破坏；当$P=3.8\times10^4\text{Pa}$时，可使厚约20cm的厚墙遭到破坏。在强闪电时，在闪电回击通道附近几厘米到几米的范围，初始时P可以达到10^6Pa数量级。在长达数千米的巨型电气火花闪电正前方的冲击波，波阵面每平方厘米面积就有高达70kg的压力，即使离电光4.5m处也有0.7kg的压力。可见，雷电的冲击波效应的影响不可轻视。

2.2.4 雷电的机械效应

发生雷击时，雷电的机械效应所产生的破坏作用通常表现为径向自压缩力、内部气压和电动力作用三种形式。

1. 径向自压缩力

载有电流的一段孤立导体会受到沿半径方向向内的自压缩力，这就是径向自压缩力。在导体表面磁场强度达到每米几兆安量级的地方，由于径向自压缩力导体将会出现剧烈的机械扭曲。例如，直径为5mm的导体承载峰值电流200kA，径向自压缩力将达到$1.01325\times10^5\text{kPa}$（即1000个标准大气压）。理论上，该压力的大小与电流大小的平方成正比，与直径的平方成反比。当雷电击中物体时，热效应和径向自压缩力都会使物体材料的屈服点降低。如果径向压缩力超过了材料的屈服点，被击中物体就会发生形变，或者使原本组合在一起的不同材料发生剥离、分层或脱模。如果雷电流密度非常大，径向自压缩力也会很大，再加上物体表面的束缚力因热量而削弱，巨大的径向自压缩力将会冲出物体

表面，使物体发生爆炸或其他损坏。

2. 内部气压

由雷电的热效应可知，雷电通道内的温度非常高，高幅值的雷电流也会产生大量的热。当被击物中有巨大的雷电流经过时，此热量会向被击中物体内渗透，则原先残留于电介质（如玻璃纤维、碳素纤维混合物、砖石建筑材料等）蜂窝状孔穴中的水分急剧蒸发为大量气体，被击物缝隙中的气体也剧烈膨胀。因而在被击物体内部会出现强大的机械压力，致使被击物体遭受严重破坏甚至发生爆炸。

3. 电动力作用

由物理学可知，在载流导体周围空间存在磁场，在磁场里的载流导体会受到电磁力的作用，导体受到的电磁作用力称为电动力。这种电动力作用的时间极短，远小于导体的机械振动周期，导体在它的作用下常出现炸裂、劈开的现象。根据安培定律，在两根平行导线上通过相同方向的电流时，导线受到的力迫使它们有靠拢的趋势。当雷电流很大时，由于电动力的作用，也有可能使两根导线折断。

雷击中，常见树木劈裂、房屋破坏、器物爆裂爆炸等现象，这些都是雷电的机械效应引起的。当雷击通道气压超过 1.01325MPa（即 10 个标准大气压）时，雷击所产生的破坏力相当于数吨 TNT 的威力。所以在防雷减灾的工作建设中，应该对闪电的机械效应给予高度的重视。

2.3 雷电的静电感应与电磁感应

2.3.1 雷电的静电感应

2.3.1.1 雷电静电感应的产生

当雷云出现时，雷云附近的导体，如雷云下的地面和建筑物等，由于静电感应的作用而带上与雷云电荷极性相反的电荷，这种电荷就是束缚电荷，相应的感应电荷区域称为雷云感应电荷区或电阴影区，如图 2-3 所示。由于从雷雨云的出现到发生雷击（主放电）所需要的时间相对于主放电过程的时间要长很多，因此大地可以积累大量电荷。雷击发生后，雷云上所带的电荷通过闪击与地面的异种电荷迅速中和，云和大地之间的电场消失。但在局部，如一些金属物上感应聚积的电荷由于与大地之间的电阻较大，却不能在同样短的时间内相应消失，这样就会形成局部地区感应高电压。这种对地电压一般称为静电感应电压。发生雷击之后，导体上的束缚电荷变成自由电荷，向周围流散，静电感应电压从雷击开始随时间的推移而下降，它符合 RC 电路放电的规律，即

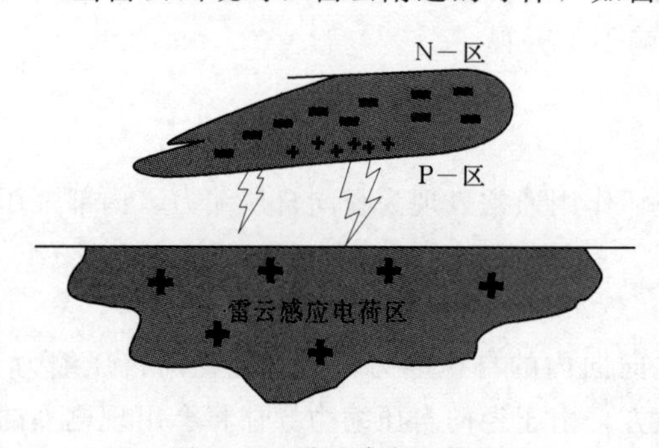

图 2-3　雷云感应电荷区

$$U_C = U e^{-\frac{t}{RC}} \tag{2-4}$$

$$U=\frac{Q}{C} \tag{2-5}$$

式中 U_C——雷击发生后，局部高电压地区与大地之间瞬间的电压，V；

U——雷击发生时的瞬间电压，即初始电压，V；

R——高电压局部地区对大地的散流电阻，Ω；

C——局部高电压的地区对雷云之间的电容，F；

Q——局部高电压地区积累的电荷量，C；

t——以发生闪击瞬间为零，闪击发生后延续的时间，s。

2.3.1.2 雷电静电感应的危害

1. 雷电静电感应在日常生活中的危害

静电感应产生的过电压对接地不良的电气系统有破坏作用，对于建筑物内部的金属构架与接地不良的金属器件之间容易发生火花放电，尤其易发生于相距较近的带电金属导体间。这种由静电感应产生的高电压往往高达几万伏，可以击穿数十厘米的空气间隙，发生火花放电。导体间的静电放电能量可按式（2-6）计算，即

$$W=\frac{1}{2}CU^2 \tag{2-6}$$

式中 W——放电能量，W；

C——导体的等效电容，F；

U——导体间的电位差，V。

火花放电释放能量比较集中，引燃能力很强，这对存放易燃物品的建筑物，如汽油、瓦斯、火药库以及有大量可燃性微粒飞扬的场所，如亚麻及粮食加工企业等有引起爆炸的危险。

现代生活中，大面积的金属不但被用作当屋顶，有时还会作为各种储气罐、储油罐的板壳。在雷雨降临时，大面积的金属和地面之间也会因为静电效应产生电场，极有可能会造成感应雷击。要减少这种灾害，就必须迅速减少金属面的感应电荷，为此可以在金属与大地之间架设合适大小的金属导体，把它们与金属表面焊接后良好接地，以泄放电荷。另外，当感应过电压波沿传输直线或电话线传播至工厂或住宅内，就会击穿绝缘、损坏配电系统、损害电器设备及电子设备，甚至有时会产生电弧、电火花引起火灾。

2. 雷电静电感应在电力系统中的危害

雷电静电效应在电力系统中产生的破坏主要体现在架空线上产生感应雷过电压，感应雷过电压也是造成电力系统线路跳闸的主要原因之一。因配网线路受建筑物屏蔽，雷直击到线路的概率小，运行部门统计数据显示，配电架空线路感应雷过电压引起的故障率超过90%。以1987年7月京广沿线的雷灾为例：当年的7月12日14：00—18：00发生强雷电，从南到北沿着京广线移动，咸宁、贺胜桥、山坡、土地堂、乌龙泉、纸坊、大花岭火车站的低压设备先后被雷电击穿，造成通信中断、灯光熄灭、火车晚点数小时，其经济损失无法计算。

感应过电压是由雷云的静电感应而产生的，雷电先导中的电荷形成的静电场及主放电时雷电流产生的磁效应是感应过电压的两个主要组成部分。雷击线路附近的地面时，先导

通道充满负电荷，由于静电感应，导线上的正电荷被吸引到最靠近先导通道的导线上，也就是束缚电荷。主放电阶段，通道中的负电荷被迅速中和，相应电场强度迅速减弱并消失。于是输电线路上的正电荷脱离电场的束缚变成自由电荷，形成电压波向两侧传播，产生幅值很高的过电压，如图 2-4 所示。这样形成的感应过电压在高压架空线路可达 300～400kV，一般低压架空线路可达 100kV，电信线路可达 40～60kV。

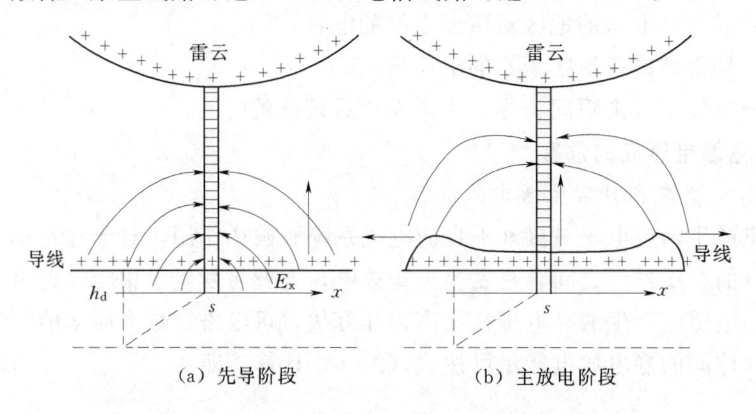

图 2-4 感应过电压的形成

2.3.2 雷电的电磁感应

由于雷电流在极短的时间内从 0 上升到数万安培，再降低到接近 0，从而使静电场和磁场发生变化，引起很强的电磁辐射。一方面，它既会在周围的物体内部产生很高的感应电动势，干扰着无线电通信和各种遥控设备的工作，成为无线电噪声的重要来源，同时也对微电子设备造成了不同程度的损坏；另一方面，雷电产生的电磁场又是雷电探测的重要信息，从测量到的闪电产生的电磁场变化可以获得闪电电流、闪电电矩和云中电荷分布等各种电学参量，以便进行雷电定位和预警。

2.3.2.1 雷电电磁感应的产生

当测站离闪电的距离远远大于积雨云云中荷电中心高度，而电离层对闪电辐射的传播的影响又可以忽略时，地闪或云闪所引起的地面垂直大气电场 $E(t)$ 随时间的变化可以表示为

$$E(t)=E_s(t)+E_i(t)+E_r(t) \tag{2-7}$$

式中 $E_s(t)$——雷电通道内电荷引起的静电场分量；

$E_i(t)$——雷电电流变化而产生的感应场分量；

$E_r(t)$——雷电发射时的电磁辐射分量。

$E_s(t)$、$E_i(t)$、$E_r(t)$ 可以分别表示为

$$E_s(t)=\frac{1}{4\pi\varepsilon_0}\frac{1}{R^3}M\left(t-\frac{R}{C}\right) \tag{2-8}$$

$$E_i(t)=\frac{1}{4\pi\varepsilon_0}\frac{1}{cR^2}\frac{\mathrm{d}M\left(t-\dfrac{R}{C}\right)}{\mathrm{d}t} \tag{2-9}$$

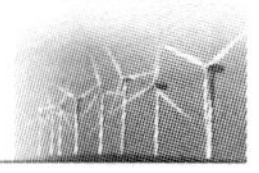

$$E_r(t)=\frac{1}{4\pi\varepsilon_0}\frac{1}{c^2R}\frac{\mathrm{d}^2M\left(t-\frac{R}{C}\right)}{\mathrm{d}t^2} \tag{2-10}$$

式中　c——光速，m/s；

R——雷电距离，m；

ε_0——自由空间的介电常数；

$M\left(t-\frac{R}{C}\right)$——雷电电矩随时间的变化，考虑到电磁场的延迟，所以闪电电矩采用$t-\frac{R}{C}$时刻的值。

地闪闪电随时间的变化$M_g(t)$表示为

$$M_g(t)=2Q_g(t)\Delta H \tag{2-11}$$

式中　$Q_g(t)$——地闪所中和的负电荷中心的电荷随时间的变化；

H——负电荷的中心高度。

对于云中电荷分布为云上部正电荷、云下部正电荷的情况下，云闪闪电电矩随时间的变化$M_c(t)$为

$$M_c(t)=-2Q_c(t)\Delta H \tag{2-12}$$

式中　$Q_c(t)$——云闪所中和电荷随时间的变化；

ΔH——云中正负电荷的垂直间距。

由式（2-8）可知，闪电引起的地面垂直大气电场变化的静电场分量，正比于闪电电矩，反比于闪电距离的立方；由式（2-9）可知，闪电所引起地面垂直大气电场随时间变化的感应分量正比于对闪电电矩的一次微商，反比于闪电距离平方；由式（2-10）可知，闪电所引起的地面垂直大气电场变化的辐射分量，正比于闪电电矩对时间的二次微商，反比于闪电距离的一次方。因此，闪电引起的地面三个分量随闪电距离的变化而异。当离闪电距离较近时，静电场分量是主要的；当离闪电距离较远时，感应分量和辐射分量的作用相对加强；当离闪电距离更远时，辐射分量起主要作用，而静电电场分量和感应场分量的作用相对减弱。

闪电所引起的地面磁场强度的变化称为地面大气磁场变化，大气磁场方向垂直于大气电场方向，所以因地闪或云闪引起的地面水平大气磁场随时间的变化表示为

$$H(t)=H_i(t)+H_r(t) \tag{2-13}$$

式中　$H_i(t)$——大气感应磁场分量；

$H_r(t)$——辐射分量。

$$H_i(t)=\frac{1}{4\pi\varepsilon_0}\frac{1}{R^2}\frac{\mathrm{d}M\left(t-\frac{R}{C}\right)}{\mathrm{d}t} \tag{2-14}$$

$$H_r(t)=\frac{1}{4\pi\varepsilon_0}\frac{1}{cR}\frac{\mathrm{d}^2M\left(t-\frac{R}{C}\right)}{\mathrm{d}t^2} \tag{2-15}$$

与闪电引起的大气电场相类似，闪电引起的地面垂直大气电场随时间变化的感应分量正比于闪电电矩对时间的一次微商，反比于闪电距离的平方。而地面水平大气磁场随时间变化的幅值正比于闪电电矩对时间的二次微商，反比于闪电距离的一次方。

大气磁感应强度与大气磁场关系为

$$B(t)=\mu_a H(t) \tag{2-16}$$

其中

$$\mu_a=\frac{1}{c^2\varepsilon_a}$$

式中 μ_a——大气磁导率；

ε_a——大气介电常数。

将式（2-13）代入式（2-16），且假定 $\varepsilon_a\approx\varepsilon_0$，则得大气磁感应强度为

$$B(t)=\frac{1}{4\pi\varepsilon_0^2}\left[\frac{1}{c^2R^2}\frac{\mathrm{d}M\left(t-\frac{R}{C}\right)}{\mathrm{d}t}+\frac{1}{c^3R}\frac{\mathrm{d}^2M\left(t-\frac{R}{C}\right)}{\mathrm{d}t^2}\right] \tag{2-17}$$

式中假定大气介电常数与自由空间的介电常数近似相等。

2.3.2.2 雷电电磁感应的危害

1. 引起电火花

雷电流不仅有较大的幅值而且变化时间短，因此会在它周围空间产生强大的交变电磁场，处在这电磁场中的导体会感应出较大的电动势。导体如果形成闭合回路还会有感生电流，这种情况下在回路上某处接触不良就会因电阻大而发热产生电火花，引起易燃物品燃烧，酿成火灾。这种电磁感应雷击的电能虽然远小于直接雷击，却比静电感应雷击的电能大很多，雷电的电磁感应引起火灾的例子也不少。1985 年 7 月 26 日，上海北蔡棉麻仓库失火，造成近百万元的损失，当时在现场没有找到纵火线索也没有发现遭受雷击的明显迹象。后来经过各方面的专家仔细分析才弄明真相，是闪电的电磁感应效应造成这次事故。雷击产生了电磁场，在电磁场中，捆扎棉花包的铁丝上有强大的感应电流通过，铁丝接触点发热，产生火花，引起棉包着火，酿成了这次火灾。

然而，相比直击雷，感应雷击对一般的易燃物威胁比较小，所以只有在特别危险的场合才会采取预防感应雷击的措施，一般情况下可简单采取将金属物体接地的措施。另外，因感应雷击起火较慢，只是出于阴燃状态，如及早发现较易扑灭不致酿成大灾。在一些受雷电的电磁感应影响比较大的局部地区，如建筑物的金属设备、金属管道结构钢筋等，为防止电磁感应予以接地，而平行管道相距不到 0.1m 时，每 20～30m 须用金属线跨接，交叉管道相距不到 0.1m 时，也应该用金属线跨接。其接地装置也可以与其他接地装置共用，接地电阻不得大于 5～10Ω。

2. 天电噪声

“天电”这一术语具有多个含义，严格来讲，天电是闪电或其次要放电所产生的瞬变电场或磁场，但通常也表示无线电接收时任何大于原噪声背景的外来瞬变信号。通信系统中，信号是在一定频率内传输的，当大量瞬时变化的信号接连不断地到达时常常会引起信号混淆，这就是“无线电噪声”。无线电噪声除了来自人为噪声和银河噪声，还有一个重要来源就是天电（主要由闪电引起）。通过频谱分析可以知道，闪电是由高能的低频成分与极具渗透性的高频成分组成，在各个频率上都有分量，所以闪电对通电系统的影响随时随地存在，影响通电系统的功能。

闪电危害的对象除了通信系统本身，还包括通信局内部的电源设备、通信设备和监控系统等设备。当通信大楼的电力电缆以某种走线方式经过感应雷击产生的强电磁场区时，

将会在电缆上感应出很高的共模电压。如果没有过电压保护装置，感应过电压将会造成交流系统与地之间的纵向击穿。

3. 产生电磁脉冲

当云地之间形成的雷电回击通道是一个电阻极低的导电通路时，伴随着回击过程的进行，数量巨大的电荷从云中输送到地面或从地面输送到云中，雷电流从零开始上升。雷电流上升速率与回击通道阻抗、云中电荷分布以及地质条件有关。瞬间变化的雷电流就像一个巨大的行波天线，产生着强烈的电磁脉冲，它可以传播到很远的距离，影响到很广的区域。电磁脉冲能量通过各种耦合途径进入系统后，加至设备输入、输出端口，在元器件上产生感应电压、感应电流。如果感应电压、感应电流超过了该元器件的损伤阈值，程度轻则使系统的正常运行受到干扰，严重的会造成元器件的永久性损伤，使设备停止运行，造成设备的永久性损伤。

当雷击避雷针时，附近导线的感应过电压如图2-5所示。以雷击避雷针顶端为例，则避雷针上各点（N点）的电位U_N为

$$U_N=L_0h\frac{di}{dt}+Ri \tag{2-18}$$

式中　L_0——单位长度电感，μH/m；

h——N点高度，m；

i——雷电流，kA；

R——接地电阻，Ω。

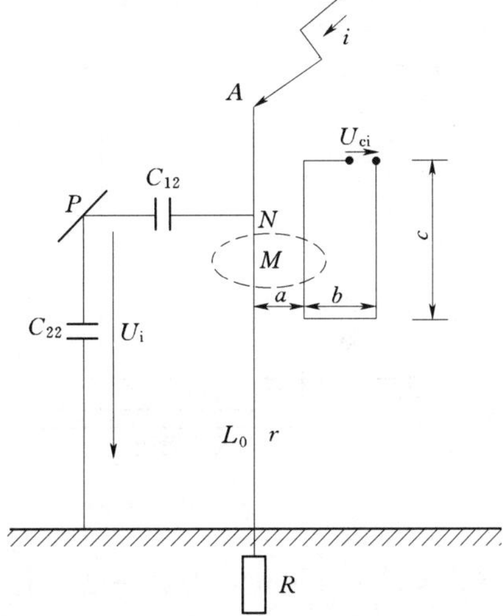

图2-5　雷击避雷针产生的感应过电压
i—雷电流；U_i—避雷针遭受雷击时其附近线路P点处产生的静电过电压；C_{12}—避雷器与线路之间的互耦电容；C_{22}—线路对地电容；U_{ci}—避雷针附近的金属开口环的开口处产生的电磁感应过电压；a、b、c—避雷针附近金属开口环的几何参数；R—避雷针接地电阻；r—避雷针自身电阻，Ω

避雷针遭受雷击时，在沿针体存在的高电位影响下，其附近的线路上将产生静电过电压U_i，同时避雷针附近的金属开口环的开口处会产生电磁感应过电压U_{ci}。该感应过电压有时高达数万伏，可使空气间隙击穿，造成事故。避雷针的存在，虽然减小直击雷的危害，但是建筑物上落雷机会反而增加了，内部设备遭感应雷灾害的机会和程度也随之增加，对用电设备造成了极大的危害。因此，即使安装了避雷针，也不能忽视感应雷产生的危害。

2.4　雷电导致的暂态电位升高

2.4.1　暂态电位升高的原理

当雷电流流过防雷装置中各分支导体和接地体时，将会在分支导体的电感、电阻和接地电阻上产生压降，使防雷装置中各部位的对地电位都有不同程度的升高。由于雷电流持续时间很短，这种电位升高现象所持续的时间很短，所以称为暂态电位升高。如图2-6所示，在该系统中任意一点A处的暂态电位U_A为

$$U_A = L_0 h \frac{di}{dt} + R_g i \tag{2-19}$$

式中 U_A——A 点的暂态电位，V；

R_g——冲击接地电阻，Ω；

h——A 点到地面的高度，m；

L_0——单位长度的引下线的寄生电感，μH/m，一般 $L_0=1.2\sim1.5\mu$H/m；

i——雷电流，kA。

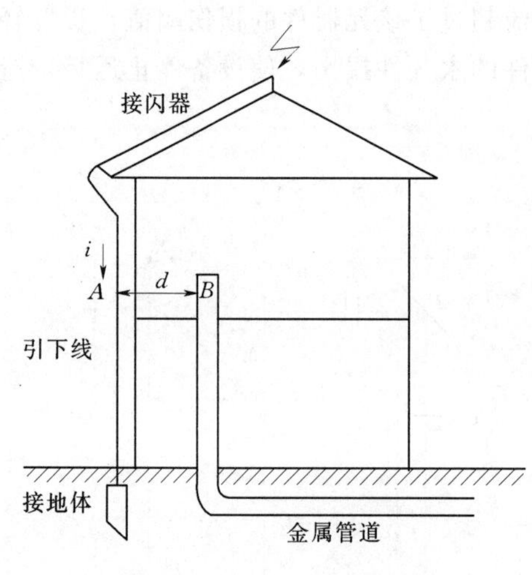

图 2-6 暂态电位示意图

由式（2-19）可知，被击物体上出现的暂态电位幅值由两个分量组成，即由雷电流幅值与接地电阻所决定的压降和由雷电流波头陡度与通流路径电感所决定的压降。其中，前者称为暂态地电位，由于此电位的出现而产生的电位升高称为地电位抬高，它是雷电安全防护设计中一个很重要的指标；后者称为暂态电位抬高。地电位抬高不仅会危害到电子设备、电气设备，同时也会对周围的人员造成危害。而暂态电位抬高则可能使周围的导体带上高电位，损坏电子设备和电机绕组。另外，暂态电位抬高又会与周围的金属体之间形成电位差，当这一电位差超过两者之间空气间隙的绝缘耐受强度时，间隙就会被击穿，使金属体也带上高电位，而这一已带上高电位的金属体又有可能对附近其他金属体发生间隙击穿。

2.4.2 暂态电位升高的危害

雷电反击是指受直击雷的金属体在接闪瞬间与大地间存在很高的电压，这种电压对与大地连接的其他金属物发生闪击的现象称为雷电反击。

发生雷击时接闪器是受雷环节，通过引下线将雷电流引入接地装置泄散到大地。在这个过程中，沿着接闪的引下线产生了雷电流，在建筑物防雷装置的接地母线上产生暂态电位升高现象。如果电源线、信号线、铁管等未做等电位连接、屏蔽和安装避雷器等措施，与接地母线之间的距离不能达到施工要求时，就会导致接地母线与它们之间发生反击，对电气设备造成危害。而雷电流经接地体散入大地时，也会在周围土壤中产生电压降，使地面上不同的地点之间出现电位差，如果人站在这块电压不均匀的地面上，人的两脚之间就会产生跨步电压。另外当人接触与防雷装置相连的金属物体时，也会造成触电。

如图 2-6 所示，出于抗电磁干扰的考虑，将某些重要的电子设备安置在金属网屏蔽的空间，内金属屏蔽网与建筑物接地系统可靠连接，在发生直接雷击时，雷电流流过屏蔽室接地连线的寄生电感和接地电阻后，将产生很高的暂态电位，使屏蔽室的暂态电位抬

高，而来自远处的信号线此时尚处于零电位，则在小孔处屏蔽体与信号线之间将出现很高的电位差，这一高电位差很容易将两者间气隙击穿，使信号线也带上高电位。该高电位将会直接损坏室内的电子设备，也将沿信号线传输到远处线路终端，侵害终端处的电子设备。除此之外，暂态电位的抬高还会在临近未受雷击的建筑物内引起反击。如图 2－7 所示，三座相邻的建筑物均分别与同一供水管道有接地连接。当其中一座建筑物，如建筑物 2 遇到雷击时，雷电流将通过建筑物 2 的防雷系统引下线和接地连线与供水管道等进入各建筑物的接地体，使各建筑物的暂态地电位都抬高，于是在没有采取暂态过电压保护措施的建筑物 3 中带高电位的地线将会对其附近的电源线和通信线发生反击，使得与这些线路相连接的电气或电子设备受到暂态高电位的损坏。

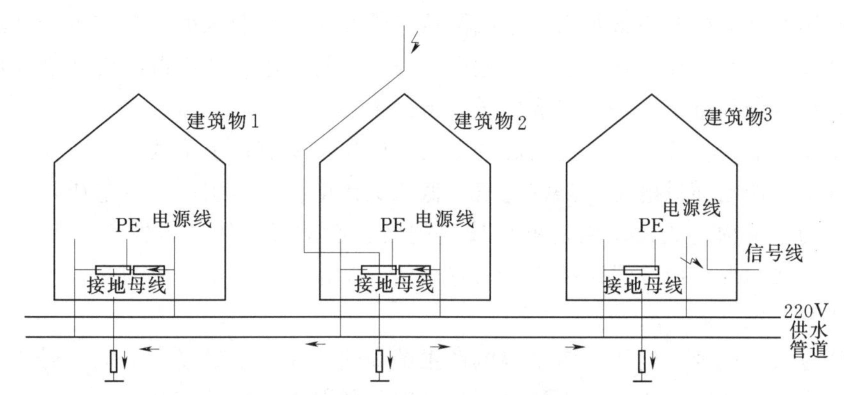

图 2－7 暂态电位在临近建筑物间反击示意图

在设计、施工雷电防御装置时，不可能在多处敷设接地装置，一般都采用共用接地体，引下线和各种管道、电源、线路之间进行电气连接，连接方式多用搭接、连接母板和母线环等方式做等电位连接，以避免产生雷电反击。

2.5 雷电电涌过电压的危害

2.5.1 电涌过电压的产生与危害

1. 电涌过电压的产生

电涌过电压是指超出正常工作电压的瞬间过电压，通常还被称为瞬变脉冲电压、瞬态过电、突波或电涌等，是电路中出现的一种短暂的电流、电压波动，在电路中通常持续约 $1/10^6$s 的剧烈脉冲。电涌过电压的来源有两类：外部电涌和内部电涌。外部电涌过电压最主要来源于雷电，少量是电网中开关操作等在电力线路上产生的过电压。内部电涌过电压则与供电系统内部的设备启停和供电网络运行的故障有关。

雷电产生的电涌过电压危害最大，在雷击放电时，以雷击为中心 1.5～2km 范围内都可能产生危险的过电压。雷击引起（外部）电涌过电压的特点是单相脉冲型，能量巨大。外部电涌的电压在几微秒内可从几百伏快速升高至 2 万 V，可以传输相当长的距离。由雷电引起的过电压具有电流大、电压高、危害大的特点，是低压交流电源系统中过电压防护

的主要对象。

2. 电涌过电压的危害

在高压输电系统中，接入系统的各种高压电力设备的耐压水平都很相近，接线方式相对简单，避雷器只需保护其安装处的电力设备即可，几乎不采用多级避雷器配合保护。但是，对于低压交流电源系统来说，过电压防护是比较复杂的。随着现代经济的不断发展，人们对电源系统设备的应用越来越广泛，使得电子产品做工更加精细，性能方面也得到很大的提高。虽然电子产品在使用方面有很多优点，但由于电子产品体积小、工作电压低、功率损耗低，对电源线路和信号电路中入侵的电涌过电压非常敏感，耐受过电压的能力也非常有限，因此对低压交流电源系统的雷电过电压防护方面的研究是非常有必要的。由于电子设备使用的交流电源通常是由供电线路从户外交流电网引入的，当雷击于电网附近或直击于输电线路上时，在线路上会产生过电压波，这种过电压波沿线路传播进入户内，通过交流电源系统侵入电子设备，造成电子设备的损坏。

在低压交流电源系统中，雷击引起的电涌过电压主要有以下形式：

(1) 直接雷击电涌过电压。是雷电直击低压交流电源线路引起的过电压，以及雷击低压线路附近的建筑物造成建筑物对低压线路闪络引起的过电压。雷电直击低压电源线路时，雷电是以波的形式沿导线传播而引入室内的。雷击点处的电位相当高，可达数百万伏至数千万伏甚至更高。

(2) 感应雷击电涌过电压。雷击闪电产生的高速变化的电磁场，闪电辐射的电场作用于导体，感应很高的过电压，这类过电压具有很陡的前沿并快速衰减。

(3) 反击电涌过电压。是雷击避雷针等接闪装置或接地系统，造成地电位升高形成高电位而产生的反击过电压。该电位产生的过电流通过配电系统的零线、保护地线或弱电系统的地线，也是以波的形式传入室内设备的接地点或外壳，形成反击过电压毁坏低压电源设备。

(4) 侵入波电涌过电压。此类过电压是由于架空线路遭受直接雷击或感应雷而产生的高电位雷电波，沿架空线路侵入变电所造成而危害。由于电网中的设备对过电压有不同的抑制能力，因此侵入波过电压能量随线路的延长而减弱。

电涌过电压的危害主要分成两种：灾难性危害和积累性危害。灾难性危害是指一个电涌电压超过设备的承受能力，则这个设备完全被破坏或寿命大大降低。积累性危害是指多个小电涌累积效应造成半导体器件性能的衰退、设备发故障和寿命的缩短，最后导致停产或是生产力的下降。

在配电系统中，电涌过电压可能引起电压波动、机器设备自动停止或启动、电气设备由于故障、复位或电压问题而缩短寿命；对于电子电气设备，电涌过电压可能对元器件造成破坏，也可能干扰电子电路运行，造成数据出错等。

电涌过电压对建筑物内电子设备造成危害的例子数不胜数。1992 年 4 月 27 日，南昌江西医科大学 160 门程控电话因感应雷被击坏 15 门，而同一时刻江西财经干部管理学院的 200 门程控电话全部毁于感应雷。北京国际关系学院新装电教中心全套电视录像设备，后来加装卫星接收天线时，尚未及安装避雷装置就遇上雷雨，室外天线的馈线遭雷击，导致室内电视录像设备毁坏。1993 年的一次雷雨，北京酒仙桥有 200 多户的电视机被毁，

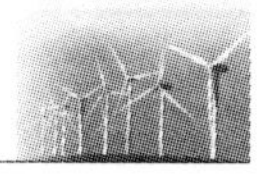

其中20台报废。

2.5.2 如何防备电涌过电压

由于电子计算机的普及和高精密电子仪器设备的大量使用，对电子设备电源系统的过电压保护显得越来越重要。雷电电涌过电压的产生与传输过程，不管是在高压电网系统中还是在低压交流电源系统中，其原理都是相同的，对电源系统设备的损坏机理也基本相同。

低压交流电源系统综合防雷措施主要包括：①外部防雷措施，如接闪器、引下线、屏蔽和接地系统；②内部防雷措施，如屏蔽隔离、等电位连接、合理布线和安装电涌保护器。对于外部防雷，主要是针对雷击建筑物时所采取的措施，一般都采用避雷针、避雷带等传统避雷装置，这些避雷设施能有效地防止直击雷的危害。但对于雷电感应高电压以及雷电电磁脉冲来说，这些措施作用是很小的。因此，需要采取内部防雷措施。

1. 屏蔽措施

沿线路侵入的电涌过电压波常常会损坏脆弱的电子设备，利用各种金属屏蔽体来阻挡和衰减施加在电子设备上的电磁干扰或过电压能量是一种有效的防护措施。电子设备常用的屏蔽体有设备的金属外壳、屏蔽室的外部金属网和电缆的金属护套等，采用屏蔽措施对于保证电子设备的正常和安全运行来说是十分有必要的。

2. 良好的接地系统

良好的接地系统是其他防护措施的基础。电源系统的接地采用统一接地方式，即将电源地、信号地、屏蔽接地、电涌保护器接地等均应连接到局部等电位接地板上。

3. 等电位连接

当雷击发生时，在雷电暂态电流所经过的路径上将会产生暂态电位升高，使该路径与周围的金属体之间形成暂态电位差，容易形成反击。为了消除这种电位差，需要把建筑物本身以及建筑物内各种导电体用导体在电气上连接起来以保证等电位，这样就可以在发生雷击时避免在不同金属外壳或构架之间出现暂态电位差。

4. 安装电涌保护器

电涌保护器广泛应用于低压交流电源系统中，用以限制电网中的雷电过电压，使其不超过各种电气设备所能承受的冲击耐受电压，保护设备免受由于雷电造成的危害。电涌保护器主要有电压开关型和限压型两类。

(1) 电压开关型。电路中没有产生电涌过电压时呈高阻抗状态，在电涌暂态过电压作用下突变为低阻抗状态，如放电间隙、气体放电管等组件。

(2) 限压型。电路中没有产生电涌过电压时呈高阻抗状态，出现电涌过电压时会随着电涌增大，阻抗值逐渐变小，典型组件为压敏电阻、齐纳二极管与雪崩二极管等。

电子设备的损坏绝大部分是由沿电源线路、信号线路和金属管线涌入的雷电电涌过电压造成的。使用电涌保护器时，根据建筑物内用电设备距离电源入口位置和设备的绝缘配合水平以及被保护设备过电压等级分类来选择合适的电涌保护器，见表2-3和表2-4。

表2-3 室内的过电压水平分类

分类	A类	B类	C类
过电压水平	超过B类10m或超过C类20m处的过电压水平	与建筑物入口之间的距离较短处及主要馈电线处的过电压水平	外部和供电总入口处的过电压水平

表2-4 被保护设备过电压等级分类

过电压类别	Ⅰ类	Ⅱ类	Ⅲ类	Ⅳ类
耐压水平	较低	一般	高	很高
负载类型	电子信息设备	家用电器	工业电器	工业电器
例子	电视机、音响、计算机等通信设备	洗衣机、电冰箱、加热器等	电动机、配电柜、变压器等	电气计量仪表、一次线路过流保护设备
冲击耐压/kV	1.5	2.5	4	6

从建筑物电源总入口处侵入的电涌电流峰值往往非常高，为了使被保护设备承受的电涌能够控制在其耐受冲击电压额定值的范围内，必须根据被保护设备的不同安装位置和耐受程度采取多级电涌保护器配合保护，逐级衰减电涌过电压、过电流。正确安装电涌保护器可以很好地达到防备电涌过电压的效果。

参考文献

[1] 尹娜．雷电危害风险评估研究［D］．南京：南京信息工程大学，2005.

[2] 文习山，彭向阳，解广润．架空配电线路感应雷过电压的数值计算［J］．中国电机工程学报，1998，18（4）：76-78.

[3] 施围，邱毓昌，张乔根．高电压工程基础［M］．西安：机械工业出版社，2006.

[4] 徐立农，卢海芝．雷电防御中对暂态电位升高引起雷电反击的处理［J］．青海气象，2007（S1）：39-40.

[5] 孟德东．风电机组雷击损害风险评估方法研究［D］．北京：华北电力大学，2009.

[6] 盛财旺．低压交流电源系统雷电电涌防护的研究［D］．北京：北京交通大学，2011.

第3章　防雷装置工作原理与运行维护

本章将对雷电防护装置进行详细介绍。防雷装置是外部和内部雷电防护装置的统称。外部防雷装置包括避雷针、避雷线、避雷网（带）等，主要用以防直击雷。内部防雷装置包括避雷器、电涌保护器等，主要用于减小和防止雷电流在需防空间内所产生的电磁效应。避雷针、避雷线、避雷器等常见的防雷装置的工作原理和运行维护是本章节的重点内容。

3.1　避　雷　针

早在1749年，美国的富兰克林就发明了避雷针，但安装避雷针后，避雷针本身不但没有避雷，而更容易遭受雷击。根据此现象，俄国的罗蒙索夫于1753年提出"避雷针是歪变电场而引雷于自身，使其周围物体免遭雷击"，即避雷针本身实为引雷针。

3.1.1　避雷针的原理和结构

雷电引起的电力系统过电压是由雷云对地放电所引起的。当雷云与大地之间场强大于大气游离临界强度时，就产生局部放电通道，由雷云边缘向大地发展，即先导放电。当雷云先导电流接近地面时，地面上高耸物体顶部周围的电场达到能使空气电离和产生流注的强度，在它们的顶部发出向上发展的迎面先导，而避雷针安装在这些高耸物体的顶部，其高度高于这些物体，并且避雷针的顶部是尖端导体，尖端处电荷面密度大。因此避雷针顶部会先于周围物体出现迎面先导，最容易接通下行先导，使下行先导的发展方向走向避雷针，使其仅对避雷针放电，从而使避雷针附近的物体得到保护，免遭雷击。吸引雷电击于自身，并使雷电流泄入大地，这就是避雷针的保护作用原理。

避雷针系统属于结构最简单的防雷装置，由接闪器、引下线和接地装置构成，如图3-1所示。根据其作用原理，其构成的基本思路是：利用接闪器高出被保护物的突出地位，将雷云放电通道引向自身，然后通过引下线和接地装置将雷电流泄入大地。

3.1.1.1　接闪器

接闪器是直接承受雷击的部分，它实质上就是"引雷器"，以截获通向被保护物的闪击为任务。

避雷针是接闪器的一种，主要用来保护露天发电、变配电装置和建筑物，一般用镀锌圆钢或钢管制成。针长1m以下者，圆钢直径不得小于12mm，钢管直径不得小于20mm；针长1～2m者，圆钢直径不得小于12mm，钢管直径不得小于25mm。

为防止腐蚀，接闪器应镀锌或涂漆。在腐蚀性较强的场所，还应采取加大截面积的方法或其他防腐措施。接闪器焊接处应涂防腐漆，其截面锈蚀30%以上时应予以更换。

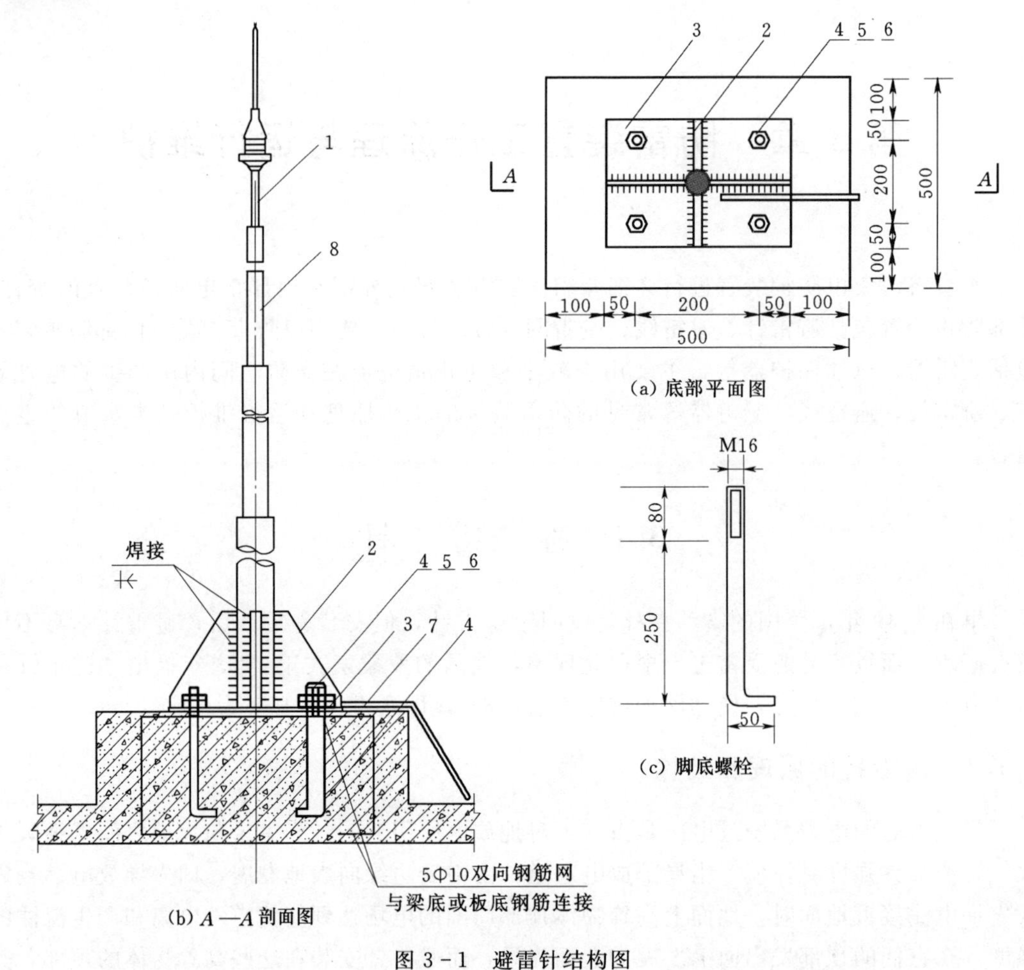

(a) 底部平面图

(b) A—A 剖面图

(c) 脚底螺栓

图3-1 避雷针结构图

1—避雷针；2—加劲肋；3—底板；4—脚底螺栓；5—螺母；6—垫圈；7—引下线；8—升高杆

3.1.1.2 引下线

引下线是连接接闪器与接地装置的金属导体，其作用是构建雷电流向大地泄放的通道。材料选用经过防腐处理的圆钢或扁钢等耐腐蚀、热稳定好的材料，还需满足机械强度的要求，圆钢直径不得小于8～12mm，扁钢截面不得小于12mm×4mm。

实践证明，引下线可以专门敷设，也可以利用建筑物的金属构件。建筑物的消防梯、钢柱等金属构件均可作为引下线，但其各部件之间均应连成电气通路。引下线在铺设的时候应沿支持构架及建筑物外墙以最短路径入地，使雷电流以最短时间导入大地，减小雷电流在引下线上产生的电压降。在易受机械损坏和防人身接触的地方，地面上1.7m至地面下0.3m的一段接地线应采取暗敷或镀锌钢管、改性塑料管或橡胶管的保护措施。

要经常性检查引下线各部分连接是否良好；检查其上有无闪络或烧损痕迹。引下线截面锈蚀超过30%者应予以更换。

3.1.1.3 接地装置

接地装置是接地体和接地线的总和，其作用是将引下线引下的雷电流迅速泄流到大地土壤中去，是避雷针将雷电流导入大地的最后装置。

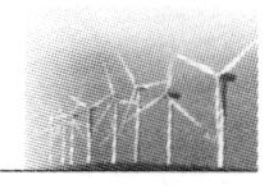

1. 接地体

接地体是指埋入土壤中或混凝土基础上作为散流用的金属导体。接地体分人工接地体和自然接地体两种。自然接地体为兼作为接地用的直接与大地相接触的各种金属构件、结构，如建筑物的钢结构、行车钢轨、埋地的金属管道。在装设接地装置时，首先应充分利用自然接地体，以节约投资。

若经实地测量所利用的自然接地体电阻不能满足规范要求，应考虑添加装设人工接地体作为补充。人工接地体是专门作为接地用的按照规范工艺加工过的各种型钢或钢管等，按照其敷设方式可分为垂直接地体和水平接地体。垂直接地体一般为垂直埋入地下的角钢、圆钢、钢管等，一般采用管形金属；水平接地体是水平敷设于土壤中的镀锌扁钢或镀锌圆钢。接地体埋设要符合一定的埋设深度，接地体之间要有一定的间距。

对接地电流系统，当 $IR \leqslant 2000\text{V}$ 时对人身和设备是安全的，所以接地电阻要求要足够小以保证安全。

2. 接地线

接地线是从引下线断接卡子或换线处接至接地体的连接导体。接地线也分人工接地线和自然接地线。人工接地线在一般情况下应采用扁钢或圆钢，并应敷设在易于检查的地方，且应有防止机械损伤及防止化学腐蚀的保护措施。

3. 接地装置的检查和维护

对接地装置进行定期检查的主要内容有：各部位连接是否牢固、有无松动、有无脱焊、有无严重锈蚀；接地线有无机械损伤或化学腐蚀、涂漆有无脱落；人工接地体周围有无堆放强烈腐蚀性物质；地面以下 50cm 以内接地线的腐蚀和锈蚀情况如何，接地电阻是否合格。

对接地装置进行维修的情况有：焊接连接处开焊；螺丝连接处松动；接地线有机械损伤、断股或有严重锈蚀或腐蚀；锈蚀或腐蚀超过 30％者应予以更换；接地体露出地面；接地电阻超过规定值。

3.1.2 避雷针的保护范围

避雷针的保护范围是用模拟试验及运行经验确定的。滚球法是国际电工委员会(IEC) 推荐的接闪器保护范围计算方法之一。《建筑物防雷设计规范》(GB 50057—2010) 也把滚球法强制作为计算避雷针保护范围的方法。滚球法是以 h_r 为半径的一个球体沿着需要防止直击雷的部位滚动，当球体只触及接闪器（包括被用作接闪器的金属物）或只触及接闪器和地面（包括与大地接触并能承受雷击的金属物）而不触及需要保护的部位时，则该部分就得到接闪器的保护。滚球法确定接闪器保护范围见表 3－1。

表 3－1 滚球法确定的接闪器保护范围

建筑物防雷类别	滚球半径 h_r/m	避雷网网格尺寸
第一类防雷建筑物	30	≤5m×5m 或≤6m×4m
第二类防雷建筑物	45	≤10m×10m 或≤12m×8m
第三类防雷建筑物	60	≤20m×20m 或≤24m×16m

应用滚球法计算的保护范围的具体方法包括单只避雷针、等高双避雷针和其他避雷针配置组合的保护范围。

3.1.2.1　单只避雷针的保护范围

单只避雷针的保护范围如图 3-2 所示。

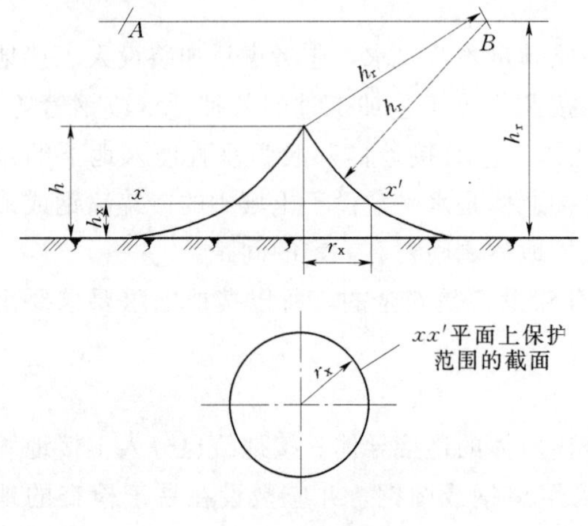

图 3-2　单只避雷针的保护范围

1. $h \leqslant h_r$ 时

距地面 h_r 处作一平行于地面的平行线。以针尖为圆心，h_r 为半径，作弧线交平行线于 A、B 两点。以 A、B 为圆心，h_r 为半径作圆弧，该弧线与针尖相交并与地面相切，这两条弧线之间的范围就是单支避雷针的保护范围。

由图 3-2 可知，在距地面越来越高时，保护半径越小，由数学知识可得

$$r_x = \sqrt{h(2h_r - h)} - \sqrt{h_x(2h_x - h_x)} \tag{3-1}$$

当 $x=0$ 时：$r_0 = \sqrt{h(2h_r - h)}$　　(3-2)

式中　r_x——避雷针在 h_x 高度的水平保护半径，m；

h_r——滚球半径，m；

h_x——被保护物的高度，m；

r_0——避雷针在地面上的保护半径，m。

2. $h > h_r$ 时

在避雷针的竖直延长线上取距地面高度 h_r 的一点代替避雷针针尖作为圆心，其余的计算方法与 $h \leqslant h_r$ 相同。

3.1.2.2　等高双避雷针的保护范围

等高双避雷针的保护范围如图 3-3 所示。

1. $h \leqslant h_r$ 时

(1) 两支避雷针的距离 $D \geqslant 2\sqrt{h(2h_r - h)}$ 时，应按单支避雷针的方法确定保护范围。

(2) 两支避雷针的距离 $D < 2\sqrt{h(2h_r - h)}$ 时：

1) $AEBC$ 外侧的保护范围按照单支避雷针的计算方法来确定保护半径。

2) C、E 点位于两针间的垂直平分线上，在地面每侧的最小保护宽度 b_0 为

$$b_0 = CO = EO = \sqrt{h(2h_r - h) - \left(\frac{D}{2}\right)^2} \tag{3-3}$$

在 AOB 轴线上，距中心线任一距离 x 处，其在保护范围边线上的保护高 h_x 为

$$h_x = h_r - \sqrt{(h_r - h)^2 + \left(\frac{D}{2}\right)^2 - x^2} \tag{3-4}$$

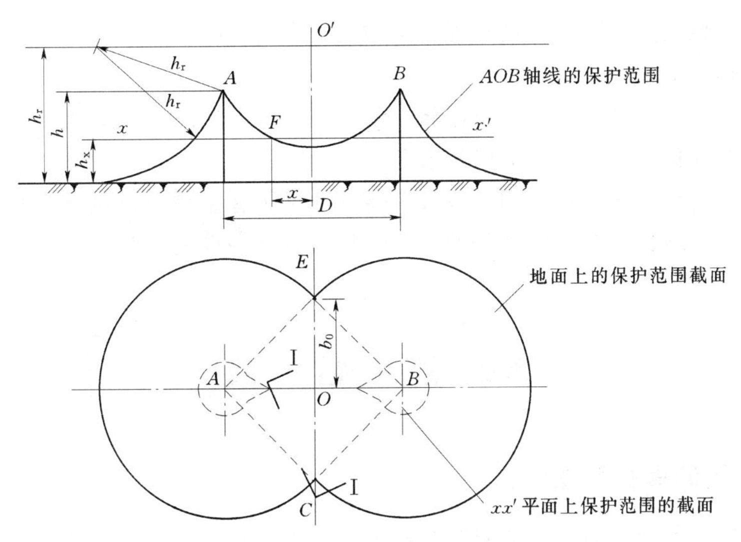

图 3-3 等高双避雷针的保护范围

该保护范围边线是以中心线距地面的 h_r 一点 O' 为圆心，以 $\sqrt{(h_r-h)^2+\left(\frac{D}{2}\right)^2}$ 为半径所作的圆弧 AB。

3）两针之间 $AEBC$ 内的保护范围应分成四个部分，即 ACO、BCO、AEO、BEO，分别确定其中一部分的保护范围后，合起来就是两针间的保护范围。如 ACO 部分的保护范围的确定方法为：在任一保护高度 h_x 和 C 点所处的垂直平面上，以 h_x 作为假想避雷针，按单支避雷针的方法逐点确定，如图 3-4 所示。

4）确定 xx' 平面上保护范围截面，以单支避雷针的保护半径 r_x 为半径，以 A、B 为圆心作弧线与四边形 $AEBC$ 相交；以单支避雷针的 r_0-r_x 为半径，以 E、C 为圆心作弧线与上述弧线相接，此范围就是 xx' 平面上的保护截面。

2. $h>h_r$ 时

在避雷针上取高度 h_r 的一点代替针尖作圆心，再重复以上的做法。

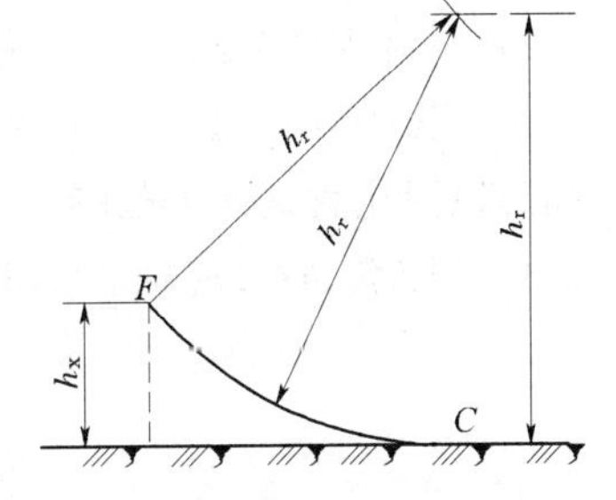

图 3-4 Ⅰ—Ⅰ剖面图

3.1.2.3 其他避雷针配置组合的保护范围

避雷针还有很多种组合形式，包括不同空间布置组合和不同参数组合，如两只不等高避雷针、三只等高或不等高避雷针任意布置、四只等高避雷针矩形布置等，其计算原理和上面一样，都归属于立体几何的计算，不再一一赘述。

3.1.3 避雷针（带、网）的检查与维护

避雷针等防雷装置都需要进行定期的检查和维护，保证设备能够安全运行并延长设备的使用寿命。对避雷针（带、网）进行维护的主要内容如下：

（1）检查接闪器有无因遭受雷击而熔化或折断的情况；检查引下线是否短而直，引下线距地 2m 一段的保护处有无破损情况；检查断接卡子有无接触不良情况。

（2）检查接地装置周围的土壤有无沉陷情况；有否因挖土方敷设其他管道与种植树木等而挖断或损伤接地装置。

（3）检查有否由于修缮建筑物或建筑物本身变形，而使防雷保护装置受到影响或发生变化；木质结构的接闪器支架有无腐朽现象。

（4）检查避雷针（线、带、网）各处明装导体是否有裂纹、歪斜与锈蚀，或因机械力损伤而发生折断等现象，各导线部分的电气连接是否紧密牢固。发现接触不良或脱焊时应及时进行检修。

3.2　避　雷　线

3.2.1　避雷线的保护范围

避雷线是接闪器的一种，它的原理及作用与避雷针基本相同，主要用于保护电力线路或狭长的建筑物及设备。

避雷线的材料为镀锌钢线，分单根和双根两种，双根的保护范围大一些。避雷线一般架设在架空线路导线的上方，用引下线与接地装置连接，以保护架空线路免受直接雷击。

1. 单根避雷线的保护范围

（1）当 $h \geqslant 2h_r$ 时，无保护范围。

（2）当 $h < 2h_r$ 时，在无法确定弧垂的情况下，当等高支柱间的距离小于120m时架空避雷线中点的弧垂宜采用2m，距离为120～150m时宜采用3m。

1）距地面 h_r 处作一平行于地面的平行线。

2）以避雷线为圆心、h_r 为半径，作弧线交于平行线的 A、B 两点。

3）以 A、B 为圆心，h_r 为半径作弧线，该两弧线相交或相切并与地面相切。从该弧线起到地面止就是保护范围。

4）当 $h_r < h < 2h_r$ 时，如图3-5所示，保护范围最高点的高度 h_0 为

$$h_0 = 2h_r - h \tag{3-5}$$

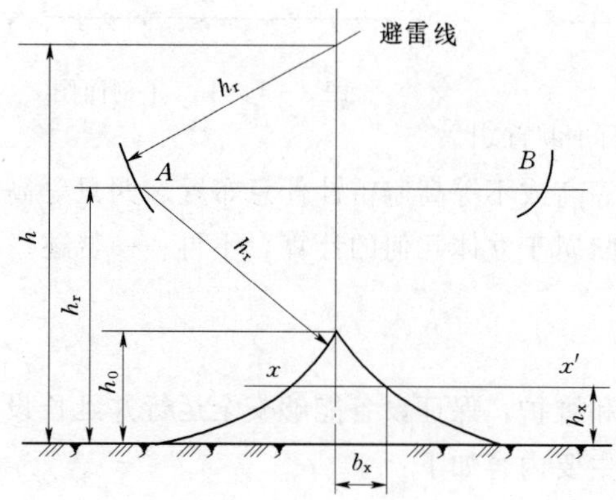

图3-5　$h_r < h < 2h_r$ 情况下单根避雷线的保护范围

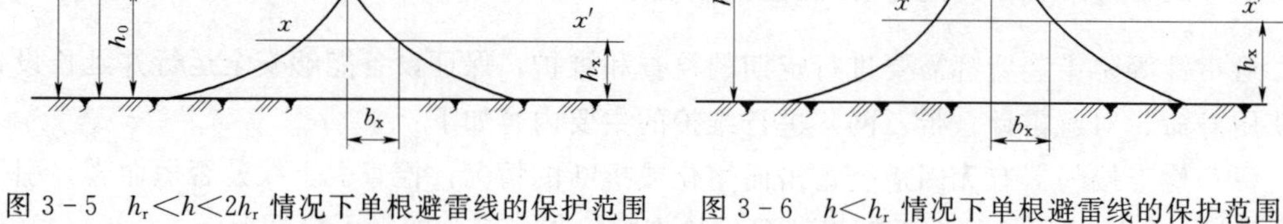

图3-6　$h < h_r$ 情况下单根避雷线的保护范围

5）当 $h<h_r$ 时（图 3－6），避雷线在 h_x 高度的 xx' 平面上的保护宽度的计算为

$$b_x=\sqrt{h(2h_r-h)}-\sqrt{h_x(2h_r-h_x)} \tag{3-6}$$

式中 b_x——避雷线在 b_x 高度的 xx' 平面上的保护宽度，m；

h——避雷线的高度，m；

h_r——滚球半径，m；

h_x——被保护物的高度，m。

2. 双根等高避雷线的保护范围

（1）当 $h\leqslant h_r$ 时，如图 3－7 所示。

1）当 $D\geqslant 2\sqrt{h(2h_r-h)}$ 时，按单根避雷线所规定的方法确定。

2）当 $D<2\sqrt{h(2h_r-h)}$ 时：

a. 两根避雷线的外侧，各按单根避雷线的方法确定。

b. 两根避雷线之间的保护范围按以下方法确定：以 A、B 两避雷线为圆心，h_r 为半径作圆弧交于 O 点，以 O 点为圆心、h_r 为半径作圆弧交于 A、B 点。

c. 避雷线之间保护范围最低点的高度 h_0 计算为

$$h_0=\sqrt{h_r^2-\left(\frac{D}{2}\right)^2}+h-h_r \tag{3-7}$$

d. 避雷线两端的保护范围按双支避雷线的方法确定，但在中线上 h_0 线的内移位置的确定方法为：以双根避雷线所确定的保护范围中点最低的高度 $\sqrt{(h_r-h)^2+\left(\frac{D}{2}\right)^2}$ 作为假想避雷线，将其保护范围的延长弧线与 h_0 线交于 E 点。内移位置的距离 x 为

$$x=\sqrt{h_0(2h_r-h_0)}-b_0 \tag{3-8}$$

式中的 b_0 可按图 3－7 的Ⅰ—Ⅰ剖面图来确定。

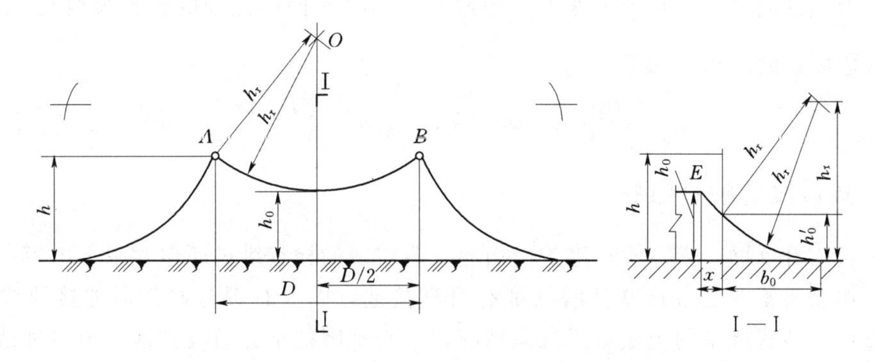

图 3－7　$h\leqslant h_r$ 情况下双根避雷线的保护范围

（2）当 $h_r<h<2h_r$（图 3－8）且 $2[h_r-\sqrt{h(2h_r-h)}]<h<2h_r$ 时：

1）距地面 h_r 处作一与地面平行的线。

2）以避雷线 A、B 为圆心，h_r 为半径作弧线相交于 O 点并与平行线相交或相切于 C、E 点。

3）以 O 点为圆心、h_r 为半径作弧线交于 A、B 点。

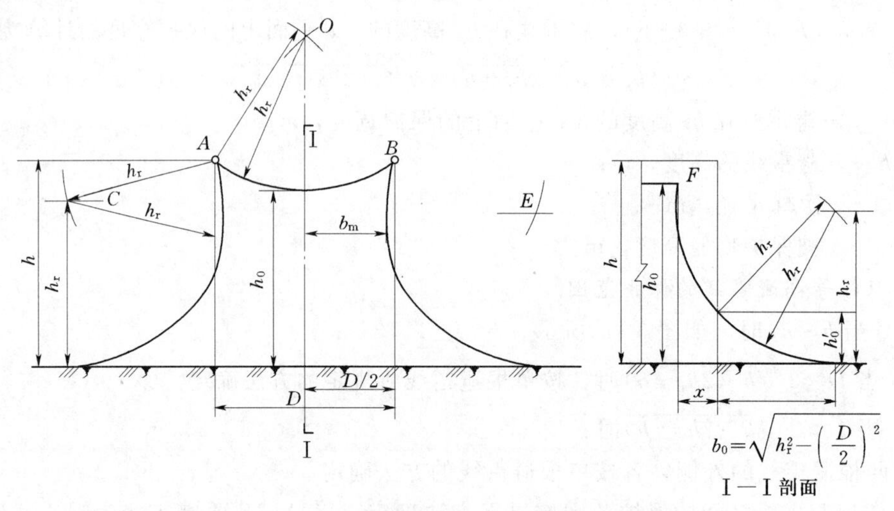

图 3-8　$h_r<h<2h_r$ 情况下双根避雷线的保护范围

4）以 C、E 为圆心，h_r 为半径作弧线交于 A、B 并与地面相切。

5）两避雷线之间保护范围最低点的高度 h_0 为

$$h_0=\sqrt{h_r^2-\left(\frac{D}{2}\right)^2}+h-h_r \tag{3-9}$$

6）最小保护宽度 b_r 位于高处，即

$$b_m=\sqrt{h(2h_r-h)}-\frac{D}{2}-h_r \tag{3-10}$$

7）避雷线两端的保护范围按双支高度 h_r 的避雷针确定，但在中线上线 h_0 的内移位置的确定方法为：如图 3-7 所示的 I—I 剖面，以双支高度 h_r 的避雷针所确定的中点保护范围最低点的高度 $h_0=h_r-\frac{D}{2}$作为假想避雷针，将其保护范围的延长弧线与 h_r 线交于 F 点。内移位置的距离 x 为

$$x=\sqrt{h_0(2h_r-h_0)}-\sqrt{h_r^2-\left(\frac{D}{2}\right)^2} \tag{3-11}$$

3.2.2　避雷线的检查维护

除了避雷针（网、带）检查维护的内容，避雷线的检查维护还包含以下内容：

(1) 检查避雷线是否每基杆塔处都有可靠接地，以及有否与避雷器的接地线共同接地；检查接地装置周围的土壤有无沉陷情况，是否有因挖土方敷设其他管道与种植树木等而挖断或损伤接地装置。

(2) 通常为了保护绝缘子和避雷线的耐压水平基本保持稳定，避雷线的绝缘子采用无裙绝缘子并联火花间隙的结构。在感应高电压的作用下，无裙绝缘子及其放电间隙，会发生误放电（不正常放电）使绝缘子烧坏、炸裂，引起避雷线落地等故障。为防止此类事故的发生，应采取以下措施：

1）间隙值要注意及时检查和调整。若经实测，感应电压确实过高，常使间隙发生误动作，应采取避雷线“合理勤换位”的办法，予以降低。

2）对无裙绝缘子也应定期检测。由于运行过程中瓷质的老化变质，内绝缘性能会不断下降，最后致使击穿电压值小于干闪和湿闪值，成为所谓的低值或零值绝缘子。这种低值或零值的绝缘子，当避雷线上落雷时，不是间隙首先击穿，而是绝缘子内绝缘击穿，接着，在绝缘子内部就流过冲击性雷电流和导线与避雷线间的工频电容电流。冲击性的雷电流随着雷击过程的结束而很快消失了，而工频性的电容电流（约为1～20A）就一直在绝缘子内部通过，直到把绝缘子烧坏、避雷线烧断落地为止。因此，对这种无裙绝缘子，应严格按导线上的绝缘子检测要求，进行定期检测。

3.3 避　雷　器

避雷针、避雷线、避雷带（网）都属于接闪器，直接防止雷击，防止雷击引起的大气过电压沿着输电线侵入发电厂或变电所，直接危及变压器等电气设备，造成事故。大气过电压的幅值可达一两百万伏，为了保护电气设备的安全，必须限制出现在电气设备绝缘上的过电压峰值，这就需要装设一种过电压保护装置——避雷器。

3.3.1 避雷器的工作原理及类型

当过电压强度超过电气设备的耐压水平时，电气设备就可能遭到破坏，这时就需要对电气设备进行保护。避雷器是中、高压系统最主要的过电压保护器件。理想避雷器的工作原理如图3-9所示，它并联在被保护设备或设施上，正常时处在不通的状态，阻抗为无穷大。出现雷击过电压时，避雷器先于设备导通，相当于对地短路，阻抗为零，将雷电流泄入大地。

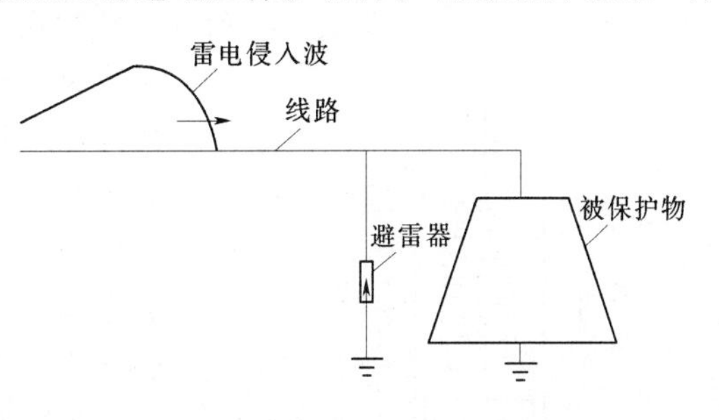

图3-9　避雷器的原理接线图

严格来说，避雷器的工作过程可分为三个阶段，即限压、熄弧和恢复。雷电过电压在导体上是以行波的形式传输的，当作用在避雷器上的过电压行波通过后，即避雷器已起到限制过电压的幅值，雷电流已泄入大地后，避雷器仍处于导通状态。这时在系统正常工频电压作用下，避雷器中可能有工频电流通过，称之为工频续流。一般要求在工频续流第一次过零时就将其断开（称之为熄弧），否则会引起继电保护动作或烧毁避雷器，最后，避雷器又恢复了绝缘状态。

常用的避雷器有管式、阀式、磁吹和金属氧化物避雷器。

3.3.1.1 管式避雷器

如图3-10所示，管式避雷器由产气管、内部间隙和外部间隙三部分组成。外部间隙在暴露大气中，而内部间隙装在产气管内，又称灭弧间隙，其电极一为棒形，另一为环形。产气管由纤维、有机玻璃或塑料等产气材料制成。图中S_1为管式避雷器的内部间隙，S_2为装在管式避雷器与运行带电的线路之间的外部间隙。

正常运行情况下，S_1与S_2均断开，管式避雷器不工作。当线路上遭到雷击或发生感

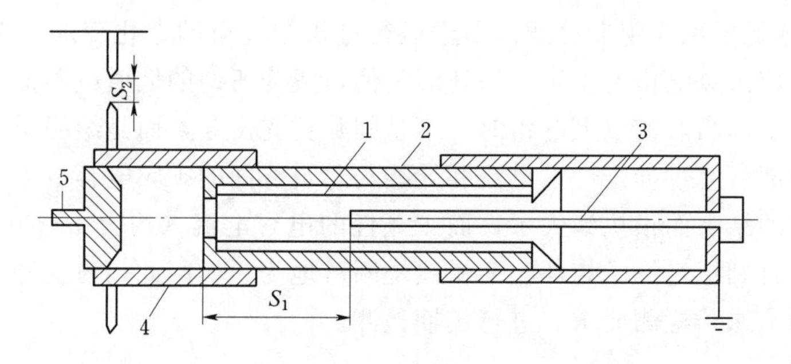

图 3 - 10　管式避雷器

1—产气管；2—胶木管；3—棒形电极；4—环形电极；

5—动作指示器；S_1—内部间隙；S_2—外部间隙

应雷时，大气过电压使管式避雷器的外部间隙被击穿（此时无电弧），接着管型避雷器内部间隙击穿，强大的雷电流便通过管式避雷器的接地装置入地。强大的雷电流和很大的工频续流会在管子内部间隙发生强烈电弧，在电弧高温下，管壁产生大量气体，由于管子容积很小，所以管子内形成很高的压力，将这些气体从环形电极的排气孔中冲出，对内部间隙电弧形成吹弧作用，在电流经过零值时，电弧熄灭。这时外部间隙的空气恢复绝缘，使管式避雷器与运行线路相隔离，恢复正常运行。外部间隙的作用是防止正常工作时内部间隙泄露电流使管壁温度上升，影响使用寿命。

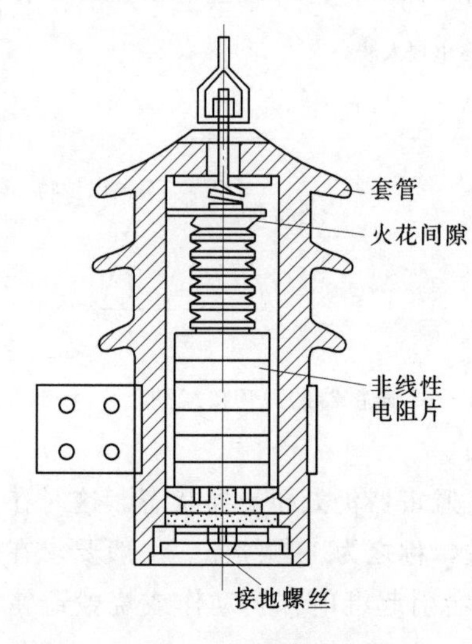

图 3 - 11　阀式避雷器的构造

管式避雷器的灭弧能力取决于产气量，而产气量又取决于电弧电流（主要是工频续流）的大小，续流太大产气过多，管内气压太高将造成管子炸裂；续流太小产气过少，管内气压太低不足以熄弧，故管式避雷器熄灭工频续流有上下限的规定。使用时应确认安装处实际短路电流在避雷器所给出的熄弧电流上下限的允许范围之内。

管式避雷器的伏秒特性陡峭，不容易与被保护设备绝缘配合，动作后电压急剧下降，形成陡峭的截波，威胁被保护设备的匝间绝缘，且特性受气象条件的影响较大，因此一般用于线路的保护，以泄放过电压能量为主要任务。

管式避雷器一般装于线路上，变电站、配电所内一般都用阀式避雷器。

3.3.1.2　SiC 阀式避雷器

SiC 阀式避雷器内部由火花间隙和碳化硅制造的非线性电阻片组成。间隙元件由多个统一规格的单个间隙串联而成，串联间隙数量与电压等级有关。同样，非线性电阻也由多个非线性阀片电阻串联而成，间隙与非线性电阻元件串联，如图 3 - 11 所示。

在系统正常工作时，间隙将电阻阀片与工作线路隔离，避免工作电压在阀片电阻中产生的泄露电流使阀片烧坏。当系统中出现过电压且幅值超过间隙放电电压时，间隙先击穿

使设备得到保护，冲击电流通过阀片流入大地。由于阀片的非线性特性，其电阻在流过大的冲击电流时变得很小，故在阀片上产生的压降将得到限制，使其低于被保护设备的冲击耐压，从而使设备得到保护。过电压消失后，间隙中由工作电压产生的工频续流仍将继续流过避雷器，此续流远小于冲击电流，故阀片电阻值变得很大，限制了工频续流的数值，使间隙能在工频续流第一次过零时就将电弧切断。

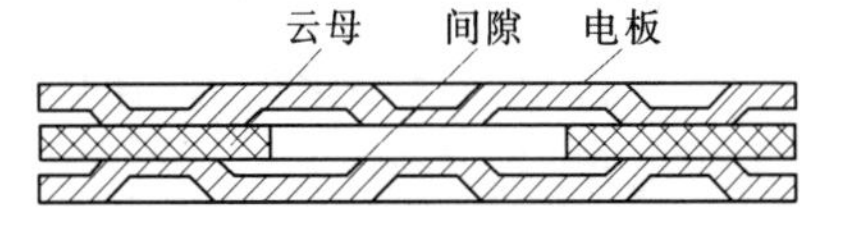

图 3-12　阀式避雷器单个火花间隙

1. 火花间隙

(1) 火花间隙的特点。阀式避雷器的火花间隙由许多单个间隙串联而成，如图 3-12 所示。单个间隙的电极由黄铜冲压而成，两电极间以云母垫圈隔开形成间隙，间隙距离为 0.5～1.0mm。避雷器动作后，工频续流电弧被许多单个间隙分割成许多短弧，利用短间隙的自然熄弧能力使电弧熄灭。

阀式避雷器间隙是将多个电场较均匀的小间隙串联起来使用。这带来两方面的益处：首先，多个串联间隙的灭弧性能比一个同样放电电压的大间隙要好得多，在使用非线性电阻情况下，续流过零时每个间隙可立即恢复的击穿电压约 700V，所以增加间隙个数对灭弧十分有效；再者，增加间隙个数，每个间隙距离很小，电场比较均匀，再加上过电压作用时云母垫圈与电极之间的空气缝隙中发生电辉，对间隙照射缩短了间隙的放电时间，故其伏秒特性很平稳，放电分散性也小。然而，并不是间隙越多越好，极间距离太小容易造成间隙短路，也浪费材料。

(2) 间隙并联电阻。火花间隙是由许多单个间隙串联而成的，多间隙串联后将形成一等值电容链，由于间隙各电极对地和对高压端有寄生电容存在，故电压在间隙上的分布是不均匀的。电压不均匀有以下影响：

1) 避雷器的熄弧能力降低。工频续流第一个半波过零时，各个间隙的恢复电压分布不均匀，承受较高电压的间隙就会重新击穿。它击穿后，原来加在这个间隙上的电压又将由其他间隙承担，这就可能引起整个避雷器重燃，无法灭弧。

2) 工频放电电压下降。其原因与上述相同。

为了解决这个问题，在每个间隙上并联一个分路电阻，如图 3-13 所示。在性能要求较高的 FZ 型避雷器中，实际每 4 个间隙组成一组，每组并联一分路电阻，使电压分布更均匀一些。

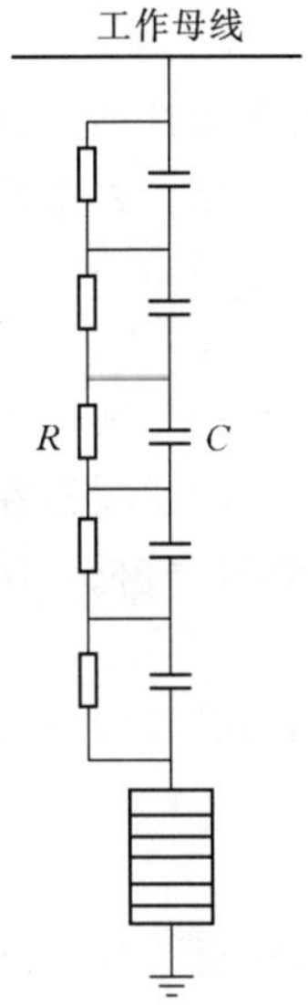

图 3-13　在间隙上并联分路电阻
C—间隙电容；
R—并联电阻

在工频电压和恢复电压作用下，间隙电容的阻抗很大，而分路电阻阻值较小，故间隙上的电压分布将主要由分路电阻决定，因分路电阻阻值相等，故间隙上的电压分布均匀，从而提高了熄弧能力，提高了工频放电电压。而当冲击电压作用时，由于冲击电压的等值频率很高，电容的阻抗小于分路电阻，这时流过间隙的电容电流大大增加。由于电压分布不均匀，因此其冲击放电电压较低，冲击系数一般为 1 左右，甚至小于 1。

采用分路电阻均压后，在系统工作电压下，分路电阻中将长期有

电流流过，因此，分路电阻必须有足够的热容量，通常采用非线性电阻，其优点主要是热容量大和热稳定性好。

FS型配电系统用避雷器的间隙无并联电阻。

2. 阀片

在续流通过时，避雷器中的电阻能限制工频续流，使间隙能在续流第一次过零时将电弧熄灭，但电阻增大后，冲击电流流过电阻时产生的残压也增大，残压过高，避雷器就失去了保护作用。采用阀性很好的非线性电阻能解决这一矛盾。

阀片的电阻随流过的电流大小而变，电流越大电阻越小，电流越小电阻越大。

如图3-14所示，将阀式避雷器动作后的过电压波形与管式避雷器动作后的波形图相比较可以看出，管式避雷器放电后，由于弧电阻很小，所以避雷器两端电压突然下降到接近零，形成截断波。截断波对一般电气设备没有什么危害，但对变压器类有绕组的电气设备却是有害的。过电压波从线路进入绕组时，线匝之间就有电位差，波上升速度越快，波头越陡，则相邻线匝间电位差越大。由于截断波尾极陡，所以容易引起绕组的击穿。而阀式避雷器，由于阀片电阻的存在，其动作后无截波现象，对被保护的电气设备更为有利。

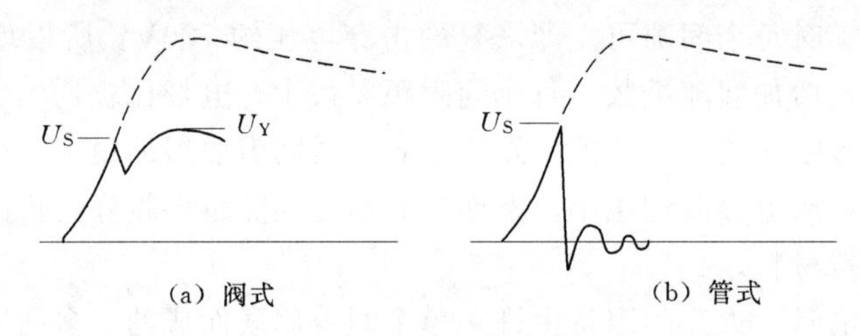

(a) 阀式　　(b) 管式

图3-14　避雷器动作后两端电压

3.3.1.3　磁吹避雷器

磁吹避雷器主要通过对阀式避雷器的间隙进行改进而改善了避雷器的保护性能。普通型阀式避雷器的熄弧完全依靠间隙的自然熄弧能力，没有采取强迫熄弧的措施，其阀片的热容量有限，不能承受持续时间较长的内过电压冲击电流，因此此类避雷器通常不容许在内过电压下动作。目前只使用于220kV及以下系统作为限制大气过电压用。

磁吹避雷器利用磁场对电弧的电动力使电弧运动强迫熄弧，其单个间隙的熄弧能力较强，能在较高恢复电压下切断较大的工频续流。与普通阀式避雷器相比，磁吹避雷器在改进了间隙切断能力的同时增大了阀片的通流容量，因此其冲击放电电压和残压较低，保护性能较好。

磁吹间隙有很多种，按电弧运动方式可分为两大类：一类是电弧被动力拉长或拉入灭弧栅中；另一类是电弧只旋转，并不拉长。

1. 拉长电弧型磁吹间隙

拉长电弧型磁吹间隙的原理如图3-15所示。它主要利用磁场将电弧拉得很长，且将电弧驱入灭弧盒狭缝使其受到挤压和冷却，因此电弧电阻变得很大。电弧被拉到远离击穿点的部位，因此，击穿点的绝缘强度能够得到很好的恢复。由于电弧被拉得很长且处于去游离很强的灭弧栅中，所以电弧电阻很大，可以起到限制续流的作用，因而拉长电弧型磁吹间隙又称为限流间隙。

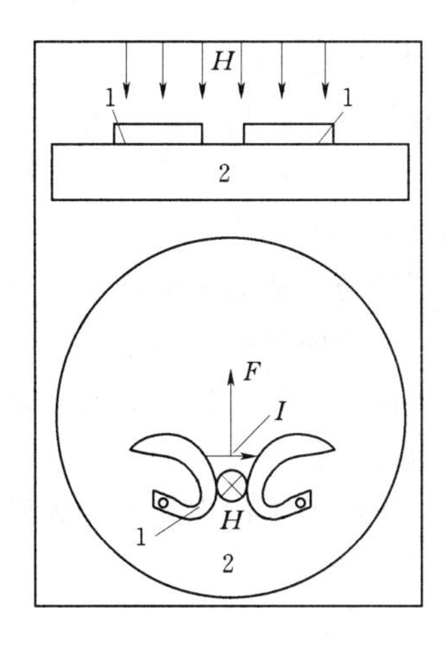

图 3-15 拉长电弧型磁吹间隙的原理图
1—内电极；2—灭弧盒；H—磁力线；
I—续流；F—电弧拉长方向

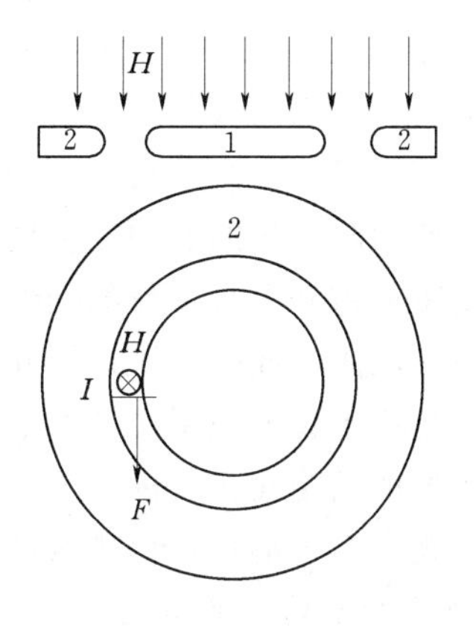

图 3-16 旋弧型磁吹间隙的原理图
1—内电极；2—外电极；H—磁力线；
I—续流；F—电弧运动方向

2. 旋转型磁吹间隙

旋转型磁吹间隙的原理如图 3-16 所示。一般间隙可切断 80A 续流，而旋转间隙可切断 300A 电流，切断比为 1.5。由于电弧不像一般间隙中那样停留在电极的某一点上，因此可以通过较大的续流值而不会使电极烧坏，续流过零后介质强度也比一般间隙恢复得快。

3.3.1.4 金属氧化物避雷器

1. 金属氧化物避雷器的特点

金属氧化物避雷器以非线性伏安特性特别优良的氧化锌阀片为主要元件或唯一元件，故又称为 ZnO 避雷器。ZnO 阀片较之上文所述的 SiC 阀片有非常优异的伏安特性，两者比较如图 3-17 所示。

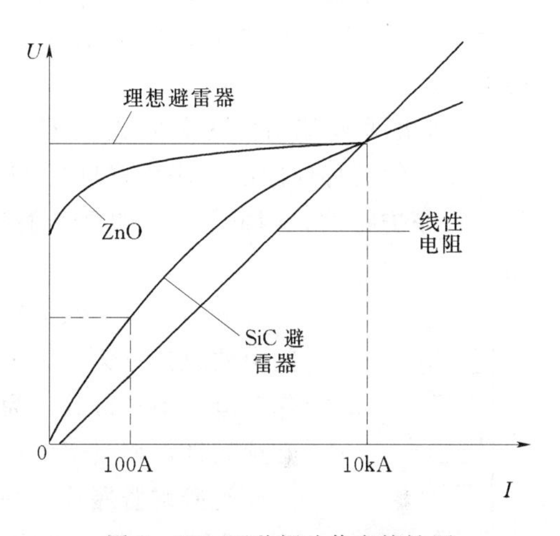

图 3-17 两种阀片伏安特性图

由图 3-17 可见，当 $I=10kA$ 下残压相同时，在相同工作电压下，SiC 阀片中的电流有 100A，而 ZnO 阀片中的电流却只有几十微安。也就是说，在工作电压下，ZnO 阀片实际上相当于一绝缘体，所以金属氧化物避雷器可以不用串联间隙隔离阀片电阻，可制成无间隙避雷器，与 SiC 避雷器相比较主要优点如下：

(1) 保护性能好。虽然 10kA 雷电流下残压目前仍与 SiC 阀型避雷器相同，但后者串联间隙要等到电压升至较高的冲击放电电压时才可将电流泄放，而金属氧化物避雷器在整个过电压过程中都有电流流过，电压还未升至很高数值之前不断泄放过电压的能量，这对抑制过电压的发展是有利的。由于没有间隙，金属氧化物避雷器在陡波头下伏安特性上翘要比碳化硅阀型避雷器小得多，这样在陡波头下的冲击放电电压的升高也小得多。金属氧化物避雷器的这种优越的陡波伏秒特性，对于具有平坦伏秒特性的 SF_6 气体绝缘配电装

置（GIS）的过电压保护尤为合适，易于绝缘配合，增加安全裕度。

（2）无续流和通流容量大。金属氧化物避雷器在过电压作用之后，流过的续流为微安级，可视为无续流，它只吸收过电压能量，不吸收工频续流能量，这不仅减轻了其本身的负载，且对系统的影响甚微，再加上阀片通流能力要比 SiC 阀片大 4～4.5 倍，又没有工频续流引起串联间隙烧伤的制约，金属氧化物避雷器的通流能力很大，所以金属氧化物避雷器具有耐受重复雷和重复动作的操作过电压或一定持续时间短时过电压的能力，并且有进一步可通过并联阀片或整只避雷器并联的方法来提高避雷器的通流能力。制成特殊用途的重载避雷器可用于长电缆系统或大电容器组的过电压保护。

（3）避雷器的结构简化，内部零件大为减少，不但降低了出现故障的概率，而且还有利于制造厂实现生产自动化，提高效益。

2. 金属氧化物避雷器的类型

金属氧化物避雷器有无间隙、带串联间隙和带并联间隙三种结构型式，其中无间隙的最为常见。

（1）无间隙结构的 ZnO 避雷器。无间隙 ZnO 避雷器的结构简单、紧凑，具有优良的电气特性，因而这类结构在 ZnO 避雷器发展过程中始终占有主流的地位，是各国研制工作的重点。

（2）带串联间隙结构的 ZnO 避雷器。由于 ZnO 阀片比 SiC 阀片具有更大的通流能力和优异的伏安特性曲线，用串联间隙和 ZnO 阀片组成的避雷器可具有比磁吹避雷器更优良的保护特性，因此，在一些需要特殊保护性能的场所，这种结构的避雷器也有所应用。

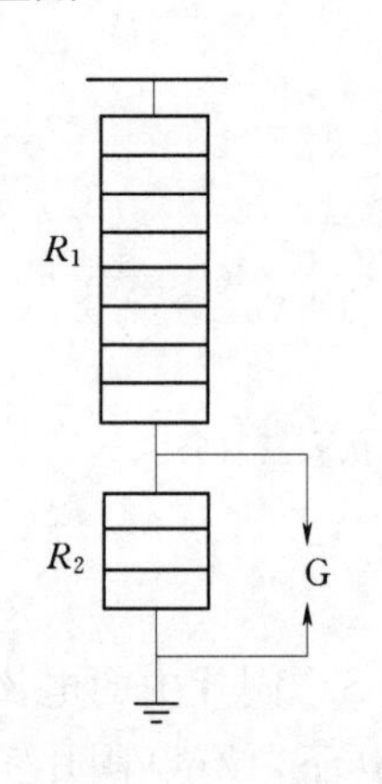

图 3-18　复合式 ZnO 避雷器电气原理图

例如，对于保护旋转电机避雷器，可以采用 ZnO 阀片串联火花间隙的设计方案。另一种情况是在中性点绝缘运行系统中，存在着操作过电压动作负载，为彻底避免避雷器的损坏，无间隙 ZnO 避雷器必须设计得相当庞大，这在实际中是不可行的。因此，国内外均发生过此类避雷器爆炸的事故。参照 SiC 避雷器的运行经验，采用 ZnO 阀片串联火花间隙的设计，可以避免在一些对设备绝缘无威胁的操作过电压作用下的误动作，保证了避雷器的安全运行。

（3）带并联间隙结构的 ZnO 避雷器。在 ZnO 阀片制造技术发展的初期，为弥补其非线性不够理想的缺点，也为了获得比通常无间隙 ZnO 避雷器更低的保护水平，采用类似复合式避雷器的设计方法是一种常用的措施，图 3-18 所示为这种避雷器的电气原理图。

复合式 ZnO 避雷器由工作阀片 R_1、辅助电阻片 R_2 和并联间隙 G 组成。G 可以分散或集中布置，当采用分散布置方式时，单个火花间隙上的电压分布较好。火花间隙放电电压经预调整，不应在工作电压下动作，因此，长期承受运行电压的 R_1+R_2 阻值较大，流过整个避雷器的泄露电流小，有功损耗也小。复合式结构既具有很低的保护水平，又可确保避雷器具有较长的预期寿命。

通常，R_2 占阀片总数的 10%～20%左右，这主要根据避雷器的保护水平以及 R_1 在间隙动作后的热稳定性能而定。由于 R_1 的阻值大以及 ZnO 阀片优异的伏安特性曲线，流

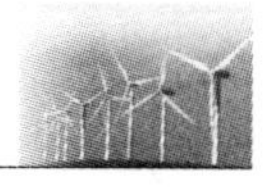

过火花间隙的续流很小，约为几安，所以 G 一般可用小型磁吹同心圆间隙甚至平板间隙来制作。

带并联间隙的 ZnO 避雷器的结构虽比无间隙 ZnO 避雷器的结构略为复杂，但可制成保护水平很低的避雷器。

用磁吹避雷器保护旋转电机时，难以实现合理的绝缘配合。但采用部分 ZnO 阀片并联火花间隙的设计，即可满足上述要求。

3.3.2 避雷器的性能参数

根据系统的参数、运行方式以及绝缘配合的原则可以确定避雷器的额定电压、工频放电电压、冲击放电电压和冲击电流残压这几项表征避雷器电气性能的重要指标。

1. 额定电压

避雷器的额定电压是指避雷器能够可靠地工作并能完成预期的动作负载试验的最大允许工频电压。额定电压需大于安装处可能出现的最大短时工频电压，这样才能确保避雷器正常工作。全线跳闸、甩负荷或单相接地故障都会引起短时工频电压的升高。

我国关于甩负荷引起的母线电压升高的实测数据不超过 1.37 倍相电压。甩电荷再加上电感—电容效应，线路终端电压上升得更高。

在单相接地故障时，零序电流在接地相的流动和相间电磁耦合作用引起健全相相电压的升高。升高的大小等于正常运行时的相电压乘以故障接地点参数所决定的接地系数 a。接地系数 a 的计算为

$$a=\sqrt{\frac{\left(1.5\dfrac{X_0}{X_1}\right)^2}{\left(\dfrac{X_0}{X_1}+2\right)^2}+\frac{3}{4}} \tag{3-12}$$

式中 X_0——故障处系统的零序电抗；

X_1——故障处系统的正序电抗。

2. 工频放电电压

工频放电电压是带串联间隙的避雷器的一个重要参数。

工频放电电压的下限应该满足避雷器能够可靠地熄弧和其值大于系统的操作过电压（对于非限制操作过电压的避雷器）这两个条件。

工频放电电压上限值与避雷器的冲击放电电压有关，它们之间存在关系为

$$U_p=\beta U_{max} \tag{3-13}$$

式中 β——避雷器的冲击系数；

U_p——避雷器的冲击放电电压；

U_{max}——避雷器工频放电电压上限值。

切断比 K_q 可以用来描述阀式避雷器的灭弧能力，其计算公式为

$$K_q=\frac{U_{min}}{U_R} \tag{3-14}$$

不同的火花间隙的切断比值不同，其值越小，避雷器的灭弧能力越强。

3. 冲击放电电压和冲击电流残压

冲击放电电压和冲击电流残压用于绝缘配合的计算。

由气体放电理论得知，有串联间隙的避雷器的冲击放电电压与所施加电压的陡度有很大关系，因此，各国标准都规定了 1.2/50μs 标准波，电压上升速率为一定值时，陡波头冲击电压以及模拟不同波头的操作过电压等作用下的放电电压。波头越陡放电电压越高。

冲击电流残压是非线性电阻片呈现出的固有特性，它随着冲击电流波形不同而不同。冲击电流上升的陡度越大，非线性电阻的残压也越大。由图 3-17 可知，ZnO 电阻片的这一变化比 SiC 电阻片小。实际中，通常给出的是在标称放电电流幅值、8/20μs 波形作用时的残压。

通常选取标准冲击放电电压和标称放电电流残压中的一个最大者作为避雷器的保护水平。保护水平与避雷器额定电压之比称为保护比，它是表征避雷器保护特性的一个指标，其值越低，保护性能越优越。

3.3.3　避雷器的检查和维护

防雷装置的检查和维护是由使用单位负责的，也可请设计单位协助进行。检查和维护分定期检查和临时检查。对于重要工程，应在每年雷雨季节以前作定期检查；对于一般性工程，应每隔两三年在雷雨季节以前作定期检查；有特殊需要时，可作临时性检查。避雷器的检查和维护的具体内容如下：

（1）检查避雷器与被保护物的电气距离是否符合要求。避雷器至接地装置的接地引线要求短而直，且不允许套入铁管中。

（2）检查避雷器瓷套管表面是否有污秽。若受污严重会使电压分布很不均匀。在含有并联电阻的避雷器中，因其中某一避雷器所受分布电压增高时，通过它的电流便显著增大，就可能被烧坏。此外，还可能影响避雷器的灭弧性能，降低其保护作用。因此，发现瓷套管表面污秽时，必须及时清扫。

（3）检查避雷器的瓷套管有无裂纹、破损及放电痕迹；避雷器上端引线处的瓷套与法兰连接处的水泥缝密封是否良好，以免密封不良会进水受潮而引起事故；避雷器的构架、遮挡是否牢固完整，基础是否下沉；要结合停电机会，检查阀型避雷器上法兰泄水孔是否畅通。

（4）检查避雷器引线及接地引下线有无烧伤痕迹、断股现象以及放电记录器是否烧坏。这类检查最容易发现避雷器的隐形事故。当发生上述情况时，应立即设法将避雷器退出运行，进行详细检查，以免引发事故。

（5）避雷器的绝缘电阻应定期进行检查。

（6）当避雷器存在缺陷时，应及时安排进行检修与试验。

（7）雷电后应检查雷电记录器的动作情况，避雷器表面有无闪络放电痕迹，避雷器引线及接地线有否松动和本体有无摇动。此外，为了能及时发现避雷器内部的隐形缺陷，应在每年当地雷雨季节到来之前进行一次预防性试验。

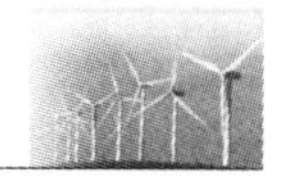

3.4 避雷带和避雷网

1. 避雷带

避雷带指布设在平顶屋顶四周的女儿墙或坡顶屋的屋檐、屋脊上的金属带，如图 3-19 所示，并且将金属物与大地连接良好，它同避雷针一样，是接闪器的一种。因此避雷带的作用原理和避雷针一样。对于避雷带的设计，我国没有给出明确的计算方法，只是对各类建筑物提出了装设避雷带的具体要求，这类要求都是通过大量实践经验总结得到的成果。

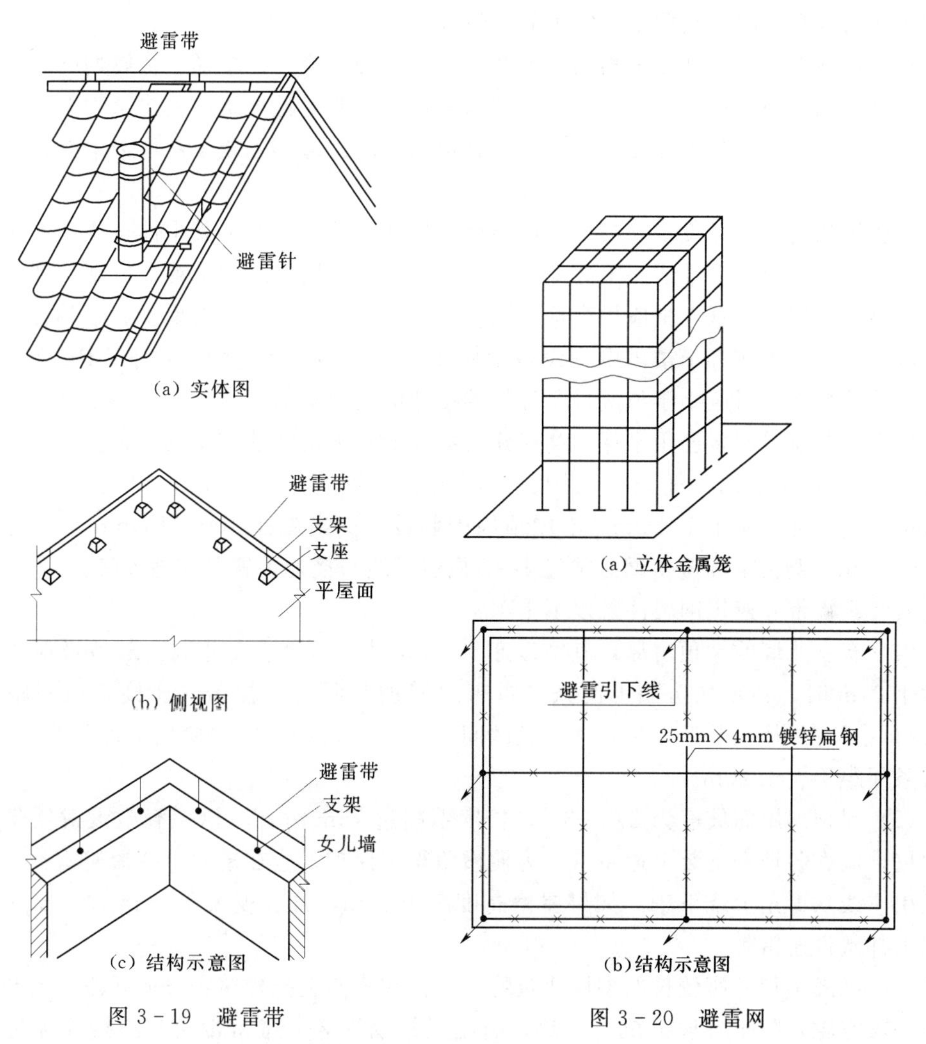

图 3-19 避雷带

图 3-20 避雷网

2. 避雷网

避雷网也称笼式避雷网或避雷笼。避雷笼是利用钢筋混凝土结构中的钢筋网笼罩着整个建筑物的金属笼，如图 3-20 所示。根据古典电学中的法拉第笼，即静电屏蔽的原理，对于雷电，避雷网起到均压和屏蔽的作用，任凭接闪时笼网上出现高电压，笼内空间的电

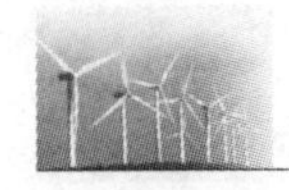

场强度为零，笼内各处电位相等，形成一个等电位体，因此，笼内人身和设备都是安全的。在钢筋混凝土建筑中，梁、柱墙和每层楼的楼板都是由钢筋骨架构成，只要每层楼内的钢筋都良好地相互连接在一起，并且和大地也连接良好，就能起到防雷的作用。由等电位和静电屏蔽可知，放在笼内的导体不会出现反击现象，所以利用钢筋混凝土中的钢筋作为避雷网时，必须要将建筑物内部所有金属物体相互连通作为一个整体。

避雷网是把最上层屋顶作为接闪设备。根据一般建筑物的结构，钢筋距面层只有 6～7cm，面层越薄，雷击点的洞越小。但有些建筑物的防水层和隔热层较厚，如果钢筋距面层厚度大于 20cm，最好另装辅助避雷网。辅助避雷网一般可用直径为 6mm 或以上的镀锌圆钢，网格大小可根据建筑物重要性，分别采用 5m×5m 或 10m×10m 的圆钢制成。避雷网又分明网和暗网，其网格越密可靠性越好。

建筑物顶上往往有许多突出物，如金属旗杆、透气管、钢爬梯、金属烟囱、风窗、金属天沟等，都必须与避雷网焊成一体做接闪装置。在非混凝土结构的建筑物上，可采用明装避雷网，做法是：首先在屋脊、屋檐等到顶的突出边缘部分装设避雷带主网，再在主网上加搭辅助网。

对建筑物内的电器设备，最好采用中性点接地系统，以便将其中性点统一连接到接地装置上。建筑物内的电气线路最好穿金属管或采用有金属屏蔽的电缆，以便达到屏蔽的作用。如果不采用金属管，则应用高绝缘强度的绝缘管套上，防止雷反击。暗装避雷网的总接地电阻应该小于或等于楼内电气设备中所要求的最小接地电阻。对于 1kV 以下的电气设备，其总接地电阻应小于电气设备计算的接地电阻要求值。

避雷带和避雷网普遍用来保护高层建筑物免遭直击雷和感应雷的侵害。避雷带和避雷网宜采用圆钢或扁钢，优先采用圆钢，圆钢直径不应小于 8mm；扁钢截面不应小于 $48mm^2$，其厚度不应小于 4mm。沿屋顶周围装设，高出屋面 100～159mm，支持卡间距为 1～1.5m。避雷带和避雷网必须经 1～2 根引下线与接地装置可靠地连接。

安装避雷带和避雷网要注意以下事项：

(1) 有女儿墙的平顶房屋，其宽度小于 24m 时，必须沿女儿墙上部敷设避雷带；宽度大于 24m 时，必须在房面上两条避雷带之间加装明装连接条。连接条的间距不大于 20m 时，只在屋檐上装避雷带；连接条的间距大于 20m 时，需在屋面上加装明装连接条，连接条间距不大于 20m。

(2) 瓦顶房屋面坡度为 27°～35°，长度不超过 75m 时，只沿屋脊敷设避雷带。四坡顶房屋，应在各坡脊上装上避雷带。为使檐角得到保护，应在屋角上装短避雷针或将避雷带的引下线从檐角上绕下来。如果屋檐高度高于 12m，且长度大于 75m 时，要在屋脊和房檐上都敷设避雷带。

(3) 沉降沟指一座较长的多层建筑物，往往在横向上把建筑物分成几段，段与段之间留有一段空隙，防止各段下沉不一致，引起建筑物损坏。避雷带及其连接线经过沉降沟时，应备有 10～20cm 以上的伸缩余量的跨越线。

(4) 采用避雷带和避雷网保护时，每一座房屋至少有两根引下线（投影面积小于 $50m^2$ 的建筑物可只用一根）。避雷引下线最好对称布置，例如，两根引下线成一字或 Z 字形，四根引下线要做成工字形，引下线间距离不应大于 20m，当大于 20m 时，应在中间

多引一根引下线。

（5）当屋顶面积非常大时，应敷设金属网格，即避雷网。

避雷网分明网和暗网，网格越密，可靠性越好，网格的密度视建筑物重要程度而定，重要建筑物采用 5m×5m 的密网格，一般建筑物用 20m×20m 的网格即可。

在非混凝土结构的建筑物上，可采用明装避雷网。首先在屋脊、房檐等到顶的突出边缘部分装设避雷带主网，再在主网上加搭辅助网，避雷网格大小按上述要求。采用避雷带和避雷网保护时，屋顶上的烟囱、混凝土女儿墙、排气楼、天窗及建筑装饰等突出于屋顶上部的结构物和其他突出部分，都要装设短避雷针或避雷带保护，或安装防护线，并连接到就近避雷带或避雷网上。对金属旗杆、金属烟囱、钢爬梯、风帽、透气管等必须与就近的避雷带、避雷网焊接。

3.5 电 涌 避 雷 器

自 20 世纪下半叶，以微电子为基础的计算机行业的形成以及以计算机为核心的现代通信、控制、精密测量行业的兴起，使电子设备随着电子器件的微型化和集成度、精密度相应提高，其对电涌的耐受能力越来越差，到毫瓦级以下，而雷电的功率达到兆瓦级以上，两者相差悬殊。电子设备的雷害特点在于微电子器件对过电压承受能力较一般工业设备弱得多，任何雷电侵入途径都可能造成雷害，过去不注意的途径，如雷电感应，现在也会有害；微电子器件在过电压下被击穿破坏的速度较一般工业设备快得多。这种情况决定了电子设备电源防雷措施必须较常规的防雷有更大的力度，仅做外部防雷不够，于是电涌保护应运而生。

3.5.1 电涌及电涌保护

3.5.1.1 电涌的产生

电涌是指瞬态电冲击，包括电涌冲击、电流冲击和功率冲击。电涌包括雷击引起的电涌（surge，指瞬态过电压、过电流）以及电气系统内部产生的操作电涌。雷电电涌主要由直击雷、侵入波和雷电感应三种途径产生。

1. 直击雷

信息系统一般不暴露在可能直接遭受雷击的场所，直击雷直接破坏电子设备几无可能。雷害破坏电子设备的方式可能是由直击雷电流通过接地装置时造成的高电压使电子设备的薄弱环节击穿，这种雷害方式称为反击。

2. 侵入波

雷电击中与电子设备连接的户外架空线（交流配电线、信号线、电话线），则雷电波就会沿线传入，这种方式称为侵入波。由于户外线延伸很广，因此雷电侵入的可能性较大。

3. 雷电感应

直击雷电流通过引下线（如建筑物结构钢筋）时在室内引起电磁感应。虽然感应电压不如前述几种高，却也足以破坏电子元件，而且它最接近电子设备，在建筑物内部各处都

可能出现。设备越是接近雷电流引下线，感应电压越高。另一种情况是雷击建筑物附近地面，雷击通道的强电流产生的磁场也能在建筑物内部引起电磁感应。如雷电流较大，建筑物附近 1.5～2km 的雷击就有可能影响室内的电子设备。

图 3－21 对电涌的产生途径作出了更直观的展示。

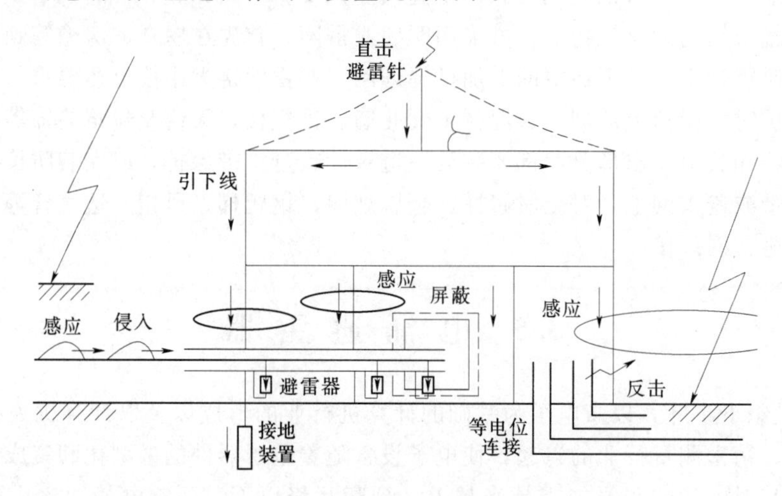

图 3－21　雷电途径和综合防雷措施

3.5.1.2　电涌保护的意义

电涌保护主要是保护电子设备免受雷电电涌的危害，也兼而使电子设备免受大部分操作电涌的危害。

仅有接闪器、接地装置，并不能避免雷电波沿线路的入侵；也不能在实际可能的低接地电阻值下防止反击。为了保护电子设备还需要电涌保护。电涌保护通过泄放雷电流、限制浪涌电压来保护电子设备，是电子设备防雷的主要手段，也是内部防雷保护的主要措施，从而成为综合防雷体系中的重要组成部分，是综合防雷体系的末端环节，是在采用了基本外部防雷的前提下，对建筑物内部的雷电防护。

3.5.2　电涌避雷器的原理、类别

电涌避雷器又称电涌保护器（SPD）。按国际电工委员会的定义，电涌避雷器是："用于限制瞬态过电压和泄放电涌电流的装置，它至少应包含一个非线性元件。"电涌避雷器具有与避雷器类似的特性，所不同的是 SPD 用于低压配电系统和电子信息系统，而避雷器主要用于中、高压系统，其原理在此也不再赘述。

3.5.2.1　按原理和性能分类

SPD 从工作原理和性能上可以分为电压限制型、电压开关型、组合型。

1. 电压限制型

电压限制型 SPD 的核心保护元件为各种非线性电阻性元件，具有连续的伏安特性，随着电流的增加电阻连续地减小。在无电涌出现时，SPD 表现为高阻抗，随着电涌电流和电压的增加，阻抗连续减小，使其两端电压基本保持不变，此类 SPD 通常采用压敏电阻、抑制二极管为主要组件。

2. 电压开关型

电压开关型 SPD 的核心保护元件为各种开关型器件，如开放的空气间隙、气体放电管、晶闸管等。开关器件也是非线性元件，但其伏安特性不连续，在电压较小时基本为开路状态，当电压达到一定数值时，电阻突然降低，两端成为导通状态。

3. 组合型

组合型 SPD 是由电压开关型元件和电压限制型元件组合而成的，串联或者并联共同发挥作用。组合型 SPD 也具有非线性特性，但是不连续，有时候表现为电压开关特性，有时是电压限制型特性。

电压限制型 SPD 具有反应速度快的特点，但其电压保护水平不高，有延缓老化现象；电压开关型 SPD 电压保护水平高且不会老化；组合型 SPD 由于串并联方式和结构的差异，会表现出不同的特点。

3.5.2.2 按安装保护区位置分类

另外，SPD 按安装保护区位置可分为以下几种：

(1) 一级浪涌保护器，它一般安装在 LPZ0 区与 LPZ1 区之间，防止直击雷或雷电感应产生的大电流传导入 LPZ1 区。

(2) 二级浪涌保护器，它用来进一步将通过第一级防雷器的残余浪涌进行限制，安装在 LPZ1 区与 LPZ2 区之间，对这两个区域实施等电位连接。

(3) 三级或以上浪涌保护器，它安装在 LPZ2 区与 LPZ2＋N 区之间，或是所保护设备的前端，将残余浪涌电压的值降低到所保护的设备可能承受的值之内。同时它也可以保护敏感设备免受系统内部产生的瞬态过电压影响。

3.5.3 电涌避雷器的主要参数

3.5.3.1 电压保护水平 U_p 的选择

限制雷电过电压是使用 SPD 最主要的目的，电压保护水平 U_p 是 SPD 最主要的性能指标。应该首先明确电压保护水平的定义和条件，按照 IEC 61643—1 的定义，对限压型 SPD，电压保护水平是指标称雷电放电电流下 SPD 两端可能出现的最大残压；对开关型 SPD，电压保护水平是指间隙的雷电冲击陡波下的击穿电压；对串联组合式 SPD，电压保护水平是指间隙的雷电冲击陡度下的击穿电压和击穿后雷电流下 SPD 两端出现的最大残压两值中的较大者；对并联组合式 SPD，电压保护水平是指间隙的雷电冲击陡度下的击穿电压。

由于设备的重要性和抗扰度要求程度的不同以及设备的老化，各 SPD，尤其是设备旁的 SPD，电压保护水平 U_p 应低于其保护范围内被保护设备的冲击耐受水平 U_w 并留有裕度。对很重要的设备要求裕度大于 20％。

考虑连接电涌避雷器的引线阻抗压降、波过程和器件老化等因素，原理上计算 SPD 的电压保护水平的计算为

$$K_1\left(U_p+L_0 l\frac{\mathrm{d}i}{\mathrm{d}t}\right)\leqslant K_2 U_w \tag{3-15}$$

式中 U_p——电涌保护器的电压保护水平，kV；

U_w——被保护设备的冲击耐压，kV；

L_0——电涌避雷器引线单位长度电感，H/m；

l——电涌避雷器的引线长度，m；

i——通过电涌避雷器的雷电流，kA；

K_1——考虑SPD和被保护设备之间波过程的系数；

K_2——配合裕度系数。

式（3-15）中有些数据取值还在研究中或不易查找，近似估算为

$$U_p \leqslant 0.8U_w \tag{3-16}$$

另外，电压保护水平的取值在建筑物电涌保护总体布局时和作级间配合时可能还要进行调整。

3.5.3.2　通流容量的选择

SPD在雷电下动作时，雷电的能量除一部分泄放入地、一部分从入侵的线路上反射回去外，必定还有一部分耗散在保护元件上（例如在非线性电阻或间隙的电弧电阻上）。SPD的通流容量是指其最大能吸收而不损坏的能量，称最大可承受能量。SPD的通流容量涉及SPD在雷电流下工作的可靠性，是决定SPD类型选择、规格和价格的主要因素。如果耗散的能量超过了这个限值，SPD将损坏，如发生边缘闪络、击穿穿孔、烧毁、甚至爆裂。冲击下的能量是功率对时间的积分，在试验中求取比较复杂，许多制造商不能提供确切的数据，故在工程上为了方便，往往以允许通过的规定波形的电流幅值表征，称之为通流容量。

SPD通流容量的选择要求与雷击侵入方式有关。确定SPD的这个极限参数（对应于冲击电流或最大放电电流）应寻找最严重的条件，即建筑物遭受直接雷击，地电位升高向建筑物内的设备或（电源或信号）管线反击。假定雷电流10kA（概率90%以上），建筑物接地1Ω，接地装置上电压达10kV，足以击穿任何低压设备和管线。虽然这样的情况概率很小，却是决定通流容量这个极限参数的条件。

1. 第一级SPD通流容量的确定

要注意，反击时流过SPD的仅是原始雷电流的分流。原始雷电流可从接地装置和所有进出建筑物的接地（或埋地）金属管线上分泄，如图3-22所示。对简单情况的粗略估算可以认为50%的雷电流经接地装置入地，其余50%经3种管线入地。电源线是管线之一，而电源线中至少有3条相线。由建筑物地向相线的反击是通过SPD的，这样，每相SPD流过原始雷电流的1/18。

2. 后级SPD通流容量的确定

实际上建筑物内的SPD都是多级布置。从整个建筑物的防雷保护考虑，在级间配合良好的情况下，线路进入建筑物外的第一级SPD应泄放绝大部分雷电流，后级SPD通过第一级的残余、沿线侵入的雷电电涌和雷电感应能量以及操作过电压能量，主要是通过第一级的残余，尤其是对第二级，因为第一级的雷电流波形是10/350μs的长波。由于认为后级主要限制沿线侵入的雷电电涌和雷电感应，因此通常以8/20μs波形，用Ⅱ级试验检验，以最大放电电流表征。但是第一级的残余是10/350μs波形的，即使残余电流幅值很小，从对SPD有同样的考核来讲，用8/20μs表征的电流幅值应大得多。由于两种波形下

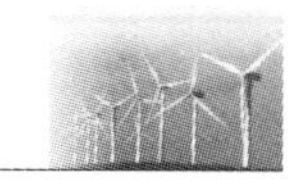

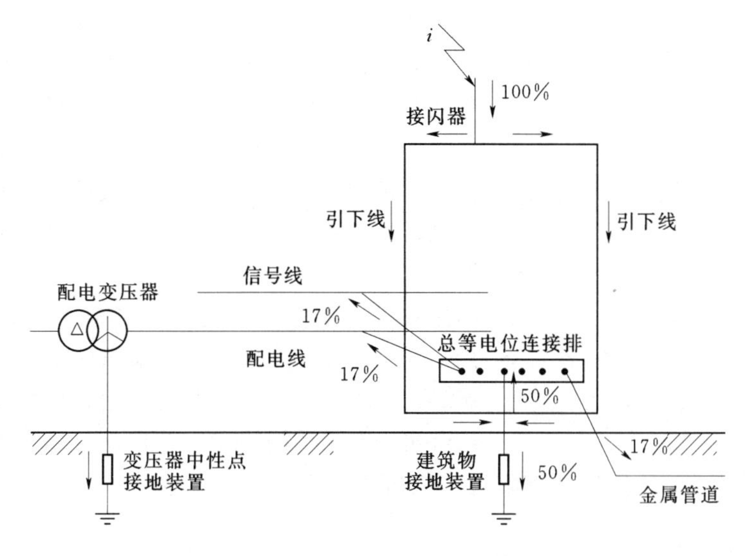

图 3-22　进入建筑物各种设施上的雷电流分流

SPD的破坏机理不同，从理论上讲，以用极限能量或电荷等单一的物理量来判断，不同波形下的通流容量不存在固定的折算比例，且与许多因素有关，应以试验决定。从目前能收集到的试验数据看，多在10倍以下。

第三级SPD处于设备近旁，通过第一级的残余更小，主要不是泄放雷电流而是限制浪涌电压，通流容量较小，通常以Ⅲ级试验检验，以 U_{oc} 表征。

3.5.3.3　最大持续工作电压 U_C 的选择

SPD长期在电网运行电压下使用会发生老化。最大持续运行电压是SPD可以长期承受而不明显老化的工频或近似工频的电压。最大持续运行电压的选择对SPD在长期运行中的可靠性影响很大。

最大持续运行电压 U_C 的选取与电源系统的情况（配电网接地型式的选择，如TN-S、TN-C、TT）、配电变压器机壳与低压侧中点共地与否、高压中点接地与否、电网质量等有关。SPD模块接入位置（相对中、相对地）不同，则暂态过电压不同，对最大持续运行电压的要求也不同。

暂态过电压（1.45～1.73）U_0，时间5s和0.2s（U_0 电网标称工作相电压）的条件下，TN系统，L-N、L-PE不小于1.15U_0；TT系统，L-N不小于1.15U_0，L-PE、N-PE不小于1.55U_0。如电压偏差超过规定的10%，谐波使电压加大的情况，可较上述要求再提高。

3.6　新型防雷装置

1. 侧向避雷针

侧向避雷针是一种延伸于杆塔横担上的金属尖端，用于保护横担附近的线路不受雷电绕击。侧向避雷针的安装示意图如图3-23所示。

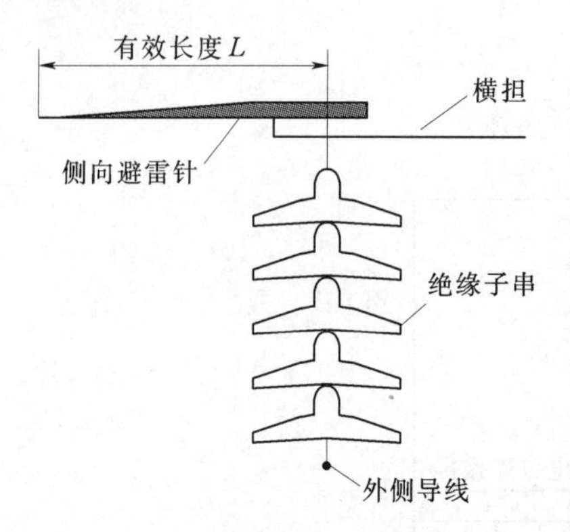

图 3-23　侧向避雷针安装示意图

研究试验和运行经验表明，线路在整个挡距间遭受雷电绕击的概率是不同的：靠近杆塔附近的区域，导线被杆塔屏蔽保护，绕击概率极低，此区域为安全区域；在离杆塔稍远的区域内，杆塔导致的电场畸变使得此区域内的雷击绕击率大大提高，此区域为危险区域；挡距中央的广大区域内，杆塔对电场的影响减弱使得绕击率又回到正常水平，区域为正常区域。侧向避雷针自横担向外延伸的部分可以起到引雷的作用，相当于减小了杆塔附近避雷线的保护角，对该区域导线可以起到加强屏蔽的作用。根据线路整个挡距内绕击分布不均的规律，合理设置侧向避雷针的有效长度，使其有针对性地保护杆塔附近的绕击危险区域，即可达到降低线路绕击跳闸率的目的。

根据运行经验，安装侧向避雷针的防绕击措施具有简单、易维护的特点。加装线路避雷器对防绕击也可起到一定的防护作用，但安装位置一般在山区，运行维护的工作量较大，综合技术经济效益不如加装侧向避雷针。

2. 可调间隙

仅通过提高线路耐雷水平、降低杆塔接地电阻等措施无法避免绝缘子闪络等事故的出现，因此可考虑在线路上加装可调间隙防雷装置，该装置可有效地降低出现雷击线路断线、绝缘子炸裂导致线路接地等永久性故障的发生概率，从而提高重合闸的成功概率，并减少经济损失。

绝缘子（串）加装可调间隙装置图如图 3-24 所示。

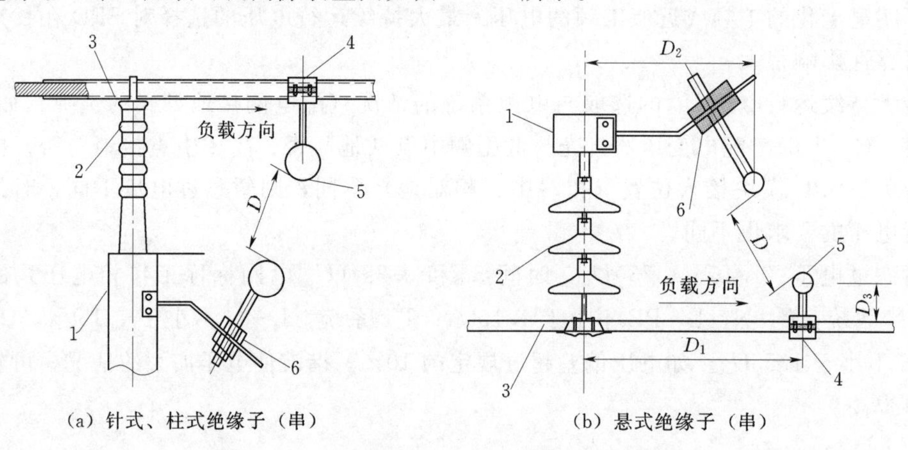

图 3-24　绝缘子（串）加装可调间隙装置图

1—横担；2—绝缘子（串）；3—裸导线或绝缘导线；4—装置固定金具；5—球形电极；6—间隙可调设计；D—球形电极之间的距离；D_1—装置固定金具与绝缘子（串）的水平距离；D_2—可移动电极与绝缘子（串）的水平距离；D_3—装置固定金具上的球形电极与裸导线或绝缘导线之间的距离

图 3-24 中所示 6 部分的间隙可调装置可根据当地常年气象情况以及绝缘子投入使用

之后的实际情况调整球形电极之间的距离 D，使其在变化的环境下灵活调整间隙距离从而实现对线路、绝缘子的有效保护。

通过在绝缘子串旁并联一对金属球电极，从而构成保护间隙，并依据相关绝缘子50%雷电冲击试验值确定其间隙距离使其间隙放电电压低于绝缘子串放电电压。另外，由于该防雷装置具有间隙可调的特点，还可根据线路实际运行状况通过调整下间隙的调整装置，对上、下间隙之间的间隙大小进行调整，保证其对线路、绝缘子（串）的有效保护。

当线路处于正常运行状况时，保护间隙处于工频电场之中，但电场强度较低无法将空气间隙击穿，其对线路正常运行无影响；当导线发生雷击时，在导线与地之间（即绝缘子串两端）出现较高的雷电过电压，此时由于间隙的放电电压低于绝缘子串放电电压，雷电过电压通过间隙放电，工频持续电流在间隙间燃烧受到电弧电动力和风的作用而逐渐熄灭，使得绝缘子串得到保护而免于损坏；若导线为绝缘导线，间隙防雷装置可有效地保护绝缘导线而避免发生雷击断线事故。由于空气绝缘可在短时间内自行恢复，间隙放电属于瞬时性事故，从而提高了重合闸的成功率。

3. 穿刺型防雷金具

穿刺型防雷金具是一种架空绝缘导线的防雷新方法，如图 3－25 所示，穿刺型防雷金具主要由穿刺式电极（图 3－26）、接地电极和绝缘罩三部分构成。穿刺电极通过穿刺齿穿透绝缘导线的绝缘层，与绝缘导线内部的导体紧密接触，引出高电位，这样就将绝缘导线变成了类似的裸露导线结构。当雷电过电压超过一定数值时，雷电过电压就会加在防雷金具的穿刺式电极和接地电极之间引起闪络，形成短路通道，接续的工频电弧便在防雷金具上燃烧，从而保护绝缘导线免于烧伤甚至断线。

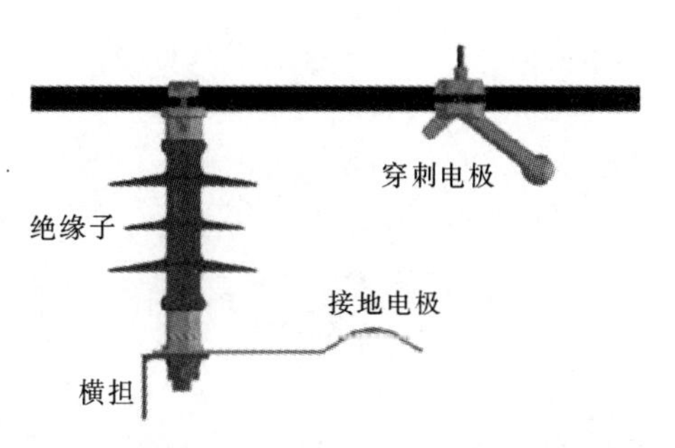

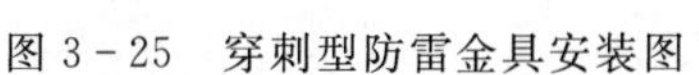
图 3－25　穿刺型防雷金具安装图

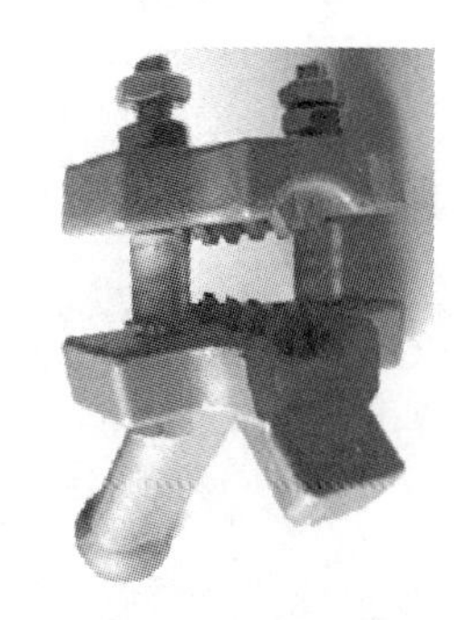

图 3－26　穿刺式电极

防弧金具穿刺电极能经受住一定次数的工频电弧烧灼，并可承受设计范围的工频电流。防弧金具穿刺电极配有绝缘罩，绝缘罩起两个作用：一是罩住穿刺电极，起到绝缘作用；二是给工频电弧弧根的运动留有通路，使工频电弧弧根能够从起弧点运动至穿刺电极端部燃烧，保护导线免于烧伤断线。

穿刺型防弧金具具有性能可靠、施工简单、成本低廉、寿命长、免维护等优点。它很好地解决了当前在架空绝缘线上普遍采用的防雷措施的不足，经过近几年的试用，取得了很好的防雷效果，具有很强的推广应用价值。

4. 消雷装置

消雷器是一种新型的直击雷防护装置消雷装置，由顶部的电离装置、地下的电荷收集装置和中间的连接线组成。消雷装置与传统避雷针的防雷原理不同。后者是利用其突出的位置，把雷电吸向自身，将雷电流泄入大地，以保护其保护范围内的设施免遭雷击；而消雷装置是设法在高空产生大量的正离子和负离子，与带电积云之间形成离子流，缓慢地中和积云电荷，并使带电积云受到屏蔽，消除落雷条件。

除常见的感应式消雷装置外，还有利用半导体材料或利用放射线元素的消雷装置。

参　考　文　献

[1]　刘刚，邓春林．防雷与接地技术概论［M］．广州：华南理工大学出版社，2011.

[2]　施围，邱毓昌．高电压工程基础［M］．北京：机械工业出版社，2010.

[3]　沈志恒，赵斌财．铁塔横担侧向避雷针的绕击保护效果分析［J］．电网技术，2011.35（11）：169－177.

[4]　徐鹏，梁少华．可调间隙防雷装置在35kV变电站防雷中的应用研究［J］．高压电器，2012，48（9）：7－15.

[5]　李福寿．消雷装置的研究［J］．高电压技术，1979（1）.

第4章　风电场防雷保护

风电场防雷是风电场运行维护中重要的一部分，随着装机容量的不断增长，因雷电导致的风电场雷击事件呈逐年增长趋势。雷击造成的叶片、机组电控设备损伤严重，给整机、叶片制造企业及业主单位造成了较大的经济损失，雷击已经成为影响风电机组安全运行、风电场安全生产的危险因素之一。本章将从风电场的组成来讲述风电场的防雷保护，内容包括风电机组防雷保护、箱式变电站防雷保护、集电线路防雷保护和升压站防雷保护，并探讨了海上风电场的防雷特点。

4.1　风　电　机　组

4.1.1　风电机组防雷保护的必要性

风电机组是风电场最贵重的设备，价格占风电场工程投资的60%以上（陆上风电场），为了捕获风能，机组的轮毂高度通常在60m以上，容易遭受雷击。一旦发生雷击，雷电释放的巨大能量可能导致风电机组的损坏，严重时会致使风电机组停运。除了受损部件的拆装和更新的费用，还要损失修复期间的发电量，甚至对风电场运行人员的安全带来威胁。因此，风电机组的防雷保护设计是整个风电机组设计中至关重要的环节。

风电机组与水电机组和火电机组在防雷保护方面有很大的不同。风电机组的电气绝缘较低（发电机电机绝缘水平一般为690V，并大量使用自动化及通信元件）。水电机组和火电机组的发电机和控制系统均在宽阔的厂房内，设备一般远离墙壁和接地引下线。风电机组呈高耸塔式结构，一般安装在山顶、山脊的风口或地形开阔地带，其环境远比水电机组和火电机组的环境恶劣，因此更易遭受雷击。随着人们对可再生能源利用价值认识的提高，加之相关技术的不断发展，风电机组的单机容量和风电场的总装机容量不断增加。为了获取更多的风能，风电机组的风轮直径不断增大，机组高度不断增加，这就对风电机组的防雷保护提出了更高的要求。

图4-1所示为风电机组遭受雷击引起火灾的事故照片。风电机组内部结构紧凑，任一部件遭受雷击都可能使机舱内发电机及控制、信息系统等设备遭受高电位反击，并且由于雷击不可避免，风电机组防雷保护的重点在于在遭受雷击时如何快速地将巨大的雷电流泄入大地，尽可能减少设备承受雷电流的强度及时间，最大限度地保障设备与工作人员的安全，使损失降至可接受的范围内。

4.1.2　风力发电机组的防雷保护区

4.1.2.1　机组防雷区

根据风电机组和风电场各部分空间受雷击电磁脉冲的严重程度，可以将机组需要保护

图4-1 风电机组遭受雷击引发火灾

的空间从外部到内部划分为若干个防雷区，并对每个防雷区编以序号，各区以在其交界处的电磁环境有明显改变作为划分不同防雷区的特征。防雷区的序号越大，区内的电磁场越小，具体如图4-2所示。风电机组防雷区可以分为LPZ0A、LPZ0B、LPZ1、LPZ2四个区域。

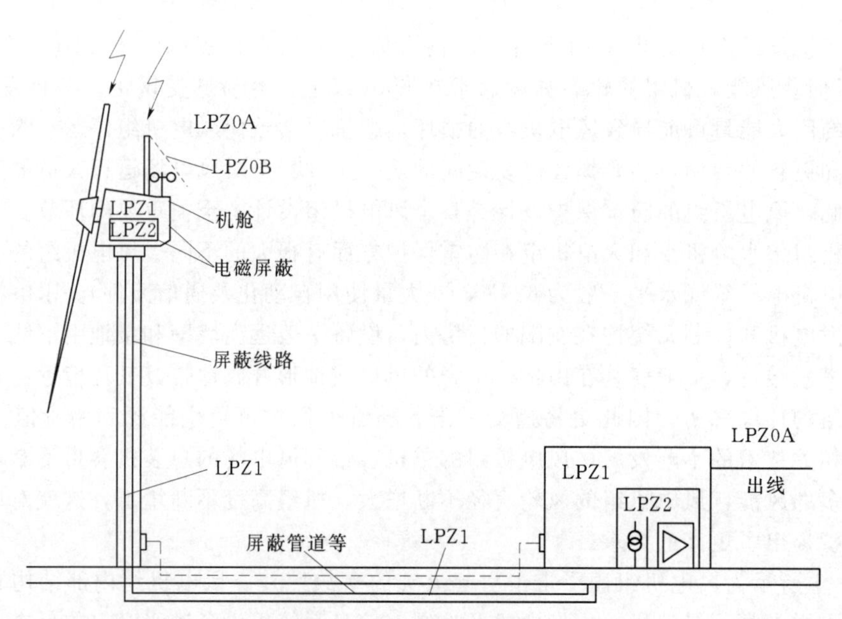

图4-2 机组防雷区域划分图

1. LPZ0A区（直接雷击非防护区）

本区内的各物体均可能遭受直击雷击或导走全部雷电流，但本区内的雷电脉冲电磁场强度没有受到任何衰减。在风电机组上，采用选定半径的滚球沿机组进行遍滚，由滚球与机组接触部位所界定的外空间属于直接雷击非防护区，即LPZ0A区，如图4-3所示黑灰色区域以外的空间。LPZ0A区域包括叶片、避雷针系统、塔架、架空电力线、风场通信线缆。

2. LPZ0B 区（直接雷击防护区）

本区内的物体不会受到所选滚球半径所对应雷电流闪电的直接雷击，但本区内的雷电脉冲电磁场强度也没有任何衰减，如图 4-3 中的黑灰色区域。

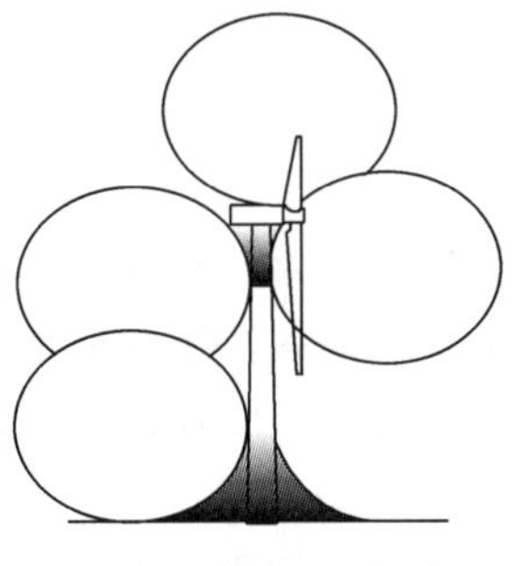

图 4-3 滚球法模拟图

3. LPZ1 区（第一屏蔽防雷区）

本区内的各物体不会直接受到雷击，区内所有导电部件上雷电流和区内雷电脉冲电磁场强度均比 LPZ0 区内有进一步的减小和衰减。

对于风力发电机组，其 LPZ1 区包括有金属覆盖层（网）的机舱弯头内部、塔筒内部、塔筒外箱式变压器的金属壳体内部。

4. LPZ2 区（第二屏蔽防雷区）

本区为进一步减小雷电流和衰减雷电脉冲电磁场强度，以保护高度敏感微电子设备而设置的后续防雷区。对于风力发电机组，安置在塔筒内和含有金属层（网）机舱内的各金属箱、柜和外壳内部及变桨控制箱内部均属于 LPZ2 区，如机舱控制柜内部和塔底塔基柜、变频器柜内部等。

4.1.2.2 各防雷区的要求

防雷区的划分建立在对雷击的接闪、分流和电磁脉冲衰减的基础上。在风电机组的防雷设计中，针对不同防雷区域采取专项设计，主要对包括雷电接收器和接地系统、过电压保护和等电位连接等措施进行防护。

1. LPZ0A 区

风电机组 LPZ0A 区内的构件和设备完全暴露在雷电下行先导的直接雷击下，所以它们必须能够耐受防雷保护水平选定的直接雷击电流，能够全部将这一电流顺利传导，并能够耐受这一电流所产生的未经任何衰减的脉冲电磁场。

2. LPZ0B 区

风电机组 LPZ0B 区内的构件和设备的防护要求与 LPZ0A 内基本相同，但不需要耐受直接雷击电流。

3. LPZ1 区

在风力发电机组的 LPZ1 区内，由雷电流产生的空间脉冲电磁场应被衰减 25～50dB，由 LPZ0 区交界面进入本防雷区导线上的雷电电涌电流和电涌过电压，应通过设在交界面上的电涌保护器分别加以降低，如降到 3kA(8/20μs) 和 6kV(1.2/50μs) 以下。

4. LPZ2 区

风电机组 LPZ2 区内的空间脉冲电磁场应通过封装在 LPZ1 区交界面上的金属屏蔽体（如塔底电控柜的金属外壳）进一步衰减，使之能满足本区内设备的电磁兼容性要求。同时，从交界面进入本区导体上的雷电电涌电流和电涌过电压应通过设在交界面上的电涌保护器加以进一步的抑制，使之降低到本区设备耐受水平的规定指标。

4.1.3 叶片的防雷保护

叶片在风电机组中位置最高，是雷击的首要目标；并且叶片价格昂贵，因此叶片是整个风电机组防雷保护的重点。

4.1.3.1　叶片的材料

1. 金属叶片

若采用金属叶片，理论上只要金属的厚度达到相关标准的要求就可以使风叶的防护变得简单。但是金属的使用会影响叶片的性能，增加风电机组的负荷、降低风电转换效率等，因此金属叶片目前还未有应用。

2. 碳纤维叶片

从目前的研究成果看，碳纤维叶片的制造技术尚未成熟，也未进入实际应用阶段。碳纤维间的黏合物普遍为非导电物质，单股碳纤维的通流容量较小，所以一旦遭遇中等强度的直接雷击将导致叶片的严重损坏。满足导电性能的黏合物成本太高，难以被市场接受，所以碳纤维叶片目前也未有应用。

3. 复合材料叶片

目前大型风电机组的叶片大多由复合材料制成，不能承受直击雷或传导直击雷电流。当叶片运行一段时间后，叶片外部被污染物覆着或者内部积攒水汽等，遭受雷击时则易发生故障损坏，因此应定期对叶片进行维护工作。

4.1.3.2　叶片损坏机理

雷击造成叶片损坏集中在两个方面：一方面是雷电击中叶尖后，释放的巨大能量使叶尖内部温度急剧上升，水分在极短时间内受热汽化膨胀，产生的巨大机械力致使叶尖结构爆裂，严重时甚至会造成整个叶片开裂破坏；另一方面是雷击叶尖产生的巨大声波也会对叶片的内部结构造成一定的破坏。

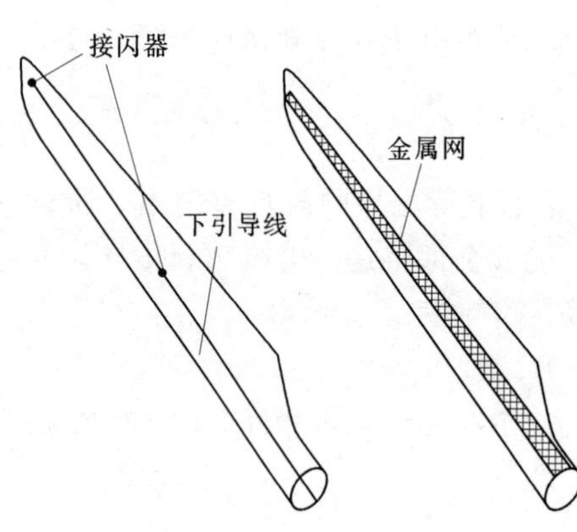

图 4-4　叶片防雷设计

4.1.3.3　叶片的防雷系统

研究表明，当物体被雷电击中时，雷电流总会选择传导性最好（即电阻最低）的路径。针对这一特性，可以在叶片表面或内部构造一个相对阻抗较低的对地导电通道，使叶片免遭雷击破坏。在实际应用中，可以通过两种方法来实现：一是在叶片的尖部和中部各安装一个接闪器，接闪器通过不锈钢接头连接到叶片内部的引下线，将雷电流从叶尖引到叶根法兰处；二是在叶片表面涂上一层导电材料，使叶片有充足的导电性能，从而将雷电流安全地传导到叶片根部进行泄流。两种叶片防雷设计如图 4-4 所示。

接闪器是一个特殊设计的不锈钢螺杆，装在叶片尖部或中部，相当于一个避雷针，起引雷的作用，避免雷直击叶尖。工程上要求接闪器应该能承受多次雷电冲击，并且可以更换。

引下线是一段铜芯电缆，位于叶片的内部，从接闪器部位开始，到叶片根部结束。为了使引下线与接闪器有良好的接触，引下线不能够移动。由于雷电流幅值巨大，要求引下线的铜导体横截面积不小于 $50mm^2$。发生雷击时，巨大的雷电流也不会使叶片的温度有

明显的增高，能够使叶片避免遭受雷电流的破坏。

4.1.3.4 不同叶片类型的防雷结构

1. 无叶尖阻尼器的叶片

无叶尖阻尼器的叶片一般在叶尖部分的玻璃纤维聚酯层表面预置金属氧化物作为接闪器，并通过埋置于叶片内部的引下线与叶根处的金属法兰相连接，其结构图如图 4-5 所示。外表面的金属氧化物可以是网状或者箔状。这样的表面即使在遭受雷击的情况下表面熔化或损伤，也不会影响到叶片内部的强度或结构。

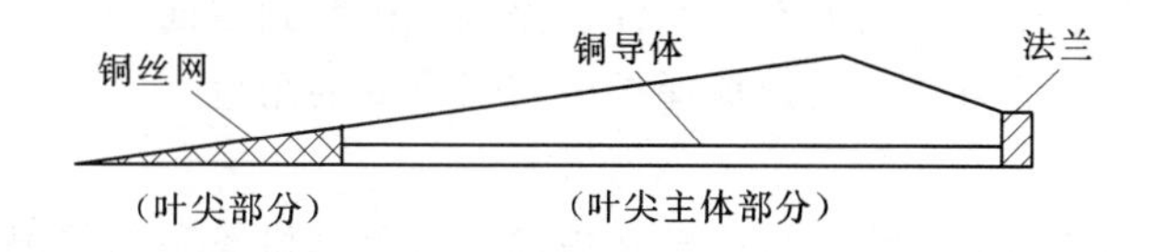

图 4-5 无叶尖阻尼器叶片的防雷结构简图

2. 有叶尖阻尼器的叶片

对于有叶尖阻尼器叶片，叶尖阻尼器将叶片分成了两段。叶尖部分玻璃纤维聚酯层中预置的金属导体作为接闪器，通过由碳纤维材料制成的阻尼器与用于启动叶尖阻尼器的启动钢丝相连接，其防雷结构如图 4-6 所示。实验表明，这样结构的叶片在经受 200kA 的冲击电流实验后无任何损伤。但是，这样的叶片遭受雷击的概率将会比用绝缘材料制成的叶片高。

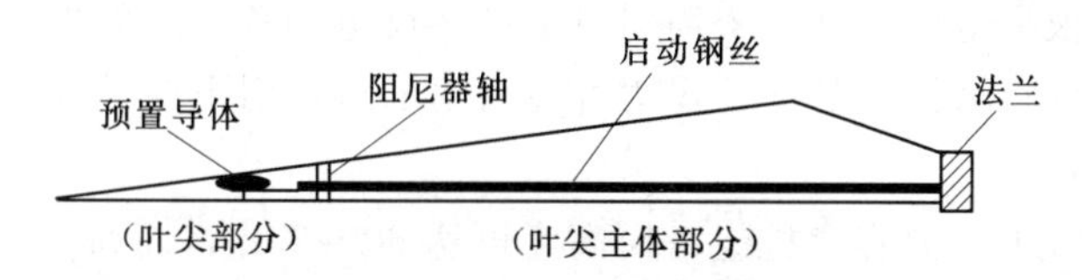

图 4-6 有叶尖阻尼器叶片的防雷结构简图

4.1.4 机舱的防雷保护

如果对叶片采取了防雷保护措施，也就相当于对机舱进行了直击雷保护。尽管如此，机舱主机架除了与叶片相连接，在其上方还有风速计和风向仪，因此需要在机舱罩顶上后部设置一个或多个接闪杆，相当于避雷针，防止风速计和风向仪遭受雷击。接闪杆的引下线直接与机舱等电位系统连接。

现代风电机组的机舱罩大多用金属板制成，这相当于一个法拉第笼，对机舱内的部件起到了良好的防雷保护作用。由非导电材料制成的机舱罩可在机舱表面内布置金属带或金属网，同样能对机舱内部件起到防雷保护作用。

机舱内的部件与机舱罩均通过铜导体与机舱底板连接，轮毂通过炭刷经铜导线与机舱底板连接。机舱和塔架通过一条专门的引下线连接，该引下线跨越偏航环，使机舱和偏航刹车盘通过接地线连接起来，保证雷击时不受损害。这样，雷击时机舱的雷电流通过引下线能够顺利地流入塔架，保证了机舱以及工作人员的安全。

将机舱外壳围绕塔架的铜电缆环作为电压公共结点，机舱内所有部件均连接在此结点上，并由专门的引下线连接到塔架。为了使机舱罩上的避雷器与地保持等电位，根据法拉第笼原理可制造一个电缆笼，并将其连接于电压公共节点上。

4.1.5　塔筒的防雷保护

风电机组多安装在海上、近海、海滩、海岛、高山、草原等风能资源较好的空旷地带，但均为雷击多发地区。同时，风电机组的塔筒很高，达到六七十米甚至上百米（大容量机组），因此发电机组和相关控制驱动设备均处于高空位置，极易受到雷击。

对于塔筒，无论是外壳充当天然接地件、提供从机舱到地面的传导，还是作为内设引下线的载体，都在风电机组的防雷接地保护中充当重要的角色。

4.1.5.1　引下线

风电机组内，专设的引下线连接机舱和塔筒，且跨越机舱底部的偏航齿圈，即机舱和偏航制动盘通过接地线连接起来，从而雷击电流可以通过引下线顺利地导入大地，保证偏航系统不受到伤害，即使风机的机舱直接被雷击时雷电也会被导向塔筒而不会引起损坏。[3-4]

需要注意的是，有些风电机组取消了塔筒内部铺设的引下线，希望利用塔筒自身的导电性能将雷击电流导入大地。其实这么做并不安全，首先每台风力发电机组的塔筒至少是由两段塔筒通过螺栓连接在一起的，两段塔筒连接的法兰面还涂有防水胶，增大了塔筒的导电性能；其次，雷击电流不是纯直流电流，此时塔筒相当于一个大的电感，当雷击电压作用于塔筒上时，根据电感特性，塔筒本身会产生反电动势，从而阻止雷击电流及时地导入大地。因此，仅仅将塔筒本身作为风力发电机组的避雷引下线是并不安全的。[5]

4.1.5.2　塔筒间的跨接

在实际生产运输中，大容量机组塔筒高度可达 60～70m，而每个塔筒部件约 20 多 m 高，所以必须由若干段连接成整体，每两段间需要可靠的电气跨接。[7] 每一节塔筒法兰之间以及第一节塔筒法兰与基础环法兰之间分别采用 3 条横截面积为 $50mm^2$ 的接地电缆相连。该 3 条接地电缆在法兰处呈 120°均匀分布连接，以保证塔筒之间以及塔筒与基础环之间的可靠电路连通而形成雷电流通道，如图 4－7 所示。

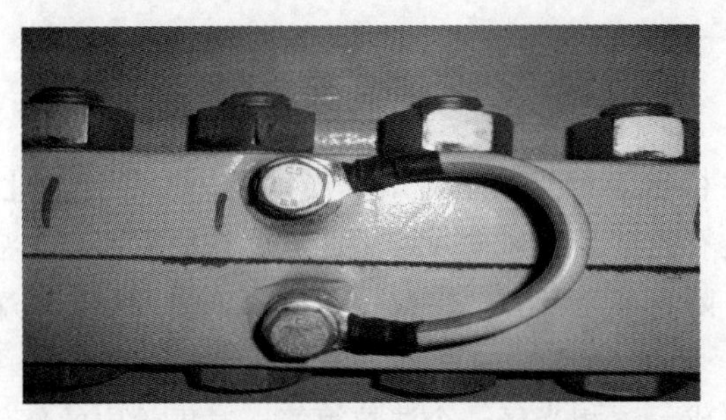

图 4－7　塔筒法兰之间的跨接

另外，由于塔筒实际生产加工技术能力的局限，目前行业中风电机组塔筒搭接面之间的导雷通道都采用电缆跨接形式。实际上，还有可能出现上下搭接面偏离的情况，使得导线很长。这样就导致了在较高电流且接地电阻控制不够低的情况下，泄流过程中会产生严重的拉弧现象[7]，可以改善解决的途径有以下方面：

（1）改善加工工艺，尽可能缩短导线距离。

（2）选取更大横截面积的电缆。

（3）对拉弧处加装保护罩等。

（4）增加压接端子接触面积。

4.1.5.3 不同材质塔筒防雷措施

1. 钢制塔筒

钢制塔筒包括若干个20多m高的钢制部件，其高度视具体情况而异。连接部分用一个不锈钢多孔板与法兰面上的孔一起用螺栓固定，从而使雷击不能沿紧固的螺栓进行传导。每一节塔筒法兰之间以及第一节塔筒法兰与基础环法兰之间的跨接如图4－7所示（下述的混凝土塔筒和混合塔筒也同样如此）。

塔基处连接部分在3个彼此之间相差120°的位置上接到由95mm^{2}的铜电缆组成的公共节点上，该节点则接到接地环或接地电极上，如图4－8所示。

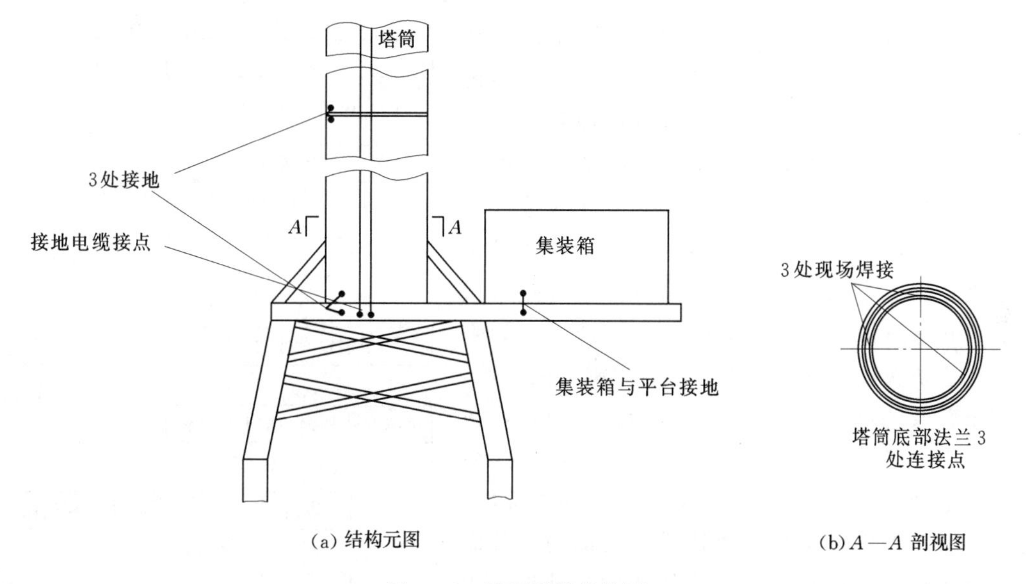

图4－8 钢制塔筒结构图

2. 混凝土塔筒

混凝土塔筒与钢制塔筒不同，其外壳不能作为泄流的天然导体，只能在其内部铺设铜电缆（引下线）。雷电通过塔筒内的铜电缆仍是在3个彼此之间相差120°的位置上（并行路径）被散流。

在塔基处，它们连接到与接地环和接地电极相连的电压公共节点上，从而不允许雷击电流沿着为加固塔筒而装设的钢拉线进行传导。

目前预应力混凝土塔筒已开始被广泛使用[8]。如果采用预应力混凝土塔筒，或使用埋入混凝土的锚定螺栓安装塔筒，则不应将预应力元件用于接地或避雷。在配有预应力钢丝绳的混凝土塔筒中，要保证在上述防雷接地系统中引下线部分避开预应力钢丝绳的同时，将混凝土内部钢筋进行等电位连接，然后将其接入整个机组的引下线系统中。这样，既起到了导流的作用，也起到了屏蔽的作用。图4－9

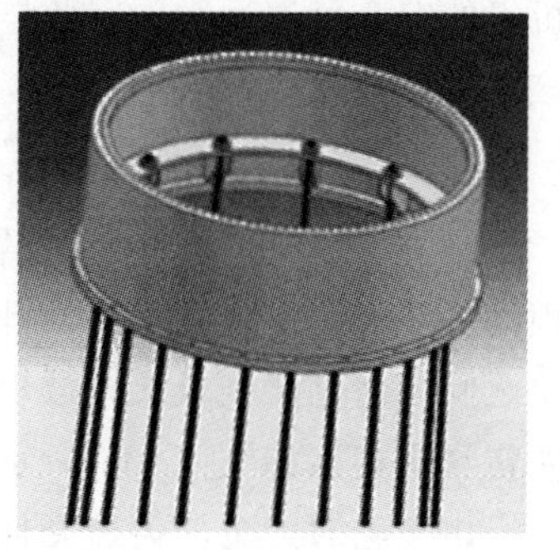

图4－9 预应力混凝土塔筒示意图

所示为预应力混凝土塔筒示意图。

3. 混合塔筒

混合塔筒的底部为混凝土结构，上面部分为钢结构。尤其注意的是，在钢制部分和混凝土部分的连接处，钢制连接适配法兰与钢制区法兰在附有不锈钢盘的法兰面上选择3个彼此之间相差120°的位置用螺栓进行固定，不允许雷击电流沿螺栓传导。

在混凝土区的钢制适配器依次接于3个彼此之间相差120°的接地电缆，后者则与混凝土塔筒中接法相同，接于塔基的与接地环和接地电极相连的电压公共节点。

4.1.6 风电机组各部件之间的连接

风电机组的一般外部雷击路线是：雷击叶片上接闪器→导引线（叶片内腔）→叶片根部→机舱主机架—专设（塔架）引下线→接地网引入大地。在机组遭受雷击时，巨大的雷电流通常由机组的桨叶叶尖注入，沿桨叶内置导体注入桨叶根部，再经滑环、电刷或放电器等流过主轴和机舱导流路径进入塔筒顶部，由塔筒将雷电流导入接地装置并最终散入大地，如图4-10所示。如果能维持这条较理想的路径顺畅地传导雷电流入地，则雷击造成的危害程度可以显著降低。但是，在此过程中，接触部位会影响到雷电流的顺畅传导：一种是运动摩擦接触部位；一种是静止接触部位。静止接触部位主要是指如上述塔筒间的跨接，而运动摩擦接触部位是指电刷或滑环所在部位，包括叶片与轮毂、轮毂与机舱弯头、机舱弯头与塔筒过渡连接处。由电路原理可知，雷电流总是寻找电阻最低的路径传导入地，当所希望的路径上接触电阻较大时，就会阻碍雷电流从该路径传导入地，从而可能损害机组内的设备，危害机组的安全可靠运行。因此，必须采取措施疏通这条理想导流路径，以保证雷电流能够沿该路径顺畅入地。[1]

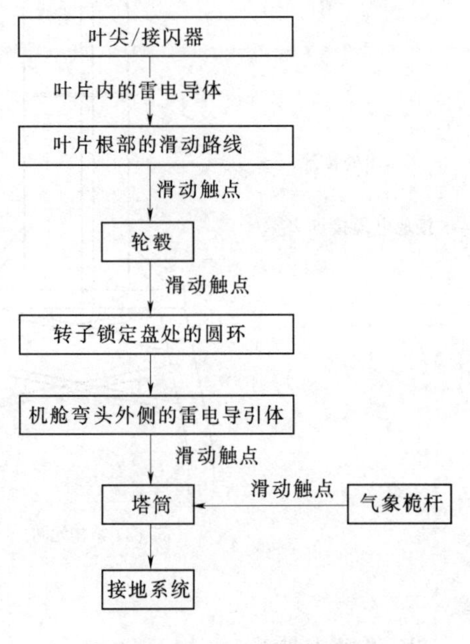

图4-10 风机泄流途径

1. 叶片与轮毂过渡连接

雷击发生时，当叶片上的接闪器接闪后，始于接闪器的铜质引下线将雷电流引至叶片根部的环形防雷环，该环与叶片轴承和轮毂电气隔离。在叶片根部，防雷环与轮毂连接部位之间有滑动炭刷及火花放电间隙作为滑动过渡连接，将雷电流引至金属轮毂。叶片尾部防雷炭刷连接如图4-11所示。

由于轮毂为金属铸造壳体，该壳体不仅满足相应的机械保护强度，还是一个良好的法拉第罩，使轮毂内部的变桨控制系统不受外部的电磁干扰以及对雷电流冲击起到保护作用。

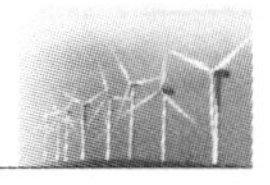

2. 轮毂与机舱弯头过渡连接

轮毂与机舱弯头这两个部件是处于相对运动的关系。为了将叶片接闪器处的雷电流沿理想路径泄流，在轮毂与机舱弯头的连接部位设置滑动炭刷及火花放电间隙。在此过渡段上，有3个并联的、彼此相差120°的电火花放电间隙。其设计原理与叶片轴承、轮毂间相同。每个电火花间隙还有一个电刷，用来补偿静态电位差。

图4-11 叶片尾部防雷炭刷

图4-12所示为风轮锁定法兰防雷炭刷连接图。在轮毂与机舱弯头的连接部位，由于设置了滑动连接装置来泄放雷电流，避免了雷电流直接流入主轴及齿轮箱等部件，而造成主轴轴承及齿轮箱内部的轴承使用寿命缩短的安全隐患，保证了风电机组的安全可靠运行。

图4-12 风轮锁定法兰防雷炭刷

图4-13 偏航尾部防雷炭刷

3. 机舱与塔筒过渡连接

以某厂家的风电机组为例，简述机舱与塔筒的过渡连接方案与目的。金属材质的机舱弯头接闪后，设置在机舱弯头的前端、后端两处的金属防雷炭刷及火花放电间隙，会使雷击电流跨越塔筒的偏航轴承部位，由机舱弯头直接引至钢制塔筒泄放雷电流。图4-13所示为偏航尾部防雷炭刷。

偏航部位的滑动炭刷及火花间隙解决了运转部分雷电流的顺畅问题，同时也避免了雷击电流对偏航轴承的冲击造成偏航轴承的损害。

4.1.7 风电机组感应雷保护

感应雷击过电压的防护主要分为电源防雷和信号防雷。电源系统感应雷过电压保护措施采用三级防护，分别安装不同规格的电涌保护器。安装电涌保护器从本质上是一种等电位连接措施，在不同的防雷区内，按照不同雷击电磁脉冲的严重程度和等电位连接点的位置，决定位于该区域内和区域之间采用何种电涌保护器。另外，应有选择地在保护回路中单独或组合安装诸如放电间隙、气体保护管、压敏电阻和抑制二极管等元件。因为雷电电磁脉冲能够在信号线路及其回路中感应出暂态过电压，使信号电路中电子设备的绝缘强度

降低，过电压耐受能力变差，更容易受到暂态过电压的损害，因此应设置信号防雷保护措施。

1. 电源防雷

风电机组内控制单元与伺服系统所用的交流电源一般是从三相电力线上抽取单相电压，再经过变压器降压获得的220V交流电压。在风电场不同的保护区的交界处，应通过电涌保护器（SPD）对有源线路（包括电源线、数据线、测控线）等进行等电位连接[9]，减少对电力电子系统的危害。因此，对于电源系统的防雷保护措施，需要在电源变压器输出端及用电设备单元的输入端均加装电源电涌保护器[10]，如图4-14所示。

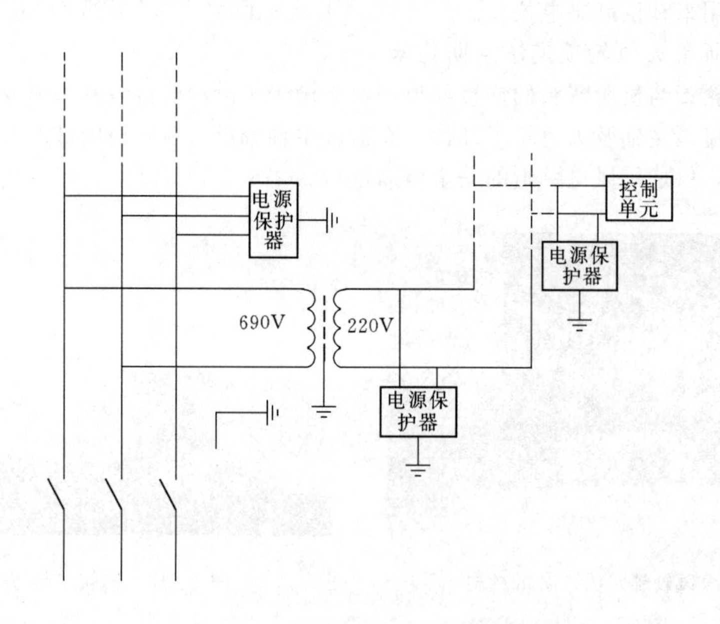

图4-14 机组内交流电源的保护设置

从电路结构上划分，电涌保护器可以分为单级和多级两种类型。单级保护电路只对暂态过电压进行一次性的抑制，对于一些耐压水平低的脆弱微电子设备电源来说，则需要更为可靠的多级保护电路。

最简单也最常用的多级保护电路分为两级，包含泄流级和箝位级两个基本环节。图4-15所示为一典型的两级保护电路。第一级作为泄流环节，前3只压敏电阻 R_1、R_2、R_3 构成了第一级全模保护环节，主要用于旁路泄放暂态大电流，将大部分暂态能量释放掉；第二级作为箝位环节，后3只压敏电阻 R_4、R_5、R_6 构成了第二级全模保护环节，将暂态电涌过电压限制到被保护电子设备可以耐受的水平。每一级的3只压敏电阻的参数应选得一样，不能有太大分散性。

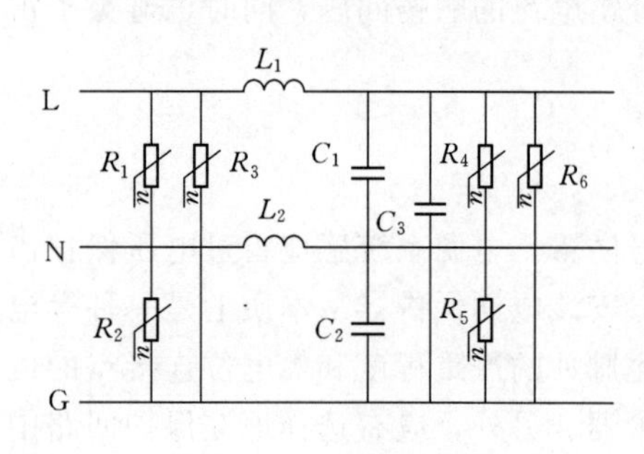

图4-15 由压敏电阻构成的两级保护电路

在风电机组的控制单元中，需要用到直流电

源。直流电源通常由变压器、整流器、滤波电容、稳压电路和其他配件组成，其过电压防护措施也基本上是围绕这些元件来实施的，如图 4-15 所示。3 只压敏电阻 R_1、R_2、R_3 安装在变压器的原边，用于抑制来自交流线路的差模和共模过电压，雪崩二极管 VD 用于保护变压器二次侧的元件（如整流器、滤波电容和稳压器等）。二极管 VD_1 跨接于稳压器的输入和输出端之间，与 VD 配合抑制稳压器输出端可能出现的反向过电压，如图 4-16 所示。

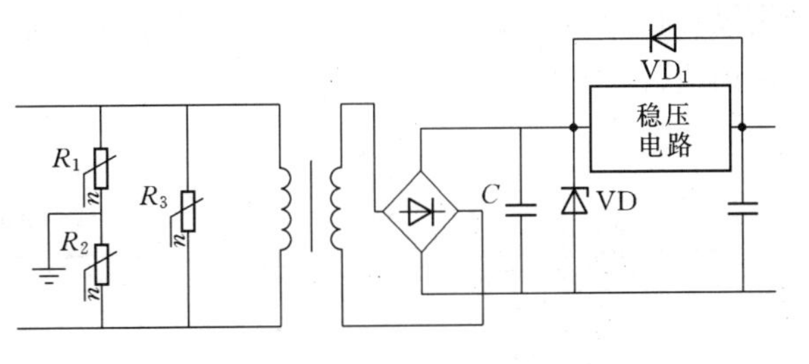

图 4-16　直流电源的保护回路

2. 信号防雷

与电源电涌保护相仿，信号电涌保护回路也可以分为单级和多级结构。图 4-17 所示即为一个常用的两级保护电路，由放电管 GDT、暂态抑制二极管（雪崩二极管）VD_1 和 VD_2，电阻 R 组成。它的作用原理为：第一级放电管 GDT 用于旁路泄放暂态大电流；第二级雪崩二极管 VD_1 和 VD_2 用于箝位限压，保护后面电子设备，将过电压抑制到被保护设备耐受的水平。当暂态过电压沿信号线路传输到达保护电路后，由于放电管 GDT 具有较高的放电电压和较长的响应时间，并不能很快完成放电动作，在其未放电之前，雪崩二极管 VD_1 或 VD_2 将首先击穿，使 VD_1、VD_2 支路导通，随着支路暂态电流的增大，R—L 支路上的压降也相应增大。这一压降加于 GDT 两端，就使 GDT 尽快完成放电动作。当 GDT 放电完毕后，它将提供一条旁路泄放暂态大电流的通道，起限制过电压和对 R、L 和 VD_1、VD_2 的保护作用。GDT 尽量选用响应时间短的放电管。VD_1 和 VD_2 也可以用一只双向管子替代，电阻 R 可以采用碳合成电阻，也可采用绕线电阻，但不能采用普通的电阻膜电阻。

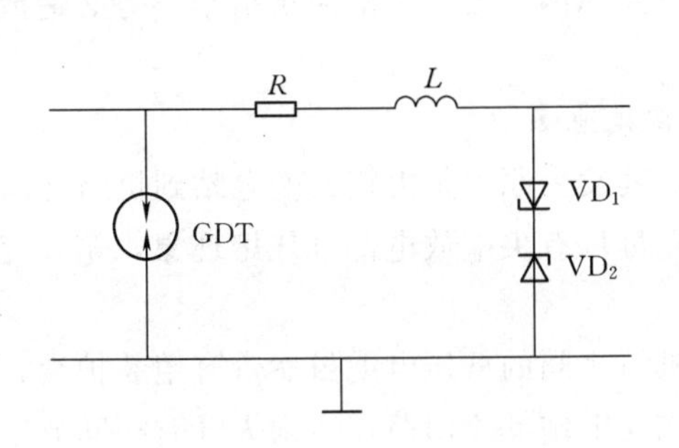

图 4-17　信号线路基本保护电路

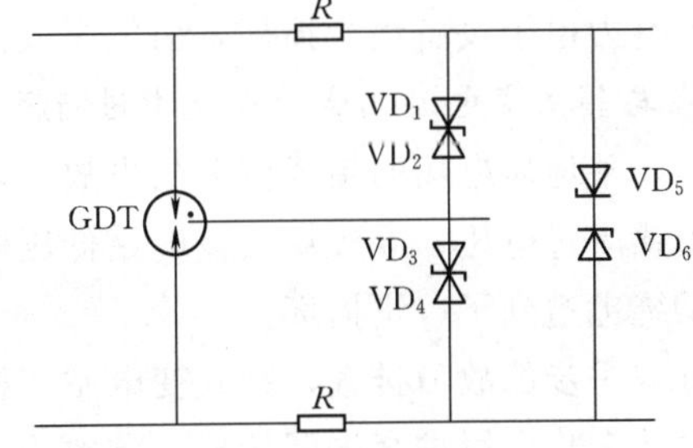

图 4-18　两级平衡信号保护电路

对于较长的信号线路，出于抑制共模干扰的考虑，常采用平衡线路的模式进行信号传输。如图 4-18 所示为一个典型的保护电路。当然，对于风电场内较长的信号线路，建议使用光纤传输代替电缆来降低干扰。

在风电机组中，由于工作环境恶劣，增加了通信接口和传输线路设计的复杂性。通信接口是风电机组控制单元中易于受到雷电电涌过电压损坏的一个环节，原则上需要对电缆中的每根信号线均设置接口保护电路。在信号线两端距离过长时，可将两个信号保护环节

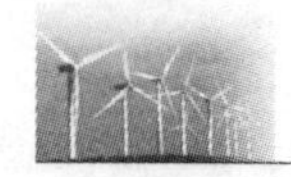

分别设置在通信电缆两端，用于保护发送器和接收器免受沿通信电缆侵入的雷电暂态过电压波的损害，如图4-19所示。

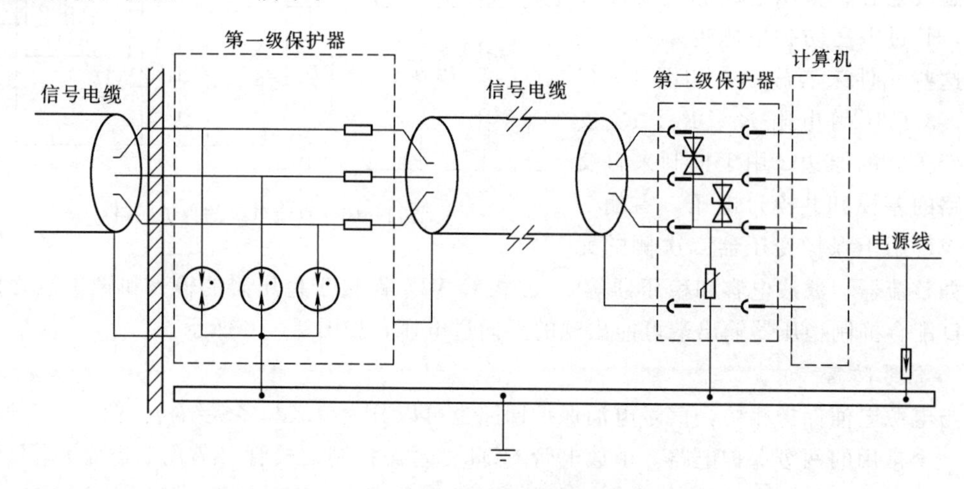

图4-19 分离的两级信号电涌保护电路

4.2 箱式变电站

风电场中风电机组分布较为分散，常分布在数公里范围内，很多情况下，距离集中的升压变电站较远。而目前市场上风电机组输出电压大多为690V，需就地经箱式变电站升压后通过集电线路传送至风电场升压变电站。因此，箱式变电站在风力发电过程中占据重要的地位。

在风电场中，雷击于风电机组，架空线路的感应雷过电压和直击雷过电压形成的沿线路的侵入波，是导致箱式变电站遭受破坏的主要原因。若不采取防护措施，势必造成箱式变电站内电力电子设备绝缘损坏，引发事故。

1. 在与箱式变电站相连的电缆中进行防雷接地保护

例如，某地风电场的箱式变电站事故[9]，其发生原因是由箱式变电站到机组之间的电缆产生了感应过电压，导致箱式变电站低压侧母排有尖端放电部分烧熔现象，箱式变电站中照明系统也遭到了一定损坏。

经过进一步的故障排查，箱式变电站与机组之间的低压电缆虽然带有铠装护套，但施工过程中并未将金属护套端部接地，导致箱式变电站低压回路在雷雨天气时相间放电。

有资料表明：假如有5kA的雷电流流入地网，在其附近5～10m的无屏蔽电缆上将感应出5～7.5kV的高压，但当电缆带有金属铠装护套并两端接地时，其感应过电压将降为上述电压的5%～10%。

由于风电机组到箱式变电站之间的电缆铠装金属护套在电缆端部并未接地，线路上也没配置避雷器，雷击导致电缆上的感应过电压无处泄放。因此，电缆上的感应过电压在引起相间放电的同时，将690V的低压端子排这一绝缘薄弱环节击穿，瞬间对地泄放的大电流通过而造成破坏。

解决措施为直埋电缆应采用带金属护套的铠装电缆，金属护套端部应良好接地。如果电缆采用非铠装电缆，则应穿钢管敷设，钢管的端部应可靠接地，钢管之间应可靠连接。

2. 在低压进线侧安装电涌保护器

在箱式变电站低压进线端装设电涌保护器，当有雷电过电压时，会将过电压箝位在箱式变电站安全工作电压范围内，从而保证箱式变电站的正常工作。

图 4-20 所示系统采用的电涌保护器为限压型不带故障热脱扣系统，所以需要在电涌保护器前设置熔断器，以免电涌保护器老化后，泄漏电流增大。熔断器是一种过电流保护器，使用时，将熔断器串联于被保护电路中，当被保护电路的电流超过规定值，并经过一定时间后，由熔体自身产生的热量熔断熔体，使电路断开，从而起到保护的作用。为防止该泄漏电流增大到短路电流值时而导致相间短路或对地短路，对箱式变电站内设备进行破坏，故需要熔断器切断电涌保护器与系统的并联关系。

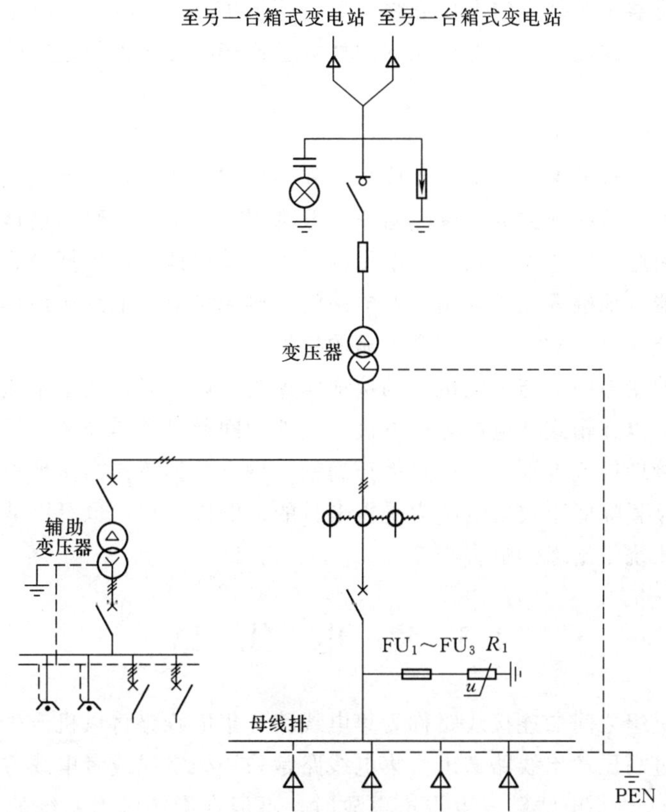

图 4-20 风电场箱式变电站主接线简图

电涌保护器的加热老化是在每次发生雷击都会引起的，如漏电流长时间存在，电涌保护器会加速老化，此时则可借助于熔断器的热保护功能在电涌保护器达到最大可承受热量前动作断开电涌保护器。熔断器除了短路防护作用外，还具有反时延特性功能，当过载电流小时，熔断时间长；过载电流大时，熔断时间短。因此，在一定过载电流范围内至电流恢复正常，熔断器不会熔断，可以继续使用。

3. 在高压出线端安装避雷器

在箱式变电站高压出线端安装避雷器是为了防止接入电网的架空线路受雷击而生产的雷电波侵入箱式变电站，破坏变压器绝缘甚至将箱式变电站直接损坏。在高压出线端安装避雷器有下列要求：

（1）避雷器越靠近变压器安装，保护效果越好，一般要求装设在熔断器内侧，对于美式箱式变电站结构，可安装在负荷开关出线端。

（2）避雷器选型必须使避雷器的残压小于升压变的耐压，才能有效地对升压变电站起到保护作用。

（3）避雷器的接地端点应直接接在箱式变电站的金属外壳上，这样可以保证其接地电阻小于 4Ω，也可以防止独立接地时接地电阻过大导致电位过高，也可以使外部的雷电流泄流途径与箱式变电站内部的感应雷电流泄流途径内外分隔开。

在这时，变压器金属外壳的电位亦将很高（等于 IR），可能产生由变压器金属外壳向低压侧的高电位差，因此必须将低压侧的中性点也连接在变压器的金属外壳上，即采用三点联合接地。

4. 箱式变电站与大地连接

风电设备的防雷接地保护取决引下线系统和接地网。尤其是陆上风电场常分布在旷野山地或草原沙漠上，这些地方的土壤电阻率一般都很高，采用一般的接地系统很可能满足不了安全要求。因此，应考虑在箱式变电站内设置汇总接地排，再把箱式变电站内的设备元件如电涌保护器接地端等连接到箱式变电站汇总接地排上，汇总接地排与箱式变电站基础外的接地网系统连接，构建一个安全可靠的接地系统。

箱式变电站的接地网可与风电机组的接地网连为一体，以降低整个箱式变电站接地网的接地电阻。也可以在箱式变电站与风电机组接地网间敷设金属导体、采用导电率更好的铜铰线、铜包钢接地极或者铜管代替热镀锌扁钢、钢管、钢棒作为接地材料，采用新型降阻剂[9]等方式，显著降低箱式变电站遭受雷击时的地电位升高，也可以减轻对电缆绝缘及箱式变电站高低压绕组绝缘的危害程度。

4.3 集 电 线 路

风电场风电机组之间的连接线路称为集电线路，集电线路将风机产生的电能汇集到升压站，升压后通过高压送出线路送出。集电线路常采用架空线或者电缆方案，电压等级一般为 10kV 或 35kV。集电线路发生雷击事故时，不但会影响电力系统的正常供电，增加风电场的维修工作量，还可能造成雷电波沿线侵入升压变电站，引起变电站设备的损坏。

在工程中，集电线路的防雷性能通常用耐雷水平和雷击跳闸率来衡量。耐雷水平指线路在遭受雷击时，线路绝缘所能耐受的不至于引起绝缘闪络的最大雷电流幅值，单位为 kA。线路的耐雷水平越高，防雷性能就越好。雷击跳闸率是规定在每年 40 个雷电日和 100km 的线路长度下，因雷击而引起的线路跳闸次数，单位为次/(100km·40 雷电日)。

集电线路的过电压类型主要为直击雷过电压和感应雷过电压，一般情况下直击雷过电压的危害更严重。电缆方案一般采用直埋敷设方式，因此不会有直击雷过电压情况，但是

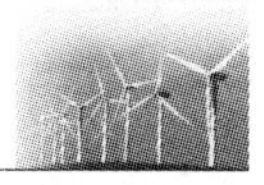

需考虑感应雷过电压的可能性，可在电缆进入箱变及升压站中压母线处安装避雷器，以降低感应雷影响。在本节中只讨论架空线路的防雷。

4.3.1 集电线路的感应雷过电压

1. 感应雷过电压的特点

（1）感应雷过电压的极性与雷云所带电荷极性相反。

（2）感应雷过电压同时存在于三相导线中，各相之间不存在电位差，因此一般情况下不能够发生相间闪络，只能引起对地闪络。

2. 无避雷线时感应雷过电压的计算

根据理论分析和相关规程建议，当雷击点到输电线路的距离 s 大于 65m 时，雷电往往不会击中线路，而是落在其附近地面或者周围其他物体上，但是会在导线上产生感应雷过电压。导线上产生的最大感应雷过电压为

$$U_{\max}=25\frac{Ih_{d}}{s} \tag{4-1}$$

式中 I——雷电流幅值，kA；

h_{d}——导线悬挂平均高度，m；

s——雷击点到导线之间的距离，m。

3. 有避雷线时感应雷过电压的计算

若导线上方挂有避雷线，由于屏蔽作用，导线上的感应雷过电压将会下降。假设避雷线不接地，则避雷线上的感应过电压应与导线上的感应雷过电压相等。但实际上避雷线接地，其电位为零，相当于在上面叠加了一个极性相反、幅值相等的电压（$-U$）。由于耦合作用，这个电压将在导线上产生耦合电压 $K_{c}(-U)=-K_{c}U$。因此，导线上的实际感应雷过电压为导线上的感应雷过电压与耦合作用产生的过电压的叠加，即

$$U'=U-K_{c}U=(1-K_{c})U \tag{4-2}$$

式中 K_{c}——避雷线与导线之间的耦合系数。

避雷线与导线距离越近，则耦合系数越大，导线上的感应雷过电压则越低。

4. 近雷击点感应雷过电压的计算

上述两种感应雷过电压的计算只适用于 $s>65$m 的情况，离导线更近的落雷常因为线路的吸引而击于线路本身。当雷直击于杆塔或线路附近的避雷线时，周围迅速变化的电磁场将在导线上感应出相反极性的过电压。

无避雷线时，感应过电压最大值为

$$U_{\max}=\alpha h_{d} \tag{4-3}$$

式中 α——感应雷过电压系数，kV/m，其值为雷电流的平均陡度，即为 $I/2.6$。

有避雷线时，由于屏蔽作用，感应最大过电压为

$$U_{\max}=\alpha h_{d}(1-K_{c}) \tag{4-4}$$

4.3.2 集电线路的直击雷过电压

雷直击集电线路有 3 种情况：雷击塔顶或其附近的避雷线（统称雷击塔顶）；雷击避

雷线挡距中央；雷绕过避雷线而击于导线，也称为绕击。3种情况如图4-21所示。

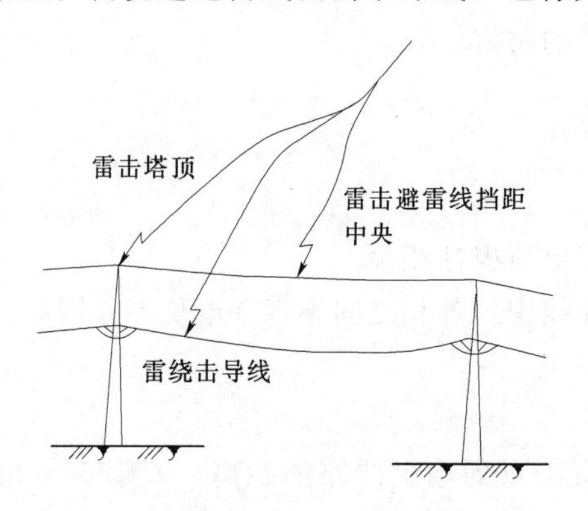

图4-21　雷直击集电线路的3种类型

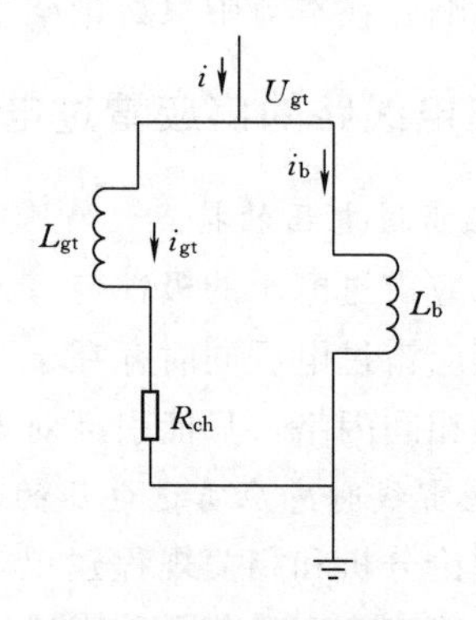

图4-22　雷击塔顶时的等效电路图

4.3.2.1　有避雷线时的直击雷过电压

1. 雷击塔顶

雷击塔顶时，大部分电流通过被击杆塔流入大地，巨大的雷电流会在杆塔和接地电阻上产生很高的电位，使电位原来为零的杆塔变为高电位，对线路放电，从而造成闪络，即反击。对于有避雷线的线路，其等效电图如图4-22所示。

雷击时，绝大部分雷电流流经被击杆塔入地，小部分雷电流则通过避雷线从相邻的杆塔入地。流经被击杆塔入地的电流 i_{gt} 与总电流 i 的关系为

$$i_{gt}=\beta_g i \tag{4-5}$$

式中　β_g——分流系数，它的值小于1。

杆塔塔顶电位 u_{gt} 为

$$u_{gt}=i_{gt}R_{ch}+L_{gt}\frac{di_{gt}}{dt} \tag{4-6}$$

式中　R_{ch}——杆塔冲击接地电阻，Ω；

L_{gt}——杆塔总电感，μH。

由式（4-5）和式（4-6）可得

$$u_{gt}=\beta_g iR_{ch}+L_{gt}\beta_g\frac{di}{dt} \tag{4-7}$$

以雷电流的波前陡度 $\frac{di}{dt}$ 为平均陡度，即 $\frac{di}{dt}=\frac{i}{2.6}$，并取雷电流幅值 I 为雷电流 i，则可得到塔顶的电位 u_{gt} 为

$$u_{gt}=\beta_g I\left(R_{ch}+\frac{L_{gt}}{2.6}\right) \tag{4-8}$$

由于避雷线与塔顶相连，则避雷线也具有相同的电位 u_{gt}，避雷线与导线之间存在耦合关系，并且极性与雷电流相同，则绝缘子串在这一部分的电压值为

$$u_{gt}-K_c u_{gt}=u_{gt}(1-K_c)=\beta_g I\left(R_{ch}+\frac{L_{gt}}{2.6}\right)(1-K_c) \tag{4-9}$$

若计及导线上的感应雷过电压，可通过式子 $U'=U-K_cU=(1-K_c)U$ 求得

$$U'_{gt}=U_{gt}(1-K_c)=\alpha h_d(1-K_c)=\frac{I}{2.6}h_d(1-K_c) \tag{4-10}$$

将式（4-9）和式（4-10）叠加可得作用在绝缘子串上的电压 U_j 为

$$\begin{aligned}U_j&=\beta_g I\left(R_{ch}+\frac{L_{gt}}{2.6}\right)(1-K_c)+\frac{I}{2.6}h_d(1-K_c)\\&=I\left(\beta_g R_{ch}+\beta_g\frac{L_{gt}}{2.6}+\frac{h_d}{2.6}\right)(1-K_c)\end{aligned} \tag{4-11}$$

若 U_j 超过绝缘子串 50%冲击放电电压，绝缘子串将会发生闪络，则雷击塔顶的耐雷水平 I 为

$$I=\frac{U_{50\%}}{(1-K_c)[\beta_g(R_{ch}+L_{gt}/2.6)+h_d/2.6]} \tag{4-12}$$

因为从杆塔流入大地的雷电流多为负极性，此时导线相对于杆塔来说是正极性的，所以 $U_{50\%}$ 应取绝缘子串的正极性 50%冲击放电电压。

2. 雷击避雷线挡距中央的过电压及其空气间隙

（1）雷击点的过电压。避雷线挡距中央遭受雷击时如图 4-23 所示，根据彼得逊法则可以画出它的等值电路图，如图 4-24 所示。则雷击点的电压 u_A 为

$$\begin{aligned}u_A&=2\left(\frac{i}{2}Z_0\right)\left(\frac{Z_b/2}{Z_0+Z_b/2}\right)\\&=i\frac{Z_0Z_b}{2Z_0+Z_b}\end{aligned} \tag{4-13}$$

式中 i——雷电流。

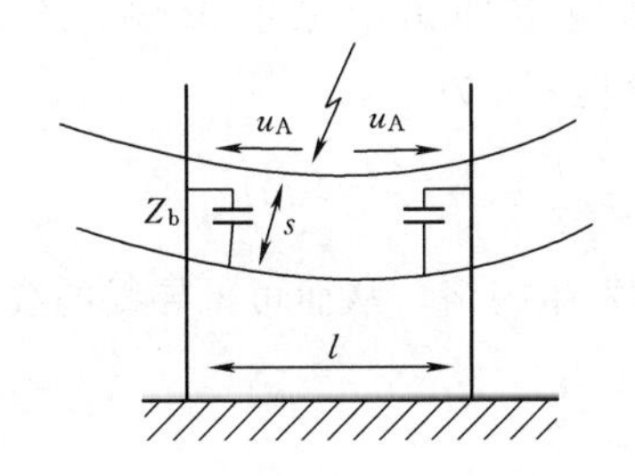

图 4-23 雷击避雷线挡距中央示意图

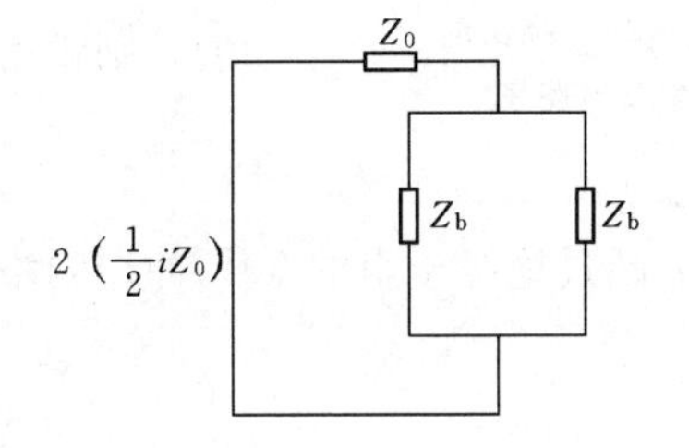

图 4-24 雷击避雷线挡距中央等效电路图

在计算中可以近似地取 $Z_0=\frac{Z_b}{2}$，代入式（4-13）可得

$$u_A=\frac{Z_b}{4}i \tag{4-14}$$

（2）避雷线与导线之间的空气间隙 s 上所能承受的最大电压。若雷电流取斜角波，即 $i=\alpha t$，则有

$$u_A=\frac{Z_b}{4}\alpha t \tag{4-15}$$

由式（4-15）可以看出，雷击点处的电压将随着时间的增加而增加。同时，这一电压波沿着两侧避雷线向相邻杆塔传播，经过 $0.5l/v$（l 为挡距长度，v 为波速）到达杆

塔。根据行波传播规则，在杆塔处将发生负反射，负的电压波沿避雷线经过相同的时间传回雷击点后，雷击点的电压 u_A 将不再升高，雷电压达到最大值，即

$$u_A=\frac{\alpha l Z_b}{4v} \tag{4-16}$$

由于避雷线与导线间存在耦合作用，在导线上将产生耦合电压 $K_c u_A$，因此雷击处避雷线与导线间的空气间隙上所能承受的最大电压 U_S 为

$$U_S=u_A(1-K_c)=\frac{\alpha l Z_b}{4v}(1-K_c) \tag{4-17}$$

由式（4-17）可知，雷击避雷线挡距中央时，雷击处避雷线与空气间隙间的最大电压 U_S 与挡距长度 l 成正比。因此，保证避雷线与导线之间有足够的距离可以防止该空气间隙被击穿。

根据理论分析和运行经验，我国相关规程规定挡距中央导线、地线之间的空气间隙 s（m）的经验公式为

$$s=0.012l+1 \tag{4-18}$$

电力系统多年运行经验表明，按式（4-18）求得的 s 足以满足避雷线与导线之间不发生闪络的要求。

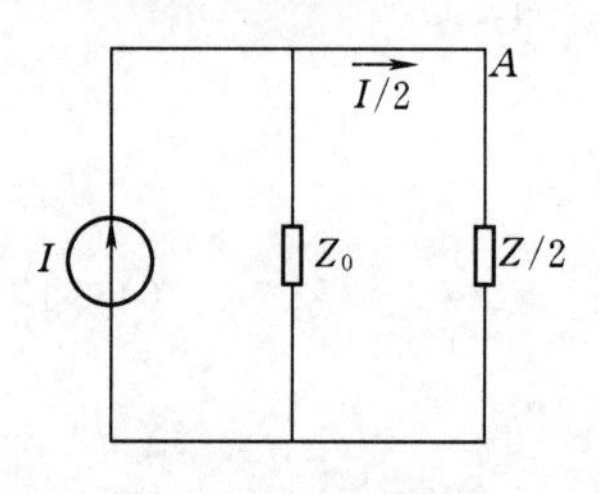

图4-25　绕击时等效电路图

3. 绕击时导线的过电压及耐雷水平

绕击的情况相当于在导线上方未架设避雷线的情况下雷电直击导线。此时雷电流沿着导线向两侧流动。假设 Z_0 为雷电通道的波阻抗，$Z/2$ 为雷击点两侧导线的并联波阻抗，可建立等效电路如图4-25所示。

若计及在过电压情况下冲击电晕的影响，Z 可取值为400Ω，则雷击点 A 的电压 U_A 为

$$U_A=\frac{I}{2}\frac{Z}{2}=\frac{IZ}{4}=100I \tag{4-19}$$

当 U_A 超过绝缘子串的50%冲击闪络电压时将发生闪络，从而可得导线的绕击耐雷水平为

$$I=\frac{U_{50\%}}{100} \tag{4-20}$$

4.3.2.2　无避雷线时的直击雷过电压

集电线路未架设避雷线时，雷击线路有两种情况：一是雷直击导线；二是雷击塔顶。

1. 雷直击导线

由绕击情况可得，雷直击导线时雷击点的电压为 $U_A=100I$，则耐雷水平为

$$I=\frac{U_{50\%}}{100} \tag{4-21}$$

2. 雷击塔顶

雷直击塔顶时，无雷电流分流的影响，所有的雷电流 I 均通过接地电阻流入大地。设杆塔的电感为 L_{gt}，雷电流波头为2.6μs，则 $\alpha=I/2.6$，可得等效电路如图4-26所示。

此时，塔顶电位为

$$U = IR_{ch} + L_{gt}\frac{dI}{dt} = I\left(R_{ch} + \frac{L_{gt}}{2.6}\right)$$

导线上的感应过电压为

$$U' = \alpha h_d = \frac{I}{2.6}h_d$$

由于感应过电压极性与塔顶电位极性相反，则作用于绝缘子串上的电压为

$$U_j = U - (-U') = I\left(R_{ch} + \frac{L_{gt}}{2.6}\right) + \frac{I}{2.6}h_d$$

$$= I\left(R_{ch} + \frac{L_{gt}}{2.6} + \frac{h_d}{2.6}\right) \tag{4-22}$$

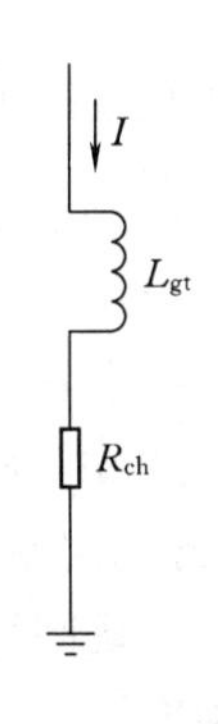

图 4-26 无避雷线时雷击塔顶时的等效电路图

线路的耐雷水平为

$$I = \frac{U_{50\%}}{R_{ch} + L_{gt}/2.6 + h_d/2.6} \tag{4-23}$$

雷击塔顶时，若雷电流幅值超过线路的耐雷水平，会致使塔顶对一相导线放电。由于工频电流较小，不能形成稳定的工频电弧，因此不会引起线路跳闸故障。若第一相闪络后，再向第二相反击，此时两相间绝缘子串闪络出现大的短路电流，会引起线路跳闸。

当第一相闪络后，可认为该导线具有与塔顶一样的电位。第一相与第二相导线之间有耦合作用，则两相间的电压差为

$$U_j' = (1 - K_c)U_j$$

$$= I\left(R_{ch} + \frac{L_{gt}}{2.6} + \frac{h_d}{2.6}\right)(1 - K_c) \tag{4-24}$$

线路的耐雷水平为

$$I = \frac{U_{50\%}}{(R_{ch} + L_{gt}/2.6 + h_d/2.6)(1 - K_c)} \tag{4-25}$$

4.3.3 集电线路雷击跳闸率的计算

雷电过电压引起集电线路雷击跳闸需要满足以下条件：

(1) 线路上的雷电流幅值超过耐雷水平，引起线路绝缘损坏发生冲击闪络。

(2) 雷电波过后，在工作电压下的冲击闪络有可能转变成稳定的工频电弧一旦形成稳定的工频电弧，导线上将有持续的工频短路电流，导致线路跳闸。

4.3.3.1 建弧率的计算

当绝缘子串发生闪络后，应尽量使其不能转化为稳定的工频电弧，这样线路就不会跳闸。冲击闪络转变为稳定的工频电弧主要受电弧路径中的平均运行电压梯度影响。根据运行经验与相关试验数据可以得到冲击闪络转变为稳定工频电弧的概率（即建弧率）为

$$\eta = (4.5E^{0.75} - 14) \times 100\% \tag{4-26}$$

式中 E——绝缘子串的平均运行电压梯度，kV/m。

中性点直接接地系统

$$E = \frac{U_e}{\sqrt{3}(l_j + 0.5l_m)} \tag{4-27}$$

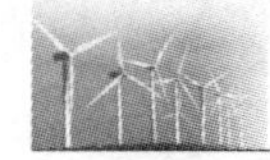

中性点非直接接地系统 $$E=\frac{U_e}{2l_j+l_m} \tag{4-28}$$

式中　U_e——线路额定电压，kV；

l_j——绝缘子串闪络距离，m；

l_m——杆塔横担的线间距离，m，若为铁横担或钢筋混凝土横担线路，则 $l_m=0$。

若 $E\leqslant 6\text{kV/m}$，则建弧率很小，可以近似认为 $\eta=0$。

4.3.3.2　雷击跳闸率的计算

线路的雷击跳闸可能是由反击引起的，也可能是由绕击引起的，这两部分之和即是线路的雷击跳闸率。

1. 反击跳闸率 n_1

反击主要有两种情况：一是雷击杆塔或杆塔附近避雷线时，巨大的雷电流入地时造成塔顶高电位对导线放电，引起绝缘子串闪络；二是雷击避雷线挡距中央引起绝缘闪络。从前面的分析可以得知，只要空间气隙 s 符合规程要求，则雷击挡距中央避雷线一般不会引起绝缘闪络。因此，计算反击跳闸率时只需要考虑第一种情况即可。

根据相关规程可知，每100km线路在40个雷暴日下，雷击杆塔的次数为

$$N_1=0.28(b+4h_d)g \tag{4-29}$$

式中　b——两根避雷线间的距离，m；

h_d——避雷线的平均对地高度，m；

g——击杆率，取值见表4-1。

表4-1　击杆率 g 取值

避雷线根数	0	1	2
平原	1/2	1/4	1/6
山区	—	1/3	1/4

雷电流幅值大于雷击塔顶的耐雷水平的概率为 p_1，则每100km线路在40个雷暴日下因雷击塔顶造成的跳闸次数为

$$n_1=0.28(b+4h_d)g\eta p_1 \tag{4-30}$$

2. 绕击跳闸率

设线路绕击率为 p_a，则每100km线路在40个雷暴日下的绕击次数为 $0.28(b+4h_d)p_a$。雷电流幅值超过耐雷水平的概率为 p_2，则每100km线路在40个雷暴日下因绕击而跳闸的次数为

$$n_2=0.28(b+4h_d)p_a\eta p_2 \tag{4-31}$$

综上所述，对于中性点直接接地，有避雷线的线路的雷击跳闸率为

$$n=n_1+n_2=0.28(b+4h_d)\eta(gp_1+p_2p_a) \tag{4-32}$$

对于中性点非直接接地系统，无避雷线的线路的雷击跳闸率为

$$n=0.28(b+4h_d)\eta p_1 \tag{4-33}$$

4.3.4 集电线路的防雷保护措施

（1）架设避雷线是防止雷电直击集电线路的最直接的保护措施。在集电线路上架设避雷线可以使雷电流流向各个杆塔从而分流，减小流入每个杆塔的电流，降低塔顶电位，增强耐雷水平；对导线有屏蔽作用，可以降低导线上的感应雷过电压；对导线有耦合作用，可以降低雷击杆塔时作用于绝缘子串上的电压。

（2）提高线路绝缘水平主要通过使用绝缘导线来代替原来的裸导线、增加绝缘子串的片数、在绝缘子与导线之间增加绝缘皮、改用大爬距悬式绝缘子等。

（3）避雷器对线路的雷电过电压的防护具有很好的效果，但全线安装避雷器成本大，就经济技术而言并不适合。因此可以选择在土壤电阻率很高的线段以及线路绝缘薄弱处安装避雷器。

（4）降低杆塔接地电阻有利于雷电流的泄放，能够有效降低雷击杆塔时杆塔的电位，防止反击事故的发生。在土壤电阻率较低的地区，应该充分利用杆塔的自然接地电阻；在土壤电阻率较高的地区，可以采用适当的措施降低接地电阻，比如采用降阻剂、采用多根放射形水平接地体等。

（5）采用中性点经消弧线圈接地补偿工频续流，能使残流控制在小于电弧熄灭临界值，有利于电弧的熄灭，能有效降低建弧率，提高线路的供电可靠性。

（6）通过在导线下方加装一条耦合地线，增大导线与地线之间的耦合系数，加强地线的分流作用，从而提高线路的耐雷水平。架设耦合地线常作为一种补救措施，对减少雷击跳闸率具有显著的效果。

4.4 升　压　站

升压站是风电场电力系统的中心环节，是整个风电场的电能汇集中心和控制中心。一旦受到雷击，可能会使升压站的电气设备受到损坏，造成大面积的停电事故，带来巨大的经济损失。因此，必须采取可靠的防护措施。

升压站的雷害事故一般来自两个方面：一是雷直击于升压站；二是雷击集电线路产生的雷电侵入波沿线路侵入升压站。

对于直击雷，一般采用避雷针或避雷线保护。对于侵入波，主要采用在升压站内合理地配置避雷器，同时在升压站的进线段采取辅助的防雷措施，以限制流经避雷器的雷电流幅值和降低侵入波的陡度。

4.4.1 升压站的直击雷保护

升压站的直击雷防护一般采用避雷针或避雷线，原则上应使升压站所有的建筑物、设备均处在避雷针或避雷线的保护范围内。应该注意的是，避雷针或避雷线与设备之间应有足够大的电气距离，防止由于雷击造成的避雷针或避雷线电位的升高对设备发生放电（即反击）。

1. 装设避雷针

如图 4-27 所示，雷击避雷针时，雷电流通过避雷针以及接地装置流入大地。在避雷针的 A 点（高度为 h）与接地装置的 B 点将出现高电位 u_A、u_B，即

$$u_A = L\frac{di}{dt} + iR_{ch} \tag{4-34}$$

$$u_B = iR_{ch} \tag{4-35}$$

式中　L——AB 段避雷针的电感，μH；

R_{ch}——接地装置的冲击电阻，Ω；

i——流过避雷针的雷电流；

$\frac{di}{dt}$——雷电流的陡度，kA/μs。

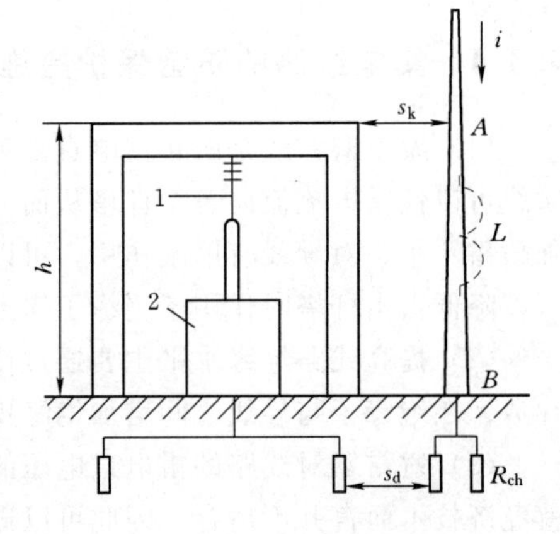

图 4-27　雷击避雷针分析

1—母线；2—变压器

若避雷针与被保护装置之间的空气间隙 s_k 不够长，则避雷针有可能对被保护装置反击。同样的道理，地下接地体之间也要有足够的电气距离 s_d。

相关规程建议，取雷电流幅值 140～150kA，$L=1.7\mu$H/m，空气击穿场强为 500kV/m，土壤击穿场强为 300kV/m，雷电流波头为 2.6μs。则 s_k、s_d 应满足

$$\left.\begin{aligned} s_k &\geqslant 0.2R_{ch} + 0.1h \\ s_d &\geqslant 0.3R_{ch} \end{aligned}\right\} \tag{4-36}$$

对于 110kV 及以上电压等级的变电站，由于绝缘水平比较高，不易发生反击。在安装避雷针构架时应铺设辅助接地装置，并且其与主变压器接地点间的电气距离应不小于 15m。目的是使避雷针遭受雷击时接地装置电位升高，雷电波沿接地网向主变压器接地点传播时逐渐衰减，到达接地点后电压幅值无法达到对变压器反击的要求。变压器是升压站中最重要的设备，不应在变压器的门型构架上装设避雷针。

对于 35kV 及以下电压等级的升压站，由于其绝缘水平较低，因此避雷针应独立装设而不能装设在构架上。

2. 架设避雷线

常见的避雷线保护有两种：一是避雷线一端经配电装置构架接地，另一端绝缘；二是避雷线两端均接地。

对于一端接地，一端绝缘的避雷线，有

$$\left.\begin{aligned} s_k &\geqslant 0.2R_{ch} + 0.16(h+\Delta l) \\ s_d &\geqslant 0.3R_{ch} \end{aligned}\right\} \tag{4-37}$$

式中　h——避雷线支柱的高度，m；

Δl——避雷器上校验的雷击点与接地支柱的距离，m。

对于两端均接地的避雷线，有

$$\left.\begin{aligned} s_k &\geqslant \beta'[0.2R_{ch} + 0.16(h+\Delta l)] \\ s_d &\geqslant 0.3\beta' R_{ch} \\ \beta' &\approx \frac{l_2+h}{l_2+2h+\Delta l} \end{aligned}\right\} \tag{4-38}$$

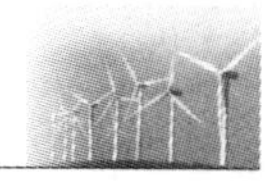

$$l_2 = l - \Delta l$$

式中 β'——避雷线的分流系数；

l——避雷线两支柱间的距离，m；

l_2——避雷线上校验的雷击点与另一端支柱间的距离，m。

对于110kV及以上电压等级的变电站，在土壤电阻率不高的地区，可将避雷线接到出线门形构架上；但在土壤电阻率大于1000Ω·m的地区，应加装3～5根接地极。

对于35～60kV的变电站，在土壤电阻率不大于500Ω·m的地区，可将避雷线接到出线门形构架上，但应加装3～5根接地极。对于土壤电阻率大于500Ω·m的地区，避雷线应终止于终端杆塔，不能与变电站相连，并且在进变电站一挡线路装设避雷针保护。

对于避雷针、避雷线，s_k一般不小于5m，s_d一般不小于3m，并且在可能的情况下应适当加大，以防止反击现象的发生。

4.4.2 升压站的侵入波保护

多年运行经验表明，雷击风电场输电线路的概率远大于雷击升压站，因此必须重视雷电侵入波沿线侵入升压站的防护。一般可以从两方面采取措施：一是使用避雷器限制雷电过电压的幅值；二是在距升压站适当的距离内装设可靠的进线保护段，利用导线自身的波阻抗限制流过避雷器的冲击电流幅值，利用侵入波在导线上产生的冲击电晕降低侵入波的陡度和幅值。

4.4.2.1 避雷器的保护

由于避雷器的伏秒特性较平缓，一般情况下其冲击放电电压不随入射波陡度的改变而改变，可视为定值。其残压虽然与流经避雷器的电流有关，但对于阀式避雷器而言，其阀片具有明显的非线性特性。因此，在流经阀式避雷器的雷电流的很大范围内，避雷器残压的变化并不明显，可认为与全波冲击放电电压相等。金属氧化物避雷器同样具有良好的非线性，避雷器的电压波形可以简化成斜角平顶波。

理想条件下避雷器应该是与被保护设备直接并联在一起的，这样加到被保护设备上的电压就是避雷器端部电压，只要该电压值不超过被保护设备的耐受水平，则设备就能够得到保护。但在实际中，避雷器与被保护设备之间还有其他开关设备存在，为了防止反击现象的发生，避雷器与被保护设备之间总是有一段电气距离l。在这种情况下，当避雷器动作时，由于雷电波的折射与反射，会提高加在被保护设备上的电压，使其超过避雷器的冲击放电电压而降低避雷器的防护效果。

图4-28所示为阀式避雷器保护变压器的接线图，为了简化计算，忽略变压器的入口电容以及避雷器的泄漏电阻。假设避雷器与变压器的电气距离为l，雷电波陡度为α，速度为v，则在雷电波传播到避雷器R时，电压为$u_R = \alpha t$。经过l/v时间后，到达变压器T的底部时，将发生全反射，则变压器上的电压$u_T = 2\alpha(t - l/v)$，陡度为2α；当$t \geqslant 2l/v$时，$u_R = \alpha t + \alpha(t - 2l/v)$。当变压器的电压与避雷器的冲击电压相等时，避雷器动作，u_R将不再上升。由于避雷器与变压器

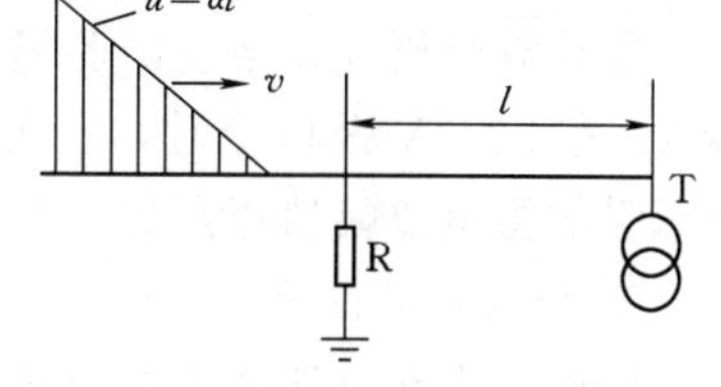

图4-28 阀式避雷器保护变压器的接线图

之间存在电气距离 l，因此避雷器动作后的效果需经过时间 l/v 才能到达变压器，这段时间内雷电波的陡度为 2α。则可以得到变压器上的电压为

$$u_T = u_R + \frac{2\alpha l}{v} \tag{4-39}$$

在实际中，升压变电站接线复杂，各设备之间存在一定的电感、电容，电气距离分析过程复杂。避雷器与被保护设备间允许的电气距离 l 为

$$l \leqslant \frac{u_j - u_R}{2\alpha / v} \tag{4-40}$$

式中　u_j——被保护设备允许的最大冲击电压，kV。

4.4.2.2　升压站进线段的保护

当线路遭受雷击时，雷电波将会沿着线路向升压站运动。线路的耐雷水平比升压站内各种设备的耐雷水平要高得多。若没有架设避雷线，靠近升压站的线路在遭受雷击时，流经线路避雷器的电流可能超过其保护范围，雷电流陡度也可能高于允许值，从而使升压站遭受雷害损失。因此，在靠近升压站的进线段上必须装设避雷针或者避雷线，减小进线段遭受雷害的概率，从而保护升压站。

对于未全线架设避雷线的线路，在靠近升压站的 1～2km 范围内应装设避雷针、避雷线等防雷装置，称为进线段。对于全线架设避雷线的线路，靠近升压站 2km 范围内的线路称为进线段。进线段保护的主要作用是限制流经避雷器的雷电流和侵入波的陡度。

1. 流过避雷器的雷电流

对侵入波进行计算时，可以认为侵入波的幅值为进线段的绝缘水平 $U_{50\%}$，波头时间取 2.6μs。

雷电波在进线段来回一次的时间为 $2l/v=6.7\mu s$（l 取 1km），超过波头的时间，说明避雷器动作后产生的负反射波又返回到雷击点，在该点又产生负反射波，从而使流经避雷器的雷电流加大。可以列出方程组为

$$\left.\begin{aligned} 2U_{50\%} &= IZ + u_R \\ u_R &= f(I) \end{aligned}\right\} \tag{4-41}$$

式中　$U_{50\%}$——侵入雷电波幅值，kV；

Z——线路的波阻抗，Ω；

$f(I)$——避雷器的伏安特性，kV。

可以得到流过避雷器的雷电流幅值为

$$I = \frac{2U_{50\%} - u_R}{Z} \tag{4-42}$$

据计算分析以及运行经验可得，线路电压在 220kV 及以下时，最大冲击电流不超过 5kA；在 330kV 及以上时，最大冲击电流不超过 10kA。同等条件下金属氧化物避雷器所能承受的雷电流幅值更高。

2. 侵入波的陡度

假设雷击在进线段首端，则雷电波的陡度 α 为

$$\alpha = \frac{U}{(0.5 + 0.008U/h_{dp})l_0} = \frac{1}{(0.5/U + 0.008/h_{dp})l_0} \tag{4-43}$$

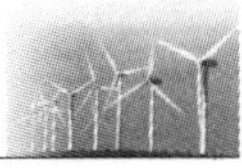

式中 h_{dp}——进线段导线平均高度；

l_0——进线段长度；

U——避雷器冲击放电电压。

应该注意的是，式（4-43）中的 α 为侵入波时间陡度，单位为 kV/μs。

令 $\alpha'=\alpha/v$，α' 为侵入波空间陡度（也称计算陡度），则式（4-43）可以写成

$$\alpha'=\frac{\alpha}{300}=\frac{1}{(150/U+2.4/h_{dp})l_0} \tag{4-44}$$

不同额定电压下升压站的雷电波计算陡度见表4-2。

表4-2 升压站侵入波计算陡度

额定电压值/kV	侵入波计算陡度/(kV·m⁻¹)	
	1km 进线段	2km 进线段或全线有避雷线
35	1.0	0.5
60	1.1	0.55
110	1.6	0.75
220	—	1.5
330	—	2.2
500	—	2.5

雷电侵入波在传播过程中会有损耗，也就是雷电过电压在线路上产生的地点离升压站越远，传播到升压站时的损耗也就越大，其幅值和陡度降低的幅度越大。因此，在升压站进线段处应加强防雷保护。对于全线无架设避雷针或避雷线的线路，应在进线段加装避雷针、避雷线或者其他防雷措施；对于全线架设避雷线的线路，应在进线段处提高线路的耐雷水平。这样，侵入升压站的雷电侵入波主要来自离升压站较远的进线段外，经过至少1～2km 进线段的冲击电晕的影响，侵入波的幅值和陡度能够得到有效削弱，进线段的波阻抗也能在一定程度上削弱流经避雷器的雷电流。

4.4.3 升压站变压器的防雷保护

1. 三绕组变压器的防护

双绕组变压器运行时，高压侧与低压侧都是闭合的，并且两侧都安装了避雷器，因此任一侧发生雷电波侵入都不会造成变压器绝缘损坏。

但对于三绕组变压器，在运行过程中可能出现高、中压绕组正常运行而低压绕组开路的情况。此时若高压绕组或中压绕组有雷电波侵入，由于低压绕组的对地电容很小，通过组间耦合和静电耦合，低压绕组可能产生过电压，对低压绕组的绝缘造成威胁。因为发生过电压时，低压绕组三相电压同时升高，因此只需要在任一相绕组出口处对地装设一组避雷器就可以限制过电压的发生。如果低压绕组外连接了25m 及以上的金属铠装电缆线路，则相当于低压绕组增加了对地电容，能够有效地限制过电压的发生，可不装设避雷器。

由于中压绕组的绝缘水平远比低压绕组高，因此即使中压绕组开路运行，一般也不会造成中压绕组绝缘损坏，故不需装设避雷器。

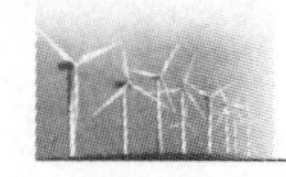

2. 自耦变压器的防护

自耦变压器除了有高、中压自耦绕组外，还有三角形联结的低压绕组，以减小系统的零序电抗和改善电压波形。当低压绕组开路运行时，其情况与三绕组变压器相同，只需在低压绕组出线端任一相对地加装一组避雷器即可。

然而由于自耦变压器自身的特点，可能存在高、低压绕组正常运行而中压绕组开路或者中、低压绕组正常运行而高压绕组开路的情况。

当高压绕组 A 有雷电波侵入时，设其电压为 U_0，其初始和分布电压以及最大电压包络线如图 4－29（a）所示。在开路的中压绕组 A' 上可能出现的最大电位为 U_0 的 $2/k$ 倍（k 为高压绕组与中压绕组的变比），可能引起中压绕组套管绝缘闪络。因此，应该在中压绕组与其断路器之间装设一组避雷器进行保护。

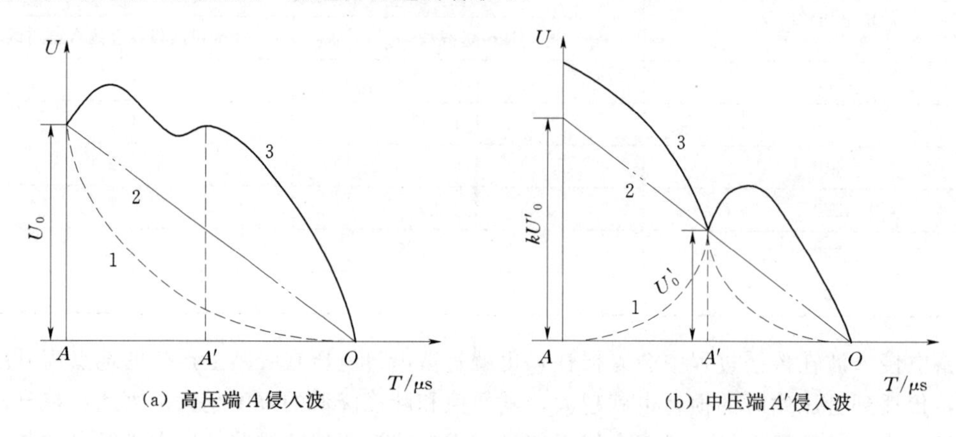

(a) 高压端 A 侵入波　　(b) 中压端 A' 侵入波

图 4－29　自耦变压器的电位分布图

1—初始电压分布；2—稳态电压分布；3—最大电位包络线；O—接地中性点

当中压绕组 A' 有雷电波侵入时，其初始和分布电压以及最大电压包络线如图 4－29（b）所示。由中压绕组 A' 到高压绕组 A 的稳态分布是由中压绕组 A' 到接地中性点 O 稳态分布的电磁感应形成的。A 的稳态电压为 kU_0'。在振荡过程中，A 的最高电位可达 $2kU_0'$，可能引起高压绕组绝缘损坏。因此，在高压绕组与其断路器之间要装设一组避雷器。当中压侧有出线（相当于 A' 接线经波阻抗接地）时，由于线路波阻抗比变压器绕组波阻抗小得多，一旦高压绕组有雷电波侵入，雷电波电压将全部加在 AA' 绕组上，可能使其绝缘损坏。同理，当高压绕组有出线、中压绕组有雷电波侵入时，同样可能使绕组损坏。

3. 变压器的中性点保护

35～60kV 电压等级的变压器采用全绝缘（中性点的绝缘水平与相线端的绝缘水平相等）方式，并且中性点不接地或经电感线圈接地，其中性点一般不需要保护。

中性点经消弧线圈接地的 110～154kV 电压等级的变压器采用全绝缘方式，由于有避雷线的保护，中性点一般也不需要保护。

对于 110kV 及以上中性点直接接地系统，为了减小单相接地短路电流，部分变压器的中性点不接地。此时的变压器的中性点需要保护。若变压器中性点采用全绝缘方式，则其中性点一般不需要保护；若变电站为单台变压器运行，中性点则要求装设与首端相同电

压等级的避雷器。因为在三相进波的情况下，中性点的对地电位会超过首端的对地电位。若变压器中性点采用分级绝缘方式（中性点的绝缘水平低于相线端的绝缘水平），则需选用与中性点绝缘电压等级相同的避雷器进行保护。并且要注意校验避雷器的灭弧电压，使其始终大于中性点可能出现的最高工频电压。

4.5 海上风电场

4.5.1 海上风电场概述

大型风电场正从陆地走向海洋，因为海上风电场具有风资源丰富、节省陆地土地等优点，且海上风速高、湍流强度小、风电机组发电量大、风能利用更加充分。

根据《风电发展“十二五”规划》，2015 年我国海上风力电装机容量将达到 500 万 kW，2020 年中国海上风电将达到 3000 万 kW。但直到 2014 年年初，我国已建成的海上风电场容量约为 33 万 kW（不含试验风机），分布在上海和江苏，离规划目标还有很大的距离。为了进一步促进海上风电的发展，2014 年 6 月，国家发展改革委员颁布了《关于海上风电上网电价政策的通知》，规定 2017 年以前（不含 2017 年）投运的近海风电项目上网电价为 0.85 元/(kW·h)（含税，下同），潮间带风电项目上网电价为 0.75 元/(kW·h)。2014 年 8 月，国家能源局组织召开“全国海上风电推进会”，会议同时公布了《全国海上风电开发建设方案（2014—2016)》，涉及 44 个海上风电项目，共计 1027.77 万 kW 的装机容量。其中包括已核准项目 9 个，容量 175 万 kW，正在开展前期工作的项目 35 个，容量 853 万 kW。列入这次开发建设方案的项目，视同列入核准计划。这是继海上风电电价出台后，主管部门推动海上风电发展的又一大动作，反映了主管部门对海上风电产业发展的支持。

4.5.2 海上风电场电气系统

典型的海上风电场电气主回路包括风力发电机组、海底集电系统、海上升压站、海底高压输电电缆、陆上集控中心。

1. 风力发电机组

风力发电机组包括海上风电机组、配套变压器、中压开关柜等。

2. 海底集电系统

海底集电系统以若干个风电机组为一个子单元，用三芯 35kV 海底电缆线路连接起来，汇流至升压站的 35kV 侧。集电电缆连接方式有放射形、环形、星形等。在开关配置方面，主要有传统开关配置、完全开关配置、部分开关配置三种开关配置方案。

3. 海上升压站

海上升压站是一个海上的钢平台设施，用于将各风电机组所发的电力汇流后升压至高电压等级以输送到大陆电网。一般为 2～3 层结构，底层为电缆层，中间层为高压配电装置、变压器和开关设备层，上层为控制室、无功补偿装置等。有些大型海上升压站顶层还建有直升机平台，便于运行维护。当海上风电场离岸越来越远，采用柔性直流输电将电能传输到大陆越来越经济时，还需要建设用于柔性直流输电的海上换流站平台。

4. 海底高压输电电缆

电能经海上升压站升压后，再通过海底高压输电电缆与陆上集控中心连接，将电能输送至电网。

5. 陆上集控中心

在现有的投资界面下，一般在海底高压输电电缆登陆点附近设陆上集控中心，用于配置相关配电设备及无功补偿设备，监控设备和人员办公、居住设施等。

图 4-30 所示为采用交流输电系统的电气系统简图。当离岸越来越远时，需要采用柔性直流输电系统，柔性直流输电系统又称为“基于电压源换流器的高压直流输电（HVDC-VSC)”。相比常规直流输电，柔性直流输电技术是一种新兴的直流输电形式。1999 年，世界上出现了第一条柔性直流输电线路 Gotland Light，位于瑞典哥特兰岛（70km，±80kV,50MW)。目前，全球已投产的和在建的柔性直流输电工程有 14 个，其中为风电接入的工程有 5 个，柔性直流技术在大型海上风电场接入方面已经有了实际工程案例。

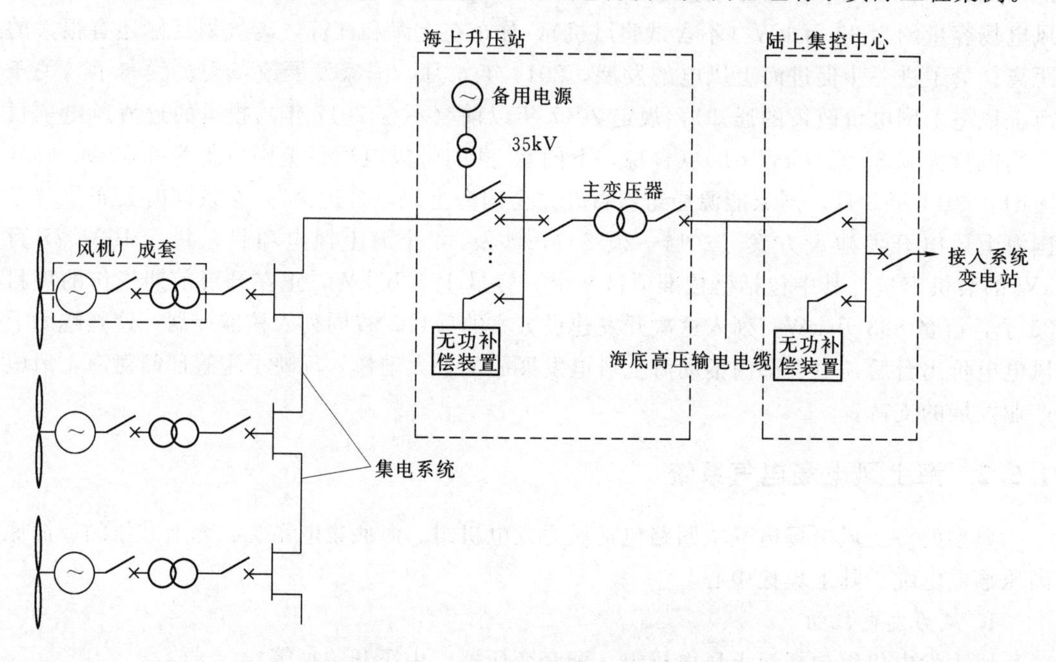

图 4-30　海上风电场电气系统简图

海上风电场柔性直流输电系统配置如图 4-31 所示，主要由海上和陆上的换流站及直流电缆组成。

4.5.3　海上风电场的防雷特点

1. 海上风电的优势

与陆上风电相比，海上风电具有以下多种优势：

(1) 资源丰富、风速稳定、平均风速多在 7m/s 以上。

(2) 可开发海域大，适合大规模开发。

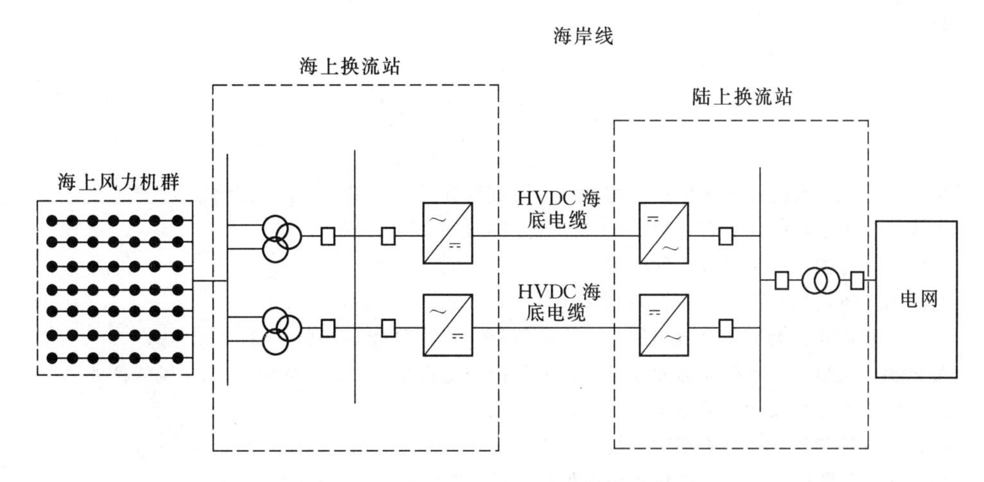

图4-31 海上风电场柔性直流输电系统

(3) 风力发电机组的单机容量可以更大，有利于降低单位造价。

另外，规划中的海上风电场址均位于东部和南部沿海地区，距离经济发达的负荷中心近，电力需求大，电网容量大，电网稳定性好，接入难度相对较小。在内陆风电场普遍遇到的接入电网难、投产后上网受限等问题相对不突出。

2. 海上风电场防雷接地的特点

在防雷接地问题上，海上风电场具有如下的特点：

(1) 海上风电场分布在沿海地区，而这些地区雷雨天气较为频繁，且随着风力发电机组单机容量的增大，机组高度增加，叶片变长，雷云在叶片尖端处的电场畸变严重。当电场强度可以增大到足以产生一次从地面向雷云的向上先导。由于电场感应作用，在雷暴云底层带电粒子受到吸引而大量集中，在带电粒子集汇处会形成向下先导，与风机叶片向上先导相互影响，相互促进发展。随着电子越集越多，电场就在这两个局部之间越来越大。而对于海上风电机组这种高度超过周围地形100m以上物体，距离雷暴云比较近，比陆上风电机组将更容易遭受雷击。

(2) 海上机组的维修较陆上而言难度大、费用高，特别在海况恶劣时，维修人员难以接近，故障无法及时排除。因此，在对海上风电场进行防雷设计时，应将海上风电机组严格按照一类防护等级进行设计。

(3) 海上升压站内电气设备，集中布置在狭小的海上平台上，各设备之间的电气距离相对更为紧凑，这也就对设备间的屏蔽提出了更高的要求。

(4) 与陆上风电场采用架空线路不同，海上风电场集电线路采用海底电缆。这种方式可以有效地避免线路遭受雷击，同时也对海上升压站侧的雷电侵入波具有一定的抑制作用。

(5) 海上风电场利用海水和海床散流，使得接地体的相对冲击接地电阻远远小于陆上风电场，这在一定程度上减小了雷电对于风力发电机组及海上升压站的危害。

(6) 在海上风电项目中，由于存在高压长距离海底电缆线路，除了雷电过电压，还可对内部过电压（包括工频过电压、操作过电压和谐振过电压）进行分析计算，并采取合适的限制措施。

参 考 文 献

[1] 杨文斌．风电系统过电压保护与防雷接地及其设计［D］．浙江：浙江大学，2008.
[2] 朱永强．风电场电气工程［M］．北京：机械工业出版社，2012.
[3] 王宝归，曹国荣．风电机组的防雷保护［A］．风能，2012，(3)：86-90.
[4] 张修志．风电场防雷系统的相关探讨［J］．电子制作，2013，182.
[5] 王莹，赵燕峰．大型风电机组的防雷系统解析［A］．风能，2014，(3)：92-96.
[6] 黄金鹏，俞黎萍．浅析风力发电机组认证指南中防雷装置的几个要点［C］//风能产业．上海：中国农机工业协会风能设备分会，2013，(9)：14-22.
[7] 陈青山，林荣基．风电机组防雷技术［J］．气象研究与应用，2009，30：169-170.
[8] 孙大鹏，吕跃刚．风力发电机组防雷保护［J］．中国电力教育，2008，661-663.
[9] 赵文忠．风电场箱式变电站雷击过电压防护浅析［J］．科技创业家，2013，117.
[10] 黄耀志，朱仁华．风电箱式变电站的防雷与应用［J］．科技风，2010，240.

第5章 风电场二次系统防雷

在风电场中，对一次设备和系统的运行状态进行测量、控制、监视和起保护作用的设备称为二次设备，即不直接和电能产生联系的设备。常见的二次设备有控制开关、继电器、控制电缆等。

由二次设备按一定的要求相互连接，构成的对一次设备进行监视、测量、控制、保护和调节的电气回路就称为二次回路，也称二次接线系统。风电场电气二次系统除变电站二次系统外，还包括风电机组和箱式变压器的保护、测量、检测。

大型风电场一般工作于恶劣的环境中，在无人值守的情况下要依靠二次系统对风电场进行远程操作，监视和保护。所以，二次系统是风电场不可缺少的重要组成部分，它实现了人对一次系统的监视、控制，使得一次系统能够安全经济地运行。风电场二次系统是整个风电场控制和监视的神经系统，二次回路是否合理可靠，直接关系到整个风电场能否安全可靠运行。

由于对雷击的防护措施不正确或者不到位，风电场二次系统遭受雷击的现象时有发生，造成了巨大的损失。因此，风电场二次系统的防雷保护要引起足够的重视，做到有备无患。

风电场二次系统主要有信息网络系统、计算机房以及低压供电系统等。为了让读者更清楚地了解不同二次系统的防雷，首先介绍风电场的二次设备与二次回路，再详细阐述一般风电场二次系统的防雷方法，最后分章节详细地介绍三种二次系统的防雷保护。

5.1 风电场的二次设备与二次回路

在详细介绍风电场主要的二次系统之前，应首先认识风电场的二次设备和二次回路。

5.1.1 风电场主要二次设备

1. 风电场继电器

风电场继电器是风电场二次系统中最重要的设备，用于实现风电场中不同电路间的控制。它具有控制系统（又称输入回路）和被控制系统（又称输出回路）之间的互动关系。通常应用于自动化的控制电路中，它实际上是用小电流去控制大电流运作的一种“自动开关”。常见的风电场继电器有电流继电器、电压继电器、功率方向继电器、阻抗继电器以及频率继电器等，各种风电场继电器的区别主要在于其控制电路不同。

2. 接触器

另外一个重要的二次设备是接触器，接触器分为交流接触器和直流接触器，它应用于电力、配电与用电。接触器的工作原理是：当接触器线圈通电后，线圈电流会产生磁场，产生的磁场使静铁芯产生电磁吸力吸引动铁芯，并带动交流接触器点动作，常闭触点断开，常开触点闭合，二者联动；当线圈断电时，电磁吸力消失，衔铁在释放弹簧的作用下释放，使触点复原，常开触点断开，常闭触点闭合。直流接触器的工作原理跟温度开关的原理有点相似。

3. 按钮和控制开关

在人工进行电路控制的时候，若控制逻辑较为简单，则可用按钮实现。用按钮控制电路分合的优点是操作简单，但同时带来的问题是触点数目太少，只能实现简单逻辑的控制。因此，如果要实现逻辑较为复杂的电路控制，就需要用到控制开关。

4. 母线

母线在一次系统中被用于实现电能的集中和分配。在二次系统中，小母线实现类似的功能，不同的是，除了直流电源小母线用于给不同的设备分配电能，交流电压小母线和辅助小母线主要用于集中和分配信号。

5. 连接器件

另外，继电器、接触器、控制开关、指示灯、各类保护和自动装置等基本元件，需要导体和接线端子来连接成二次系统的各种回路，常用的导体为绝缘导线和电缆。

6. 成套保护装置和测控装置

除了采用各种继电器、控制开关等元件构造二次系统外，现在电力系统中常用成套保护装置和测控装置来实现二次系统的构建。在微机保护大规模应用后，成套保护装置和测控装置可以认为是应用于我国的二次系统中最基本的元件。

5.1.2　风电场二次系统

要实现风电场电气二次部分的测量、监视、控制和保护功能，需要由各种二次设备搭建相应的电路，这些功能不同的电路称为风电场二次回路，又称二次系统。

根据实现的功能，风电场二次系统可以分为继电保护系统、控制系统、测量系统和监视系统、信号系统以及为其提供电源的操作电源系统等。

1. 继电保护系统

继电保护系统用于实现对一次设备和电力系统的保护功能，它引入TA和TV采集的电流和电压并进行分析，最终通过跳闸或合闸继电器的触点将相关的跳闸/合闸逻辑传递给对应的断路器控制回路。

2. 控制系统

控制系统的控制对象主要是断路器、隔离开关，控制系统不仅要求可以对被控对象进行人工操作，还要可以引入继电器等设备的触点实现自动控制。对于断路器和隔离开关的控制，可以采用远方控制或就地控制方式。在控制系统中需要有直流电源，这是因为控制系统中设备的运行需要电能，同时控制系统功能的实现还依赖于可以传递逻辑的电信号。

3. 测量系统和监视系统

测量系统是由各种测量仪表及其相关回路组成的，其作用是指示和记录一次设备的运行参数，以便运行人员掌握一次设备的运行情况。它是分析电能质量、计算经济指标、了解系统潮流和主设备运行工况的主要依据，分为电压系统与电流系统。

4. 信号系统

信号系统由信号发送机构、接收显示元件及其传递网络构成，其作用是准确、及时地显示出相应的一次设备的工作状态，为运行人员提供操作、调节和处理故障的可靠依据。

信号系统按其电源可分为强电信号系统和弱电信号系统；按其用途可分为位置信号、事故信号、预告信号、指挥信号和联系信号。事故信号和预告信号都需要在主控室或集中控制空中反映出来，他们是电气设备各信号的中央部分，通常称为中央信号。将事故信号、预告信号回路及其他一些公共信号回路集中在一起成为一套装置，称为中央信号装置。

5. 操作电源系统

在变电站中，继电保护和自动装置、控制回路、信号回路及其他二次回路的工作电源，称为操作电源。操作电源系统由电源设备和供电网络构成。操作电源分为直流操作电源和交流操作电源两种。

交流操作电源系统就是直接使用交流电源，正常运行时一般由 TV 或站用变压器作为断路器的控制和信号电源，故障时由电流互感器提供断路器的跳闸电源。另外还有一种交流不间断电源系统（UPS），可向需要交流电源的负荷不间断供电，其原理是将来自蓄电池的直流电变换为正弦交流电。

5.2 风电场二次系统

风电场二次系统的防雷措施必须从接地、均压、屏蔽、限幅、隔离等多个环节综合考虑。

5.2.1 接地

风力发电场所处的位置风力资源丰富，比较空旷，所以遭受雷击的概率也比较高。针对风力发电机组本身的防雷，首先要解决的问题就是接地设计。

风力发电机组的接地分为工作接地和防雷接地，这两个接地电阻是不一样的。《交流电气装置的接地设计规范》（GB 50065—2011）规定：风力发电机组的工作接地电阻应不大于 4Ω。对于防雷接地的电阻在土壤电阻率不大于 500Ω·m 的地区不应大于 10Ω；在高土壤电阻率的地区，允许接地电阻大于 10Ω，但要满足空中距离和地中距离的要求。由于风力发电机组仅有一个共用的接地装置，接地电阻应符合其中最小值。因此，按 GB 50065—2011 的规定，通常机组接地电阻取值小于 4Ω。

目前，国内的风电机组对防雷接地电阻的要求不太一致，各个风机制造厂给出的接地电阻就是风机的工作接地电阻，而不是防雷接地电阻要求的值。中国船级社《风力发电机组规范》中规定：为了将雷电流散入大地而不会产生危险的过电压，应注意接地装置的形状和尺寸设计，并应有较小的接地电阻，其工频接地电阻一般应小于 4Ω，在土壤电阻率很大的地方可放宽到 10Ω 以下。同时，《风力发电机系统防雷保护》（IEC TR 61400—24）中 9.1.2 条规定：风机的防雷接地电阻在小于 10Ω 时就可以不考虑外引接地线。因此，风机的防雷接地电阻要小于 10Ω。

综上所述，应该明确风机的工作接地电阻不大于 4Ω，防雷接地电阻在低土壤电阻率（≤500Ω·m）地区不大于 10Ω。

5.2.2　均压

在主控楼外，为了减少风电场二次系统由一次设备带来的感应耦合，二次电缆尽可能离开高压电缆和暂态强电流的入地点，并尽可能减少平行长度。高压电缆和避雷针往往是强烈的干扰源，因此，增加二次电缆与其距离，是减少电磁耦合的有效措施。电流互感器回路的 A、B、C 相线和中性线应在同一根电缆内，尽可能在小范围内达到电磁感应平衡；电流互感器和电压互感器的二次交流回路电缆从高压设备引出至二次设备安装处时，应尽量靠近接地体，减少进入这些回路的高频瞬变漏磁通。

风电场内部二次设备进行等电位（均压）连接，可以减小风电场内部交直流电源、监控、保护、计量、通信各设备装置之间的电位差，是保持各设备系统安全、稳定运行的必要条件。具体做法是：在主控室电缆层敷设环形接地母线，环线接地母线应采用 50mm×5mm 的铜排，铜排连接截面不小于 $90mm^2$；所有屏柜内设备的金属外壳应可靠接地，屏（柜）的门等活动部分应与屏（柜）体连接良好。

5.2.3　屏蔽

屏蔽的目的为了保证控制设备稳定可靠地工作，防止寄生电容耦合干扰，保护设备及人身的安全，解决环境电磁干扰及静电危害。各种功能的接地既相互联系，又相互排斥，瞬时干扰及接触部分产生的电磁波会给信号线带来辐射噪声，引起误码和存储器信息丢失。所以，要注意信号电路、电源电路、高电平电路、低电平电路的接地应各自隔离或屏蔽。

控制室应尽量利用建筑物钢筋结构与地网连接，形成一个法拉第笼。控制电缆和信号线应采用屏蔽电缆，屏蔽层两端要接地。对于既有铠装又有屏蔽层的电缆，在室内应将铠装带与屏蔽层同时接地，而在另一端只将屏蔽层接地。电缆进入控制室内前水平埋地 10m 以上，埋地深度应大于 0.6m；非屏蔽电缆应套金属管并水平埋地 10m 以上，铁管两端也应接地屏蔽。架空音频电缆的牵引钢丝两端应进行接地，最大限度地减少引入高电压的可能性。

5.2.4　限幅

限幅是在电源和信号回路与接地间安装防雷器以限制电压幅值，起分流的作用，将雷电流分流到大地，避免侵入二次设备电路。

在正常情况下，防雷器处于高阻状态，当被保护回路受雷击或感应出现瞬时脉冲电压时，防雷器立即在纳秒级时间内导通。将该脉冲电压短路到大地泄放，从而达到保护连接设备的目的。但该脉冲电压流过防雷器后，防雷器又变为高阻状态，从而不影响设备正常运行。

《建筑物电子信息系统防雷技术规范》（GB 50343—2012）规定：电力二次防雷要求电源具有 3 级防雷保护设计。这是针对需要保护的设备前端，对侵入的雷电感应源进行 3

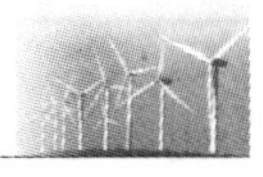

级分流，将过电压限制在设备能够承受的安全电压范围内，而非跨屏柜安装3级，否则，处于第1级与第2级之间的电力二次设备将得不到真正的保护。

比如，交流电源有环境监测装置、直流开关电源有开关电源模块、二次设备有微机装置等，都含有微电子元件、集成电路，则3级防雷措施应在交流电源前端设计安装，在直流开关电源、二次设备考虑的只是更加精细的保护措施，如图5-1所示。

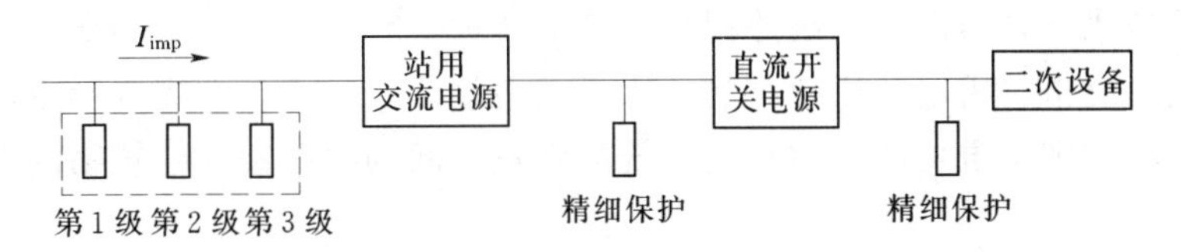

图5-1 3级防雷保护设计示意图

另外，《灵敏电子设备供电和接地推荐规范》（IEEE 1100—1992）提到电子设备的安全耐受冲击电压峰值相关要求，把它作为防雷设计依据是非常有必要的。IEEE 1100—1992规定：电子设备的安全耐受冲击电压峰值是其有效工作电压峰值的2倍。电力二次设备交流电源基本是用交流220V（三相380V，相线对零线、地线也是220V电压），因此，用于保护电力二次设备交流电源的防雷产品，其限制电压确定在$220V \pm 10\% \times \sqrt{2} \times 2 = 684V$（10%为电压波动范围）以下，对设备而言，保护才是安全的。

5.2.5 隔离

保护与自动化系统、自动化与通信等接口环节都必须有防护措施，抑制传输过程中产生的各种干扰，才能使系统稳定可靠运行。

（1）电源部分使用逆变电源或直流电源。

（2）对于数字输入信号，大部分都采用光电隔离器，也有一些使用脉冲变压器隔离和运算放大器隔离；对于数字输出信号也是主要采用光电隔离器。

（3）对于模拟量输入信号，可采用安装音频隔离变压器、光电隔离器等进行隔离。

（4）对于计算机网络接口，可以采用专用的网络防雷器，距离较远或不同室之间通信应尽可能采用光纤进行传输。

5.3 信息网络系统

目前，信息网络系统在企事业单位中得到了广泛使用，风电场也不例外。信息网络系统能够输入、存储、处理和输出风电场的各项信息，方便管理者进行正确的决策，提高风电场的管理水平和经济效益。如果信息网络系统遭雷击，不仅会造成贵重设备的损坏，而且对风电场产生其他不可估量的损失。因此，对信息网络系统的防雷保护刻不容缓。

5.3.1 信息网络系统受雷电影响的原因、形式和途径

当雷电击中放置信息网络系统的建筑物时，从引下线等建筑外部防雷设施泄放到大地的能量所占的比例不到50%，这些能量就是被安全释放的，大概40%的能量会通过建筑

物的供电系统分流，5%左右的能量通过建筑物的通信网络线缆分流，其余的能量通过建筑物的其他金属管道、缆线分流。随着建筑物内的布线状况和管线结构的变化，这里的能量分配比例也会发生相应变化。

信息网络系统遭雷击主要有3种途径，即雷电波侵入、地电位反击和感应雷。

(1) 雷电波侵入。它是指在更大的范围内（几千米甚至几十千米），雷电击中电力线路或者信息通信线路，然后沿着线路侵入设备。

(2) 地电位反击。雷电击中建筑物或附近其他物体、地面，在周围形成巨大的电磁场导致地电压升高，则雷电可能通过接地系统或建筑物间的线路侵入建筑物内部设备形成地电位反击。

(3) 感应雷。在周围1km左右的范围内发生雷击时，LEMP（雷电电磁脉冲）会在上述有效范围内所有的导体上产生足够强度的感应浪涌。因此分布于建筑物内外的各种线路将会感应雷电而对设备造成危害。

5.3.2 电源感应雷防护

电源线路属于信息网络设备中与外界有直接联系的通路，因此也就更加容易遭受雷电损害。电源防雷的主要作用是限制瞬态过电压从电源供入端口进入设备。其原理是：当过电压达到一定限定值时，避雷器中的非线性元件瞬间就会对地放电；当过电压过后，该元件又能够及时恢复为其原来的状态，从而限制过电压窜入被保护设备。

《建筑物防雷设计规范》(GB 50057—2010)、《建筑物电子信息系统防雷技术规范》(GB 50343—2012) 以及相应的行业标准都做了明确规定：在电源引入总配电箱处应加装电源避雷器即电涌保护器（SPD)。为了达到好的防护效果，对于不同的防护区，SPD的选用参数也有所区别。可以根据雷电流在进入建筑物各设备之间均匀分配的原则，按照其各自的分流量确定参数。同时，应该做到在尽可能节约的情况下，达到安全防护的目的。在《防雷击电磁脉冲（LEMP)》(IEC 61312—1) 中，国际电工委员会给出了首次雷击雷电流参量和长时间雷击的雷电流参量，根据设备的重要性，使用性质，发生雷击事故的可能性划分等级。电源线路的防护措施如下：

(1) 引入室内的交流电力线最好采用铠装电缆以及直埋式低压电力电缆埋地引入机房，同时其电缆金属护套的两端应作良好的接地。

(2) 按照国家标准，信息网络系统供电应采用TN-S或TN-C-S制式。

(3) 机房的电缆金属护套在入室处应该进行保护接地处理。

(4) 室内所有交流用电及配电设备必须采取接地保护。需要注意的是，交流保护接地应从接地汇集线上专引，严禁采用中性线作为交流保护接地线。

(5) 感应雷的防护应将感应雷击的各个入口作为重点，将感应雷击电压、电流在被保护设备的外围引导入地，从而达到保护网络设备的目的。低压电源线路感应雷击的防护要求不得少于3级保护，即三相总电源进入室内的电源和进入用电设备前的3级保护（图5-2)。

三相总电源避雷器应安装在总配电柜上作为第一级保护，其通流量的设计要求为40～80kA。进入被保护设备的房间的电源分配电箱或UPS前需安装电源避雷器作为第二级

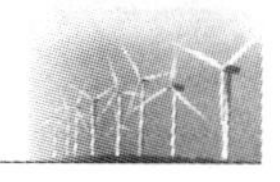

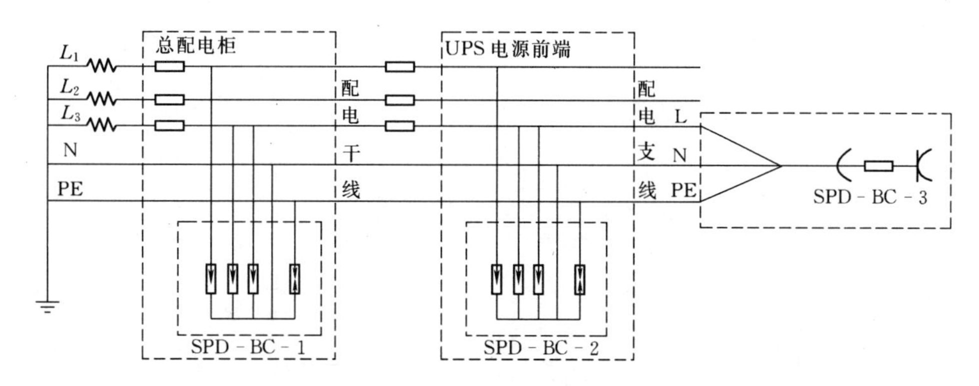

图 5-2 电源感应雷的 3 级保护

SPD-BC-1—浪涌电流 40kA（10/350μs）过电压保护器；SPD-BC-2—浪涌电流 20kA（8/20μs）过电压保护器；SPD-BC-3—浪涌电流 20kA（8/20μs）防雷插座

保护，其通流量的设计要求比 20kA 大得多。在用电设备的电源输入端口安装一组末级电源避雷器（考虑到经济性和实用性，目前大部分采用的是具有防雷功能的插座）作为第三级保护，其通流量的设计要求大于 5kA。

同时，各级避雷器的安装连接线的长度应尽可能短，以减小纵向并联支路的寄生电感，降低保护装置安装点处的实际箝位水平。

5.3.3 信号线感应雷防护

在信息网络系统中，其外接线路是由大量的数据线、控制电路和通信线路等构成的，它们传输的电平低、速度高。在雷击发生时，如果网络线路感应到过电压，整个网络的正常运行将受到影响。更严重的是，整个网络会瘫痪。因此，对信号线进行有效并且可靠的保护就显得尤为重要。在进行信号系统 SPD 设计时，原则上要考虑通流量、限制电压、传输速度、插入损耗和接头形式等具体问题。网络机房信号、天馈浪涌防护如图 5-3 所示。

信号线具体防护措施有以下几个方面：

（1）在交换机中继线入口加装信号线路雷电浪涌保护器，每线一个。

（2）在与外部连的宽带通信线路或 ISDN 和 DDN 专线等都加装信号浪涌保护器。

（3）在网络通信系统的保护中，除了要考虑网络的拓扑结构、通信方式等因素外，还要具体针对不同厂家提供设备的接口型式选用不同的产品进行匹配。

（4）在清楚地了解网络的实际情况后，针对方案提出具体的设备型号、接口型式等，以利于具体实施。

（5）在有天馈线接入到大楼内部的地方加装天馈线的避雷器。设计上可以根据不同的同轴电缆接口提供不同的产品。

5.3.4 电子信息系统防雷器材及其安装

现代防雷产品种类繁多，大致可分为避雷器、浪涌保护器、接地装置和防雷引下线四大类。

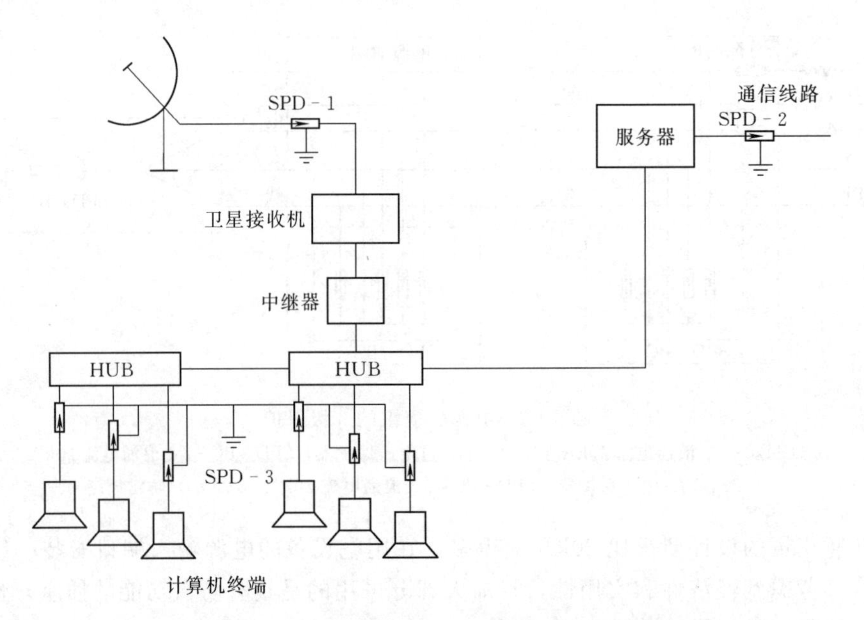

图 5－3　网络机房信号、天馈浪涌防护示意图

SPD－1—卫星数据电涌保护器；SPD－2、SPD－3—计算机网络信号电涌保护器

1. 避雷器

三相总电源避雷器应安装在总配电柜上作为第一级保护；进入被保护设备房间的电源分配电箱或 UPS 前需安装电源避雷器作为第二级保护，在用电设备的电源输入端口安装一组末级电源避雷器作为第三级保护。同时，各级避雷器的安装连接线的长度应尽可能短。在有天馈线接入到大楼内部的地方加装天馈线的避雷器。

2. 浪涌保护器

根据浪涌保护器在电子信息系统的功能要求不同，可分为电源浪涌保护器、天馈浪涌保护器和信号浪涌保护器。在设计造型中应根据保护对象的不同选择相对应的浪涌保护器：

（1）电源浪涌保护器是对电源线路的各级进行保护采用的浪涌保护器。SPD 应分别安装在被保护设备电源线路的前端，浪涌保护器各接线端应该分别与配电箱内线路的同名端相线连接。

（2）天馈浪涌保护器是用于保护接收天馈线及设备的浪涌保护器。天馈线路浪涌保护器 SPD 应串接于天馈线与被保护设备之间，宜安装在机房内设备附近或机架上，也可直接连接在设备馈线接口上。

（3）信号浪涌保护器是用在保护弱电信号线路上的浪涌保护器，SPD 应连接在被保护设备的信号端口上，通常 SPD 输出端与保护设备的端口相连接，SPD 也可以安装在机柜内。浪涌保护器的使用应根据不同的保护对象进行正确的选择。

3. 接地装置

在信息网络系统机房的建设中，要求有一个良好的接地系统，因为所有防雷系统都需要通过接地系统把雷电流泄入大地，从而保护设备和人身安全。另外，还有防电磁干扰的

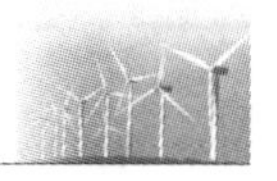

屏蔽保护、防静电的问题都需要通过建立良好的接地系统来解决。信息网络系统机房接地有很多种，其中主要有交流工作地、直流工作地、安全保护地、屏蔽接地、防静电接地、防雷接地等。防雷接地是为了防止雷击而设立的，而计算机的直流地、交流地、安全保护地、防静电地、屏蔽地是根据计算机的工作性质和实际情况而设立的，为了保证计算机稳定可靠地运行，应做等电位连接和共用接地处理即统一接地体。统一接地体为接地电位基准点，由此分别引出各种功能接地引线，利用总等电位和辅助等电位的方式组成一个完整的统一接地系统。

通过雷击事故现场勘察发现，大多数遭雷击的网络设备所在建筑物屋顶有铁塔或避雷针，针体与建筑物主钢筋连接并利用主钢筋引下泄入地中。在雷击放电时，建筑物内部产生较大的瞬变空间电磁场，由于信息网络设备多采用总线制同轴，网络各工作站与服务器分置在不同楼层，网络干线往往通过紧靠外墙立柱旁的电缆槽垂直布线网络干线终结器直接与地网连接，而电源线和设备保护地线通过建筑物另一侧电缆槽垂直布线，因而在通信电缆屏蔽层、网络干线终结器接地线、网络适配卡与网络终端设备地线回路及连接到总汇流排和地网的设备保护地线之间形成一个大的闭合环路。造成网络设备受感应雷击损坏，因此有效合理地综合布线对于信息系统免遭感应雷的破坏是非常必要的。

首先，将各种线路穿于金属管内，以实现可靠的屏蔽；其次，把信息线路的主干线的垂直部分设置在高层建筑物的中心部位，且避免靠近用作防雷引下线的柱筋，以尽量缩小被感应的范围。在管线较长或桥架等设施较长的路线上还需要两端接地。

4. 防雷引下线

引下线的粗细和数量直接影响分流效果，引下线多，每根引下线通过的雷电流就小，其感应范围就小。设计时应严格按照规范设置引下线的数量及间距。考虑到造价不是很大，建议可缩短规范内规定的引下线间距，多设一定数量的引下线，这样可减少雷电压反击现象。当建筑物很高、引下线很长时，应在建筑物的中间部位增加均压环，以减小引下线的电感电压降[2]。

5.3.5 辅助防雷方法

1. 雷击电磁屏蔽

信息网络设备大量采用半导体器件和集成电路，由雷击产生的暂态电磁脉冲不仅可以直接辐射到这些元器件上，而且可以在电源或信号线上感应出暂态过电压波，沿线路侵入电子设备，使电子设备工作失灵甚至损坏。利用屏蔽体来阻挡或衰减电磁脉冲的能量传播是一种有效的防护措施。电子设备常用的屏蔽体有电缆的金属护套、屏蔽室的外部金属网和设备的金属外壳等。采用屏蔽措施对于保证电子设备的正常和安全运行十分重要。

由电流的趋肤效应可知，大部分电流是通过金属外表流过。所以线路外表做金属屏蔽处理并做好屏蔽接地，雷电电磁感应就会通过屏蔽层泻流到大地而起到保护作用。因此，如果条件允许，网络机房应尽可能安装在楼底层靠中间的地方，并且尽量避开楼的顶层和靠墙的地方。这样可以利用建筑本身进行多层屏蔽防护。

2. 机房内部实施局部等电位处理

在机房内部设置一个局部等电位连接排，为了消除雷电暂态电流路径与金属物体之间的击穿放电，需要对室内的各种金属构件进行等电位连接。即将室内的电子设备、组件和元件的金属外壳或构架连接在一起，并与建筑物的防雷接地系统相连接，形成一个电气上的连续整体。这样就可以在发生雷击时避免在不同的金属外壳或构架之间出现暂态电位差，使得它们彼此间等电位。机房局部等电位连接如图 5－4 所示。

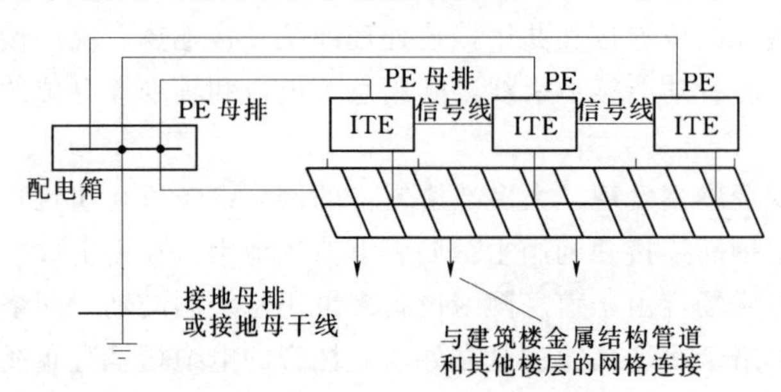

图 5－4　机房局部等电位连接图
ITE—信息技术设备

3. 防雷保护范围的计算机可视化辅助设计

传统的防雷保护范围设计方法只能凭借个人的经验积累以及对行业技术的理解来完成，同时计算校核也仅能通过手工绘图和公式进行。高级一点的是通过 Matlab，利用避雷针、避雷器的计算公式进行防雷安全范围的计算，并且使其图像化，使用方法简洁，显示效果直观明了。

一种新型的计算机可视化辅助设计以整体设计的思路，对现有算法的不足提出了改进方案，跳出现有以两针为单位和以三针为单位进行设计的束缚，考虑了任意多针、不等高针的保护范围计算及可视化实现的问题，避免了原有算法中的重复计算，提高了计算效率。实现可视化是防雷保护范围计算机辅助设计的核心。在计算机中建立虚拟的三维场景，实现人机互动。实现保护范围的三维模型是可视化设计的重点，设计者可对比计算机中虚拟的防雷保护范围与建筑物模型，判断防雷设施是否达到防雷要求。

5.4　计　算　机　房

当今时代，计算机技术和网络技术的迅猛发展给人们的生活带来了日新月异的变化。随着计算机对人类生产和生活所起的作用越来越大，人们也越来越注重计算机房的防雷保护。由于对雷击的防护措施不到位，或者存在认识上的偏差，往往起不到设想中的防护效果，计算机房遭受雷击的现象时有发生。尤其是在雷雨季节，计算机房的一些电子电气设备受到雷击干扰受损，甚至遭雷击而直接被烧毁。雷击每年给计算机房带来的损失不少，计算机房的防雷防护应引起足够的重视，做到有备无患。对防雷设施进行整改，做好整体防护措施，注意各个细节，这样才能更好地维护机房的安全运行。

5.4.1　雷电对计算机房影响的原因、形式和途径

当今时代是信息的时代，互联网极大地提高了工作效率和人们的生活水平。各大城市

都有许多计算机房，然而每年计算机房遭受雷电损害的事件时有出现，计算机房的防雷显得尤为重要。雷电对计算机房的侵害有直击雷、感应雷、高电压沿线路侵入机房三种情况。

1. 直击雷

当直击雷击中机房时，机房会有很强的雷电流，大概平均 30kA。如果机房没有直击雷的防雷设备，当雷击中时，机房内电压降分布不均匀，进而造成局部高电位反击，损害设备，甚至危及人身安全。强大的直击雷电流使计算机房的地电位升高到几万伏甚至几十万伏，通过电力系统和信号电缆的接地点反馈到其他地方。同时破坏接在电网和通信网络上的计算机设备，这种雷击是对计算机破坏最严重的一种。

2. 感应雷

感应雷虽然没有直击雷猛烈，但其发生的概率相对于直击雷来说高得多。直击雷只有在雷云对地闪击的情况下才会对地面造成灾害，而感应雷则不论雷云对地闪击或者雷云对雷云之间闪击，都可能发生并造成灾害。此外，直击雷一次只能袭击一个小范围的目标，而一次雷闪击则可以在较大的范围内在多个小局部同时产生感应雷过电压，并且这种感应高压可以通过电力线、电话线等传输到远处。

3. 高电压沿线路侵入

雷电波的入侵是由于雷电对架空线路或金属管道的作用，雷电波可能沿着这些管线侵入室内，危及人身安全、损坏设备。

5.4.2 计算机房防雷的主要措施

5.4.2.1 直击雷的防护

直击雷的防护主要通过安装避雷针、避雷带、避雷网来实现。它可以有效地防止雷击损害建筑物，并大大降低雷电直接击中计算机终端的可能性。

在雷电活动频繁的地域，计算机终端和其他设备比较集中的建筑物最好采用独立避雷针（网）把整座建筑物保护起来。将雷电流引到足够远的地方入地，避免雷电流入地时产生的高电位通过电源和信号线反馈造成破坏。对于只有少量终端和一般设备的楼房，可用避雷针、避雷带和避雷网，并且可以用建筑物本身的钢筋作为雷电流引下线与统一地网相连接。

5.4.2.2 感应雷的防护

1. 电源感应雷防护

为了避免高电压经过避雷器对地放电后的残压过大或因更大雷电流在击毁避雷器后继续毁坏后续设备，以及进一步防止电缆遭受二次感应雷击，应采取多级保护措施。一般来讲，电源应采用两级至三级防护，重要设备采用三级至四级防护。

第一级避雷器的最大放电电流 I_{max} 应根据雷暴强度 N_g（或年均雷暴日 T_d）选择，具体公式为

$$I_{max}=f_1(N_g,k_1)=f_2(T_d,k_2) \tag{5-1}$$

$$N_g=0.024T_d^{1.3} \tag{5-2}$$

例如，根据该地气象部门提供的信息可知，年均雷暴日 $T_d=30\sim60$d，则 $N_g=2.0\sim$

4.9，最大放电电流 $I_{max}\geqslant 80kA$。初雷日最早为 1 月 1 日，终雷日最晚为 12 月 31 日。春季和夏季强对流天气十分活跃，雷电现象十分频繁和强烈，在高山地段、空旷地段更为明显。该地区中波发射台台站地处面积广阔，周围空旷，没有高层建筑物的地段，因此极易遭受电源线感应雷的袭击。电源避雷器由于并联安装于线路中，平时一般不影响供配电系统的正常工作。为防止电源避雷器本身老化或故障（不能正常脱扣）等因素造成系统短路，所有避雷器前端应考虑串联安装保护熔丝或空开。

电源防雷系统实行多重多级防雷保护。

2. 信号线感应雷防护

为防止电气控制开关在转换过程中产生的操作过电压以及站内发生雷击时形成的强大瞬变磁场（感应过电压）危害低压弱电控制系统，也有必要对弱电控制系统（主要是电话交换机、网络交换机、防火墙）进行保护。信号避雷器采用串联多级保护；第一级保护可采用大通流量的三极气体放电管进行初级保护，以降低残压并把大部分雷电流泄入大地。第二级保护由支耦电阻进行阻流延时和分压，以配合第一级和第三级保护的元件的特性要求。第三级保护采用快速响应二极管进行精细保护，以进一步降低残压，使其达到设备的安全电压要求。信号避雷器主要应选择恰当的频率、放电电流、接口形式、保护电压和插入损耗等。

例如：

（1）在 24 口网络交换机的进出线端各安装一台网络交换机防雷设备 QPR 45－24DS，作为信号的感应雷防护，减少由于网络线对交换机的感应雷冲击，有效地使交换机在雷雨季节能正常使用。

（2）在网络硬件防火墙的设备的 RJ45 口安装一台网络信号防雷设备 QPRJ 45－5，作为硬件防火墙的信号入口的感应雷防护。

（3）在电话交换机的进出线口安装信号防雷设备，由于该交换机是 8 进 88 出的，使用 RJ45 作为转接头，需要使用 RJ45 接口的信号防雷设备，又要适应电话使用，因此使用了 QPRJ 45－24（TL）DS 信号防雷设备（电话专用），需要按实际情况定制。

3. 屏蔽与等电位联结

大楼中信息系统、弱电系统众多，还有交流和直流电源系统，各个系统都有独自的接地要求。按功能分有防雷地、工作交流地（N 线）、静电地、屏蔽地、直流地、绝缘地、安全保护地等。为了各接地装置之间不能经土壤击穿和避免相互干扰，防雷接地与其他接地装置在土壤中需相距较大的距离（如 20m）。由于城市中大楼的接地装置受到接地装置场地的限制，无法实现上述间隔距离。因此，按照现行的国家相关防雷标准，应将上述接地实现共用接地系统，也就是将防雷地、工作交流地（N 线）、静电地、屏蔽地、直流地、绝缘地、安全保护地等做在一个接地装置上（通常是大楼基础地），接地电阻值取其中的最低值。完全的共用接地系统不仅采用公共的接地装置，而且采用公共的接地系统，共地能够使电子设备避免受到地电位反击。大楼的共用接地系统是以大楼基础接地为接地基础，以暗装的钢筋笼为接地系统的骨架，并将各种已与此笼做了等电位连接的设备金属外壳、金属管道、电气和信号线路的金属护套、桥架等连接到一起，构成了多种大小不同的金属接地网络。在垂直方向上，最下层为大楼基础地，向上是各个楼层的楼层地，在楼

层内设有机房接地母排（环形或接地线），信息系统首先接到机房接地母排上，然后由此引向楼层地，再经大楼接地骨架接到最低层的接地装置上。做法为：①在机房的静电地板下铺设接地环型接地母排，把室内所有的金属物体、电器接地、工作地、防雷地均与接地母排就近相连，使得室内所有金属物件形成等电位；②由于机房需要预防侧击雷，所以所有金属门窗必须接地，也连接到接地均压环上；③环形接地母排是所有接地和雷电泄放的重要通道，因此需要有良好的接地电阻和接地环境，可以利用大楼的主钢筋作为接地通道。

5.4.2.3 雷电波的防护

除了独立避雷针、引下线和接地装置外，所有进出大楼的金属物包括各种金属管道、各种电缆的金属外皮、建筑物本身的基础钢筋网，以及建筑物内的各种大型金属构件如配电屏、机器金属外壳、机房基础的钢筋、升降机等设备的导轨等都应连接成统一的电气整体，并与专门的统一电网相连。所有进出建筑物的金属传输线的不能直接接地的部分，如电源相线、计算机通信电缆的芯线、电话线、电视传输线、各种报警通信电缆的芯线等都应接上合适的避雷器，并将其接地和机壳接地接到统一地网。如果建筑物没有采用独立避雷针，又不是利用建筑物的钢筋作为雷电引下线，而是从避雷针引接专门雷电流引下线的情况，引下线除按第二类建筑物要求外，一点接地的接点应选择与引下线尽可能远的地方（距离不应小于 10m）。

为了减小静电感应和电磁感应的干扰，计算机房电源应采用有金属屏蔽层的电缆全线直接埋地进线或无金属屏蔽的电缆穿金属管进线，其他通信电缆也应同样进线。如果不能做到全线直接埋地，直接埋地的绝对长度不应小于 50m。在架空线与埋地电缆交界处应焊接氧化锌避雷器。

当计算机房不得不采用架空进线时，在低压架空电源进线处或专用电力变压器的高、低压侧都应装上阀型避雷器。

大中型电子计算机机房的地板应用钢筋地网，以保证地电位分布均匀。接地电阻值的具体要求为：①交流工作接地，接地电阻不应大于 4Ω；②安全保护接地，接地电阻不应大于 4Ω；③直流工作接地，接地电阻应按计算机系统具体要求确定；④交流工作接地、安全保护接地、直流工作接地、避雷接地等四种接地宜公用一组接地装置，其接地电阻按其中最小值确定，若避雷接地单独设置接地装置时，其余三种接地宜共用一组接地装置，其接地电阻不应大于其中最小值。

5.4.3 计算机房防雷主要器材及其安装

计算机房防雷所使用的主要器材大致可分为接闪器、避雷线、引下线和接地装置四大类。

1. 接闪器

接闪器是指避雷针、避雷线、避雷带和避雷网等，在直击雷的防护中起着重要作用。

2. 避雷器

在架空线与埋地电缆交界处应焊接 ZnO 避雷器，当计算机房不得不采用架空进线时，在低压架空电源进线处或专用电力变压器的高、低压侧都应装上阀型避雷器。

3. 引下线

引下线指连接接闪器与接地装置的金属导体。防雷装置的引下线应满足机械强度、耐腐蚀和热稳定的要求。

（1）引下线一般采用圆钢或扁钢，其尺寸和防腐蚀要求与避雷网、避雷带相同。用钢绞线作引下线，其截面积不小于 $25mm^2$。用有色金属导线做引下线时，应采用截面积不小于 $16mm^2$ 的铜导线。

（2）引下线应沿建筑物外墙敷设，并应避免弯曲，经最短途径接地。

（3）采用多条引下线时，为了便于接地电阻和检查引下线、接地线的连接情况，宜在各引下线距地面高约 1.8m 处设断接卡。

（4）采用多条引下线时，第一类防雷建筑物和第二类防雷建筑物至少应有两条引下线，其间距离分别不得大于 12m 和 18m；第三类防雷建筑物周长超过 25m 或高度超过 40m 时，也应有两条引下线，其间距离不得大于 25m。

（5）在易受机械损伤的地方，地面以下 0.3m 至地面以上 1.7m 的一段引下线应加竹管、角钢或钢管保护。采用角钢或钢管保护时，应与引下线连接起来，以减小通过雷电流时的电抗。

（6）引下线截面锈蚀 30%以上者应予以更换。

（7）防直击雷的专设引下线距建筑物出入口或者人行道边沿不宜小于 3m。

4. 接地装置

电气设备的任何部分与大地之间良好的电气连接称为接地；埋入地中并直接与大地接触的金属导体称为接地体，或接地极；专门为接地而人为装设的接地体称为人工接地体。兼作接地体用的直接与大地接触的各种金属构件、金属管道及建筑物的钢筋混凝土基础等称为自然接地体。连接于接地体与电气设备接地部分之间的金属导线称为接地线，它与接地体合称为接地装置。

接地装置的敷设要求如下：

（1）为减少相邻接地体的屏蔽作用，垂直接地体的间距不宜小于其长度的两倍，水平接地体的间距不宜小于 5m。

（2）接地体与建筑物的距离不宜小于 1.5m。

（3）围绕屋外配电装置、屋内配电装置、主控制楼、主厂房及其他需要装设接地网的建筑物，敷设环形接地网。这些接地网之间的相互连接不应少于两根干线。对大接地短路电流系统的发电厂和变电所，各主要分接地网之间宜用多根接地干线连接。

为了确保接地的可靠性，接地干线至少应在两点与地网相连接。自然接地体至少应在两点与接地干线相连接。

（4）接地线沿建筑物墙壁水平敷设时，离地面宜保持 250～300mm 的距离，接地线与建筑物墙壁间应有 10～15mm 的间隙。

（5）接地线应防止发生机械损伤和化学腐蚀。与公路、铁道或化学管道等交叉的地方，以及其他有可能发生机械损伤的地方，对接地线应采取保护措施。

在接地线引进建筑物的入口处应设标志。

（6）接地线的连接需注意以下几点：

1）接地线连接处应焊接。如采用搭接焊，其搭接长度必须为扁钢宽度的 2 倍或圆钢直径的 6 倍。

在潮湿的和有腐蚀性蒸汽或气体的房间内，接地装置的所有连接处应焊接。该连接处如不宜焊接，可用螺栓连接，但应采取可靠的防锈措施。

2）直接接地或经消弧线圈接地的主变压器、发电机的中性点与接地体或接地干线连接，应采用单独的接地线，其截面及连接宜适当加强。

3）电力设备每个接地部分应以单独的接地线与接地干线相连接。严禁在一个接地线中串接几个需要接地的部分。

（7）接地网中均压带的间距 D 应考虑设备布置的间隔尺寸，尽量减少埋设接地网的土建工程量以及节省钢材，D 应视接地网面积的大小而定，一般可取 5m、10m。对 330kV 及 500kV 大型接地网，也可采用 20m 间距。但对经常需巡视操作的地方和全封闭电器则可局部加密（如取 $D=2\sim3$m）。

5.5 低压供电系统

低压供电系统是由总配电室内的低压配电柜、低压输送电缆、各用户进线总配电柜、分配电箱、用电设备等组成。低压配电线路是向低压用电设备输送和分配电能的线路，具有接头多、线路长、规格型号多、敷设方式多，以及各分配电箱内的控制开关具有操作次数多等特点。各用电设备又具有多样性，如生产机械、电热、电解电镀、电焊以及实验设备、照明等。这些用电设备，其用电特性各有不同，按电流种类可分为交流和直流用电设备；按电压可分低压和安全电压用电设备；按用电设备的工作制可分为连续运行、短时运行和重复短时运行等。由于低压供电系统的以上特点，线路、开关等会经常出现短路、漏电等现象，从而造成火灾、人身触电等重大事故，给企业和个人带来巨大的损失。

5.5.1 低压供电系统遭雷电影响的原因、形式和途径

雷电会以两种途径作用在低压供电系统上：①直接雷击，雷电放电直接击中电力系统的部件，注入很大的脉冲电流；②间接雷击，雷电放电击中设备附近的大地，在电力线上感应中等强度的电流和电压。

供电系统内部由于大容量设备和变频设备的使用，带来日益严重的内部浪涌问题可以归结为瞬态过电压（TVS）的影响。任何用电设备都存在供电电源电压的允许范围，有时即便是很窄的过电压冲击也会造成设备的电源或全部损坏。瞬态过电压的破坏作用就是这样，特别是对一些敏感的微电子设备，有时很小的浪涌冲击就可能造成致命的损坏。

供电系统浪涌电压的来源分别来自外部和内部，内部浪涌发生的原因同供电系统内部的设备启停和供电网络运行的故障有关。供电系统内部由于大功率设备的启停、线路故障、投切动作和变频设备的运行等原因，都会带来内部浪涌，给用电设备带来不利影响。特别会给计算机、通信系统等微电子设备带来致命的冲击。即便是没有造成永久的设备损坏，但系统运行的异常和停顿都会带来很严重的后果。如核电站、医疗系统、大型工厂自动化系统、证券交易系统、电信局用交换机、网络枢纽等。

直接雷击会造成最严重的后果，尤其是雷电击中靠近用户进线的架空输电线路时，架空输电线路电压将上升到几十万伏特，将引起绝缘闪络。雷电电流在电力线上传输的距离为1km或更远，在雷击点附近的峰值电流可达100kA以上。在用户进线口处低压线路的电流每相可达到5～10kA。在雷电活动频繁的区域，电力设施每年可能有好几次遭受雷电直击事件引起严重雷电电流。而对于采用地下电力电缆供电或在雷电活动不频繁的地区，上述事件很少发生。

5.5.2　低压供电系统的防雷保护措施

低压供电系统的防雷保护应采用三级防护。

1. 第一级防护

在用户供电系统入口进线各相和大地之间的大容量电源上加装防浪涌保护器。一般要求该级电源保护器具备100kA/相以上的最大冲击容量，要求的限制电压应小于1.5kV，称为Ⅰ级电源防浪涌保护器。这些电源防浪涌保护器是专为承受雷电和感应雷击的大电流和高能量浪涌能量吸收而设计的，可将大量的浪涌电流分流到大地。它们仅提供限制电压（冲击电流流过SPD时，线路上出现的最大电压称为限制电压）为中等级别的保护，因为Ⅰ级的保护器主要是对大浪涌电流进行吸收，仅靠它们还不能完全保护供电系统内部的敏感用电设备。

2. 第二级防护

在向重要或敏感用电设备供电的分路配电设备处安装电源防浪涌保护器。这些SPD对于通过用户供电时浪涌放电器的剩余浪涌能量进行进一步的吸收，对于瞬态过电压具有极好的抑制作用。该处使用的电源防浪涌保护器要求的最大冲击容量为45kA/相以上，要求的限制电压应小于1.2kV，称为Ⅱ级电源防浪涌保护器。一般的用户供电系统做到第二级保护即可达到用电设备的运行要求（参见UL1449－C2的有关条款）。

3. 第三级防护

可在用电设备内部电源部分使用一个内置式的电源防浪涌保护器，以达到完全消除微小瞬态过电压。该处使用的电源防浪涌保护器要求的最大冲击容量为20kA/相或更低一些，要求的限制电压应小于1kV。对于一些特别重要或特别敏感的电子设备，具备第三级的保护是必要的，同时它也可以保护用电设备免受系统内部产生的瞬态过电压影响。

5.5.3　低压供电系统防雷的器材及其安装

低压供电系统的防雷器材主要有两类：电源防浪涌保护器和接地装置。

5.5.3.1　电源防浪涌保护器

1. 浪涌保护器安装位置

根据IEC标准，电源浪涌保护器选装一般在防雷区的分界处，在LPZ0A区、LPZ0B区与LPZ1区的交界处定为第一级，在LPZ1区与LPZ2区的交界处定为第二级，LPZ2区与LPZ3区的交界处定为第三级。根据国内的设计的要求，一般的选装位置为：第一级一般在室内总配电处，即380V低压配电柜进线；第二级一般选在分配电处，楼层配电箱、消防、电梯机房、屋面用电设备、热泵、水泵、中央控制室等；第三级一般加在终端设备

电源，住宅用户配电盘和别墅用户配电盘。

2. 浪涌保护器的重要参数

(1) 标称放电电流 I_n（额定放电电流）。IEC 及 GB 50057—2010 均以 I_n 作为考查浪涌保护器放电能力及产品性能分类的标准值，I_n 反映了浪涌保护器的耐雷能力。

(2) 最大持续运行电压 U_c。可持续加于电涌保护器两端而使浪涌保护器不动作、不烧损的最大运行电压值。TN 系统 $U_c>1.15U_n$；TT 系统 $U_c>1.55U_n$；IT 系统 $U_c>1.15U_n$。

(3) 残压 U_r（限制电压）。U_r 反映了浪涌保护器限制浪涌过电压的能力，其值应不大于所保护对象耐压等级。

3. 安装注意事项

(1) 浪涌保护器应该安装在漏电断路器的前面，以减少漏电器误动作的机会。

(2) 浪涌保护器均已有内置熔断器保护，在浪涌保护器故障状态使其中路断开。

(3) 安装的引入线应该尽可能短，尽可能粗，并且两线尽量靠近及平行排列，模块的最大容许连接导线为 $25mm^2$。

4. 不同配电系统中浪涌保护器的应用

(1) TN-S 系统：系统中中性线与保护线是完全分离的。

(2) TN-C 系统：在 TN-C 系统中整个系统的中性线与保护线是合一的。

(3) TN-C-S 系统：系统中有一部分中性线与保护线是合一的。

(4) IT 系统：在此系统内，电源与地绝缘或一点经阻抗接地，电气装置外露可导电部分接地。

(5) TT 系统：在此系统内，电源有一点与地直接连接。负荷侧电气装置外露可导电部分连接的接地级和电源的接地级无电气联系。

5.5.3.2 接地装置

低压供电系统接地也是个可行的办法。低压系统接地可采用 TN 系统、TT 系统和 IT 系统。目前工厂低压系统接地通常采用 TN 系统，即系统有一点直接接地，装置的外露导线部分用保护线与该点连接。按照中性线与保护线的组合情况，TN 系统有以下 3 种形式：

(1) TN-S 系统。整个系统的中性线与保护线是分开的。其特点是保护接地可靠性高、工程造价高。

(2) TN-C-S 系统。系统中有一部分中性线与保护线是合一的。

(3) TN-C 系统。整个系统的中性线与保护线是合一的。其特点是保护接地可靠性差、工程造价低。

参 考 文 献

[1] 陈玲玲，陈炽坤．防雷保护范围的计算机可视化辅助设计方法研究 [J]．工程图学学报，2010，(6)：75-79.

[2] 王金选．电子信息系统防雷几个容易忽视问题的探讨 [J]．福建建设科技，2009，(1)：63-65.

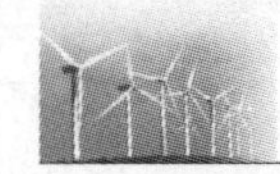

[3]　夏文光，陈堂勇．建筑物及电子信息系统防雷设计探讨［J］．电气应用，2008，27（3）：30-31.
[4]　叶青．电源浪涌保护器及其应用［J］．电气安装技术，2006，（3）：41-43.
[5]　王艳．三峡电力通信系统雷电防护改造［J］．水电厂自动化，2010，31（2）：80-84.
[6]　刘永前．风力发电场［M］．北京：机械工业出版社，2013.
[7]　朱永强，张旭．风电场电气系统［M］．北京：机械工业出版社，2010.

第6章　接　地　系　统

将电力系统或建筑物中电气装置、设施的某些导电部分，经接地线连接至接地极称为接地。而接地系统则是对由接地极和将这些接地极相互连接组成网状结构的接地体的总称，是电力系统中不可或缺的一大部分。如今，接地技术已经被广泛应用于电力、建筑、计算机、通信等众多行业之中，影响着人们生活的点点滴滴，起着安全防护、屏蔽等作用。

6.1　接地的基本概念

所谓接地，就是实现电气设备与大地之间的电气连接，保持等电位的状态。人们对接地的认识可溯源到避雷针的发明，避雷针与大地保持良好的接触，为雷电流的泄放提供低电阻通道，接地技术由此而来。

运用于电力系统中，将电气设备的外壳等、电力系统的中性点通过良导体与大地电气连接即为接地。通常，接地中的“地”为大地。大地是天然的等电位体，其对电荷的存储可视为无穷大，故接地可等效为将静电、漏电流、雷电、浪涌或故障电流等的电荷转移到大地中，即把该过程视为能量的转移过程。接地有利于电力系统恢复稳定运行状态，并保障电力运行人员的人身安全。

接地是人类最早使用的电气安全措施。直至今天，接地仍然是最广泛应用的电气安全措施之一。

6.1.1　接地系统和非接地系统

6.1.1.1　接地系统

在一般的低压配电系统中，变压器二次侧的中性点是与大地连接着的，即组成接地系统（图6-1）。根据系统与大地之间连接体的不同，可将接地系统分为直接接地系统（Solidly Grounded System）、电阻接地系统（Resistance Grounded System）和电抗接地系统（Reactance Grounded System）等。

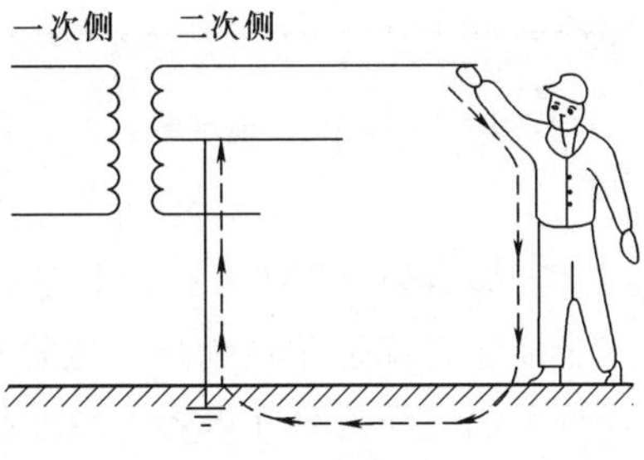

图6-1　接地系统（一般的低压配电系统）

1. 直接接地系统

直接接地系统是在系统与大地之间直接连接一无阻抗接地线。这类系统抑制过电压的效果最佳，但同时也将产生最大接地故障电流，因此直接接地系统需要有效的设备接地配合。

以中性点直接接地系统为例，它既可以降低暂态过电压，有较好的雷击保护效果，又具有供电可靠性高、安全性强、故障点较易找出等优点。尚存的缺点有：①跳闸率高；②短路电流大，影响通信系统用户设备的安全；③短路电流下跳闸，增加开关检修量；④发生单相接地故障时，接地点会产生较大的跨步电压和接触电压，容易发生触电伤害事故。

2. 电阻接地系统

电阻接地系统是在系统中性点与大地之间连接适当的电阻器。将电阻与系统导线与大地之间进行容抗并联，使之成为电阻性电路，从而形成电阻接地系统。根据接地电阻器的大小，这类系统可分为高电阻接地系统与低电阻接地系统两种。

（1）高电阻接地系统中，接地故障电流虽然很小，但必须不大于系统对地的总充电电流，并能配合保护器立即跳脱。对此，高电阻接地系统要求限制单相接地电流不大于10A，限制暂态过电压小于2.5倍相电压，但无需立即切除接地故障。

（2）低电阻接地系统中，电阻值必须满足故障时有足够的最小接地故障电流，以促使保护继电器动作。此接地方式对线路及设备绝缘水平的要求不高，容易与继电保护装置配合，能有效地抑制常见的暂态或操作过电压，并自动消除一些瞬时接地故障。但同时也具有接地电流大、跳闸率高、电阻热容量大、地电位升高大大超过安全值等缺点。因此，低电阻接地方式适用于以电缆为主且电容电流较大的配电系统。

3. 电抗接地系统

电抗接地系统是在系统与大地之间以电抗值可调整的电抗相连接，也称为谐振接地（Resonant Grounded），即中性点经消弧线圈接地。

当一相发生接地时，流经接地电抗器的额定频率接地电流等于非故障相对大地间所流的额定频率电容性充电电流，且相位相差180°。为避免发生一线接地故障时产生过高的暂态过电压而引发事故，要求其一线接地故障电流不小于三相短路故障电流的25%。

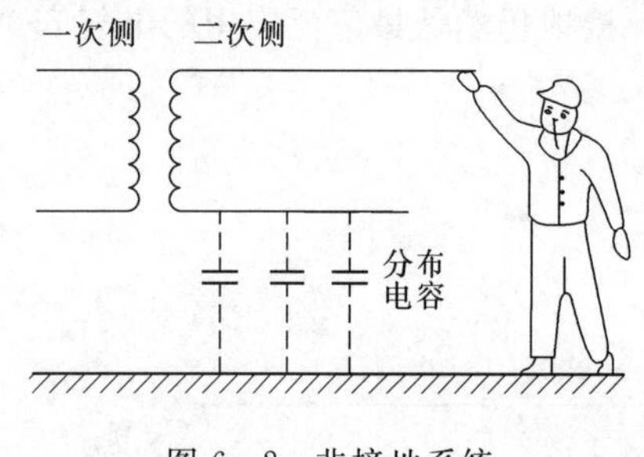

图6-2 非接地系统

根据《交流电气装置的过电压保护和绝缘配合设计规范》（GB/T 50064—2014），对于6～20kV架空线路构成的系统和所有35kV、66kV电网，当单相接地故障电流大于10A时，中性点应装设消弧线圈；对于6～20kV电缆线路构成的系统，当单相接地故障电流大于10A时，中性点应装设消弧线圈。

6.1.1.2 非接地系统

按电气设备技术标准，游泳池用水中照明等供电的回路中必须接入绝缘变压器，它的二次侧的电路一定不能接地（图6-2），即要求设计成非接地系统。

非接地系统是在系统与大地间不加任何接地线。但由于每一带电的电线、汇流排、线圈等与大地之间均存在电容，故非接地系统实际上也是一种容抗接地系统。这类系统容易引起暂态过电压，从而导致二次故障。

因启断接地故障产生暂态过电压而在非接地系统中引起二次故障的情况如图6-3所示，图6-4所示则为在自接地系统产生单相接地故障时，其他正常相电压增加73%的情形。

非接地系统具有以下优点：

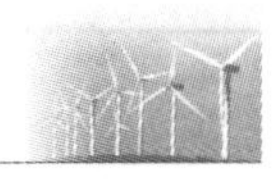

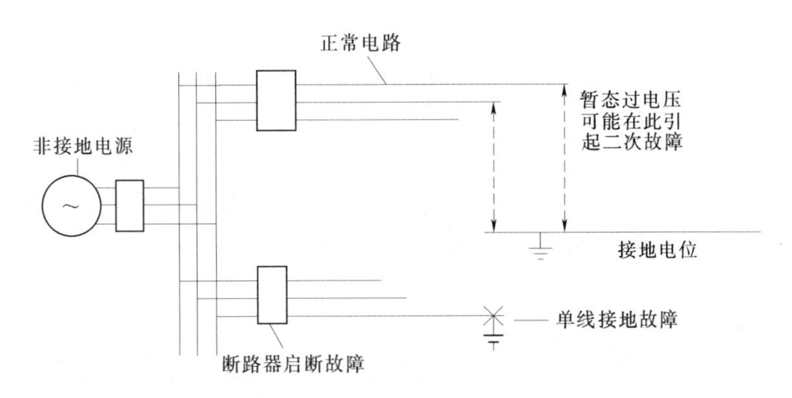

图 6-3 非接地系统因暂态过电压而引起二次故障示意图

(1) 单相接地时，故障电流为一不大的充电电流，可减少因接地故障而启断的机会，必要时可强迫继续供电至可停电时再进行维护，大大减少了停电造成的损失。

(2) 接地故障时，故障电流有限，对其供电的高压设备所造成的电压提升也有限。

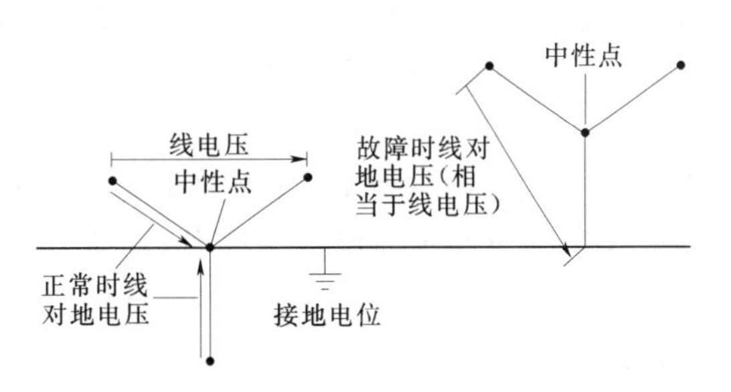

图 6-4 非接地系统产生单相接地故障使得正常相升压至原来的$\sqrt{3}$倍示意图

但与此同时，非接地系统也具有不少不可忽略的缺点。任一单相接地将导致其他正常相之间对地电压升高为原来的$\sqrt{3}$倍，即过电压将大于正常电压。启断非接地系统的相接地故障时，由电弧复击产生的更高的暂态过电压将影响系统其他线路的运行，从而引起二次故障。另外，与接地系统相比较，非接地系统在对雷击的保护和静电电压的消除方面都比较弱。

6.1.1.3 接地系统与非接地系统的比较

接地系统与非接地系统的要求、作用各异，可以分别从人体通过电流的大小、异常电位的抑制、接地系统间的相互干扰、绝缘的维持、对地闪络的检出等方面加以区分。

1. 人体通过电流的大小

非接地系统中，在工频条件下，即使人体与电路有接触，如果是一点接触，电流是经分布电容流向人体的。此时，若系统规模较小，则分布电容也小，故人体中不会流过很大的电流。而在接地系统中，变压器是接地状态，则人体与电路只要有一点接触便能形成封闭回路。此时，有可能会因为人体与大地的接触状态而引起较大的电流流过人体。

2. 异常电位的抑制

非接地系统中，高低压电路间的混触、雷电过电压、操作过电压、静电等各种各样的原因均会使电路对地电位上升，且这种上升是不可能完全被抑制的。原来的低压配电系统一般采用非接地系统，但由于变压器多次发生高低压混触事故造成严重灾害，后来大都改成接地系统。这就是将变压器二次侧中性点接地的原因，即抑制二次侧电路的电位异常上升。

3. 接地系统间的相互干扰

接地系统的一大优点是抑制电路对地电位的上升，但其固有的弱点也是不可忽视的。在有多个接地系统的场合，各系统独立进行接地，但大地是被公共使用的，故系统间常有或大或小产生互相干扰的机会。例如，将两个接地系统的接地电极随意地靠近埋设，则由其中一个系统的接地电流引起的电位上升会有波及另一个接地系统的危险。另外，前面所说的接地系统中通过人体能完成闭合回路，也是因为人体与电气系统具有共同的大地。

4. 绝缘的维持

长期、持续、健全地维持非接地系统是非常困难的，这就是非接地系统的重大缺点。作为非接地系统，相当于对大地绝缘，而绝缘不管是用什么材料、什么结构，其性能都必将随着使用时间的增加而降低。同时，系统所处的环境也有很大的影响。例如，接上较大的负载，将加速绝缘性能的降低。再者，对于规模较大的系统，如管理不周到，草木鸟兽等容易受到伤害。

当非接地系统与大地间的绝缘老化时，此系统将变成一种接地系统，而不能再称为非接地系统。以非接地系统考虑的回路，若突然变成接地系统，这种危险的程度是非常大的。总之，由于绝缘维持的困难性，非接地系统只能适用于负载轻、规模小的系统以及管理周到的专用电路。

5. 对地闪络的检出

非接地系统的对地闪络是比较难检出的，因为对地闪络发生时，非接地系统中不会有大的对地闪络电流流动。

接地系统和非接地系统对地闪络的检出简要对比见表 6-1。

表 6-1 接地系统和非接地系统对地闪络的检出对比

接 地 系 统	非 接 地 系 统
如接触电路，就可能有大的电流流过人体	即使接触电路，人体流过大电流的可能性也比较小（与电路对地分散电容有关系）
能很好地抑制电路异常电平的上升	抑制电路异常电平上升的能力差
公地干扰的可能性大	能比较好地实现与其他系统隔离
对地闪络容易检测出	对地闪络检出困难
适用于大规模系统	只适用于小规模的专用系统（绝缘的维持困难）

6.1.2 电力系统的接地方式

6.1.2.1 电力系统的接地特点

电力系统的接地与用户的人身、财产安全以及电气、电子设备的正常运行有着直接关系，因此，如何正确选择符合实际情况的接地系统，以确保配电系统及电气设备的安全使用，变成了设计上的首要问题。

电力系统接地是指电气设备的任何部位与土壤之间做良好的连接。根据其设备和作用，接地系统可分为保护接地、工作接地、保护接零和重复接地。

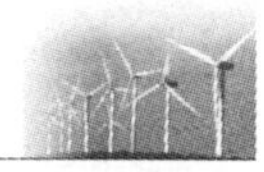

1. 保护接地

保护接地是指将金属外壳或架构同接地体之间做良好的连接使设备外壳与大地同为零电位，以防止电气设备与带电部分相绝缘的金属外壳因绝缘破坏可能带电而造成触电事故。保护接地的主要作用在于既能有效地防止机壳上由于积累电荷而产生静电放电，又可以在设备的绝缘损坏使机壳带电时，促使电源的保护动作切断电源，从而保护设备及人身安全。

2. 工作接地

工作接地是指在正常或事故状态下，将电力系统中某一处直接或通过特殊装置进行接地，以保证电气设备的可靠运行。工作接地实际上是为电路正常工作而提供的一个基准电位。当该基准电位与大地相连接时，可视为大地的零电位，不受外界磁场的干扰。但当该基准电位不与大地相连接时，即可视为相对零电位。此时，相对零电位会随外界磁场的变化而变化，从而影响电路工作的稳定性。为了让各种电路能相互兼容正常工作而不产生干扰，按电路的性质，可以将工作接地分为直流地、交流地、数字地、模拟地、信号地、功率地、电源地等不同的种类。不同种类的接地应当分别设置。

3. 保护接零

保护接零是指将与带电部分相绝缘的金属壳或构架与中性点直接接地系统中的零线接地。将设备外壳与零线相连接，能够使对外壳的漏电成为单相短路，其短路电流很大，促使线路上的保护装置迅速动作，将漏电设备断开电源，及时消除触电事故的危险。

4. 重复接地

重复接地是将零线的一点或几点再次与地作属性连接。从安全角度考虑，重复接地有着不可忽视的两大作用：一是降低漏电设备发生漏电的危险，保护装置动作前的对地电压；二是减轻零线断线的危险。一般用户外架线路、以金属外皮做零线的低压电缆等皆宜采用重复接地方式。

6.1.2.2 电力系统接地的型式

1. 接地系统的型式

接地型式按照配电系统和电气设备的不同接地组合分类。按照《系统接地的型式及安全技术要求》（GB 14050—2008）规定，接地系统类型以拉丁字母为代号，其意义如下：

第一个字母表示电源端对地的关系。

T：电源端有一点直接接地。

I：电源端所有带电部分不接地或有一点通过阻抗接地。

第二个字母表示电气装置的外露可导电部分与地的关系。

T：独立于电源接地点的直接接地。

N：直接与电源系统接地点或与该点引出的导体相连。

短横线（-）后的字母表示中性导体与保护导体之间的关系。

C：中性导体与保护导体合一（PEN 线）。

S：中性导体与保护导体分开。

C-S：在电源侧为 PEN 线，从某一点分开为中性线 N 和保护线 PE。

配电系统有以下三种形式：

(1) TN系统：电源端有一点直接接地，电气装置的外露可导电部分通过保护中性导体或保护导体连接到此接地点。根据中性导体和保护导体的组合情况，TN系统又可分为TN-S、TN-C、TN-C-S三类。

(2) TT系统：电源端有一点直接接地，电气装置的外露可导电部分直接接地，此接地点在电气上独立于电源端的接地点。

(3) IT系统：电源端的带电部分不接地或有一点通过阻抗接地，电气装置的外露可导电部分直接接地。

2. 接地系统的选择

只要符合安装和运行规范要求，IT、TT、TN-S三种接地系统是等效的，并无优劣之分。但进行选择时应注意根据电气装置的特性、运行条件和要求以及维护能力的大小，综合考虑用户和设计安装人员的意见来选用。

首先，为保证最大的安全性和灵活性，三种接地系统可以应用在同一供电电网中。

不同接地系统的串联连接和并联连接必须遵守当地标准和法规的规定，适应用户的要求和现有的维护资源，其中包括：①对运行连续性的要求；②是否有维护服务；③是否有火灾危险；④系统选择及应用。

(1) 一般情况下，按以下原则来选择接地系统：

1) 当运行连续性要求较高且有维护服务时，选择IT系统。

2) 当运行连续性要求较高但无维护服务时，可选择TT系统（其跳闸选择性易于实现）或选择TN系统（减少危险）。

3) 当运行连续性要求较低但有维护服务时，选择TN-S系统（易于快速维修和扩展）。

4) 当运行连续性要求较低且无维护服务时，选择TT系统。

5) 当有火灾危险时，可选择IT系统（有人员维护）或选择TT系统（使用0.5A的剩余电流保护装置）。

(2) 对于特殊电网和负载，按以下原则来选择接地系统：

1) 对线路长，泄漏电流大的电网，选择TN-S系统。

2) 对有备用电源的电网，选择TT系统。

3) 对大的故障电流比较敏感的负载（电机），选择TT或IT系统。

6.1.2.3 电力系统中性点接地方式

中性点接地方式关系到电网的安全运行、绝缘配合、继电保护、接地设计等多方面因素，并对通信和电子设备的电子干扰、人身安全等方面都有着重大影响。其设计主要取决于供电可靠性（是否允许带一相接地时继续运行）和限制过电压两个因素。统筹考虑到不同地区、不同电网、不同发展阶段以及不同受电对象等条件因素，目前的电力系统中性点接地方式主要可分为中性点不接地、中性点直接接地、中性点经电阻接地、中性点经消弧线圈接地四种。

1. 中性点不接地系统

中性点不接地系统是指中性点经过一定数值的容抗接地的接地系统。该电容由电网中

的电缆、架空线路、电机、变压器等所有电气产品的对地耦合电容所组成。此类接地系统的一大优点在于简单易行、节省投资，无需在电源中性点处附加任何装置。一般用于以架空线路为主且电容电流较小的配电网络。

如图 6-5 所示为中性点不接地系统发生单相接地故障时的情况。

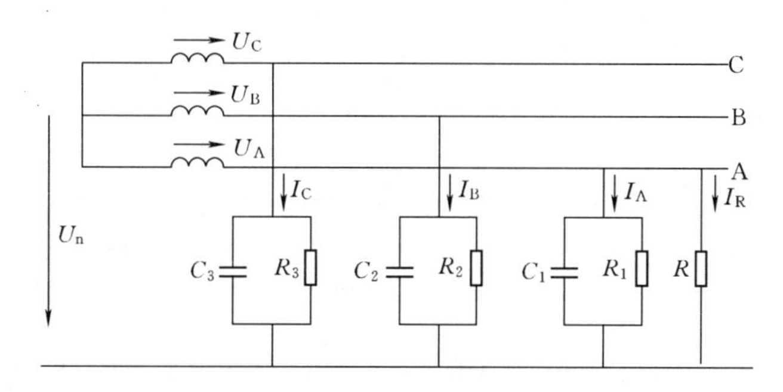

图 6-5　中性点不接地系统发生单相接地故障示意图

U_n—电源中性点对地电压；R—单相故障接地电阻；I_A、I_B、I_C—A、B、C 三相对地电流；I_R—接地故障电流

对于中性点不接地系统，当单相接地故障后，由于中性点 N 不接地，故没有形成短路电流通路，故障相和非故障相都将流过正常负荷电流，线电压仍然保持对称，对于电网的正常绝缘、负荷的正常运行都影响不大。一般允许负荷继续运行 1～2h，这段时间可以用于查明故障原因并排除故障，或者用于进行倒负荷操作，因此该中性点接地方式对于用户的供电可靠性较高。但单相接地故障的同时，接地相电压将降低，非接地相电压降升高至线电压，即原电压值的$\sqrt{3}$倍。长时间运行时，极易形成两相短路，对电气设备绝缘造成威胁。事实上，对于中性点不接地系统，由于线路分布电容（电容数值不大，但容抗很大）的存在，接地故障点和导线对地电容之间还是能形成电流通路的，从而有数值不大的电容性电流在导线和大地之间流通。一般情况下，这个容性电流在接地故障点将以电弧形式存在，电弧高温会损坏设备，引起附近建筑物燃烧起火。不稳定的电弧燃烧还会引起弧光过电压，造成非接地相绝缘击穿进而发展成为相间故障，引起断路器动作跳闸，中断对用户的供电。也正因为此电容电流数值很小，所以需要装设绝缘监测装置，以便及时发现单相接地故障，迅速处理。

2. 中性点直接接地系统

中性点直接接地系统是指没有加入任何人为阻抗，直接将电网中全部或部分变压器中性点与大地（地网）充分连接的接地系统。

如图 6-6 所示为中性点直接接地系统发生单相接地故障时的情况。

在图 6-6 中，发生单相接地时，电源中性点对地电压为零，即系统零序电压为零，故接地故障电流 I_R 为

$$I_R=\frac{U_A}{R+R_g} \tag{6-1}$$

式中　R——接地故障点综合电阻，包括过渡电阻和接地点土壤的流散电阻；

R_g——变压器中性点的接地电阻。

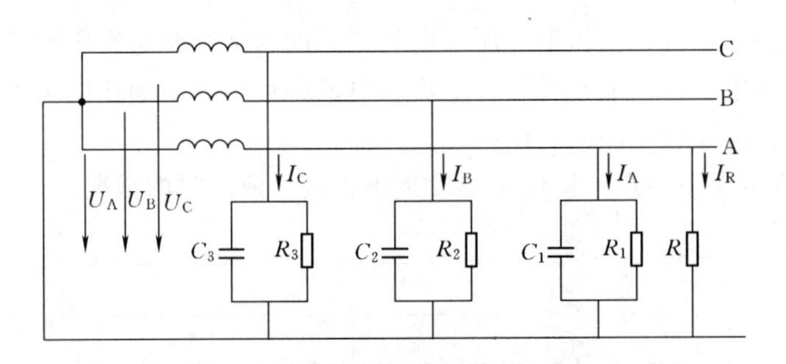

图 6-6　中性点直接接地系统发生单相接地故障示意图

R—单相故障接地电阻；I_A、I_B、I_C—A、B、C 三相对地电流；

I_R—接地故障电流

由此可见，中性点直接接地运行的系统，电气设备的对地绝缘只需按相电压来考虑。

另外，对于中性点直接接地系统，当发生单相接地故障时，接地点与大地、中性点N、相导线形成短路通路，因此故障相将有大短路电流流过。为了保证故障设备不损坏，断路器必须立即动作切除故障线路，这就增加了断路器的负担，降低了供电的连续性。再结合单相接地故障的发生概率，这种接地方式对于用户供电的可靠性是最低的。但发生单相接地故障时，接地相电压降低，非接地相电压几乎不变；而接地相电流增大，非接地相电流几乎不变，这就防止了电弧接地过电压情况的发生。

由于过电压可以忽略，这种接地方式降低了对设备绝缘水平的要求，同时还改善了保护设备的工作性能，特别是在高压和超高压电网的运用中经济效益显著，故中性点直接接地方式一般适用于 110kV 以上电压等级的系统。

3. 中性点经电阻接地系统

中性点经电阻接地是一种在国外应用较多、在国内开始应用的中性点接地方式，属于中性点有效接地系统。在电网中性点串联接入的电阻器能泄放单相接地时对地电弧熄弧后半波的能量，使中性点电位降低，减缓了故障相恢复电压的上升速度，从而减少了电弧重燃的可能性，能有效地抑制电网过电压的幅值。

根据中性点接地电阻阻值的不同，中性点经电阻接地系统可分为高电阻接地、中电阻接地和低电阻接地三种情况。

（1）高电阻接地系统。高电阻接地系统需满足的条件为

$$R_0 \leqslant \omega C_0 / 3$$

式中　R_0——零序电阻，Ω；

　　　C_0——系统每相对地电容，μF。

与其相配合的保护方案一般是监测和报警。这种接地方式只适用于电容较小的配电系统或 200MW 以上的大型发电机回路，能有效地减少跳闸次数，限制铁磁谐振、弧光接地过电压。运行时要求单相接地电流不大于 10A，暂态过电压小于 2.5 倍相电压，但可以不立即切除接地故障。

（2）低电阻接地系统。低电阻接地系统的满足条件为

$$\frac{R_0}{X_0} \geqslant 2$$

式中 R_0——零序电阻，Ω；

X_0——系统等值零序阻抗，Ω。

接地故障电流一般至少采用100A，且更常用的是200～1000A。与之对应，其保护装置一般选用有选择性的、能立即切除接地故障线路的保护装置，其电阻值应能为该保护装置提供足够大的电流，并要求暂态过电压必须小于2.5倍相电压。这种接地方式的特点是：线路及设备绝缘水平要求低、能有效抑制常见的暂态和操作过电压、自动消除一些瞬时接地故障和易与继电保护装置配合。但其接地电流大、跳闸率高也是其不可忽视的缺点。因此，此接地方式主要用于以电缆为主且电容电流较大的城市配网、发电厂厂用电系统及大型工矿企业配电系统。

(3) 中电阻接地系统。中电阻接地系统与低电阻接地系统之间一般没有明确的界限，但其具有过电压水平低、对地电位升高不大、正确迅速切除接地故障线路等优点，也具有切除接地故障线路造成间断供电等缺点。其电阻阻值一般为10～150Ω，接地故障电流控制在50～100A。

如图6-7所示为中性点经电阻接地系统发生单相接地故障时的情况。

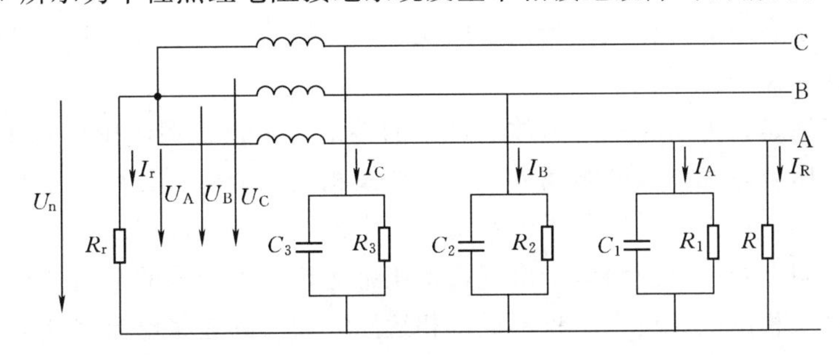

图6-7 中性点经电阻接地系统发生单相接地故障示意图

U_n—电源中性点对地电压；R—单相故障接地电阻；I_A、I_B、I_C—A、B、C三相对地电流；I_R—接地故障电流

4. 中性点经消弧线圈接地系统

电网正常运行时接于中性点N与大地之间的消弧线圈无电流流过，消弧线圈不起作用。当发生单相接地故障时，中性点将出现零序电压，在这个电压作用下，有感性电流流过消弧线圈并注入发生了接地故障的电力系统，从而抵消了流过接地处的容性电流，可明显地抑制电弧重燃，减少高幅值电弧接地过电压发生的概率。

专设消弧线圈能自动消除电网的瞬间单相接地故障，从而减少跳闸次数、降低接地故障电流。当发生永久性（金属）单相接地故障时，可以经微机装置或微机接地保护检出故障使断路器瞬间跳闸；也可以使电网带故障运行一段时间，调度部门转移负荷后延时跳开故障线路，保证对用户的不间断供电。需要注意的是，虽然经消弧线圈作用后，接地点将不再有容性电弧电流或只有很小的电容性电流流过，但接地电压降低而非接地相电压依然很高，长时间接地运行依然是不允许的。

如图6-8所示为中性点经消弧线圈接地系统发生单相接地故障时的情况。

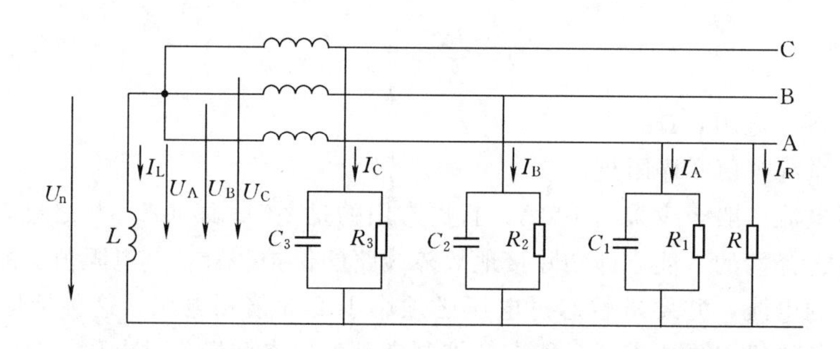

图 6-8 中性点经消弧线圈接地系统发生单相接地故障示意图

U_n—电源中性点对地电压；R—单相故障接地电阻；I_A、I_B、I_C—A、B、C三相对地电流；I_R—接地故障电流

6.1.3 电气设备的接地方法

根据接地的作用来分，电气设备的接地方法主要有安全保护接地和系统接地两种。

1. 安全保护接地

从安全的角度考虑，电气设备的金属外壳、底盘、机座都应与大地良好地连接成等电位，从而在故障状态下能确保人身和设备的安全。从接地方式来看，电气设备保护接地又可分为保护接地和保护接零。

(1) 保护接地是指为防止触电事故而进行的接地。它仅适用于中性点不接地的电网，在这类电网中，所有电气设备的金属外壳、支架及相连的金属部分均应接地。

(2) 保护接零是指三相四线制供电系统中的中性线接地，即零线接地。在中性点直接接地的三相四线制电网中，应将电子电气设备正常运行时不带电的金属外壳与电网零线相连接。此结构在一相漏电或碰壳时将形成单相短路，较大的短路电流将使电路保护装置迅速动作切断电源。在采用保护接零方法时，应注意电源中性线不可断开，否则将失去保护作用。

一般通过零线重复接地的方法来实现对系统的保护作用。而中性点接地的电路系统宜采用保护接地。

2. 系统接地

作为电路中的静态、动态电流通道，又是各级电路通过共同的接地阻抗相互汇合的途径，系统接地线是电路间相互干扰的薄弱环节。正确地接地可以抵制噪声、防止干扰，保证电子电气设备的正常稳定运行，同时提高电路的工作精度。系统接地是否要接大地、如何接大地，这个问题密切关系到系统工作的稳定性、可靠性。由此可将系统接地方法分为以下几种：

(1) 浮地方式，即不接大地。它的实质是将电路（或设备）的某一部分与公共地或可能引起环流的公共导线隔离开来，以便抑制来自接地线的干扰。值得注意的是，采用浮地方式时，应在设备与大地之间接一个阻值很大的泄放电阻，用来消除静电累积的影响。这是因为当设备与大地间无直接连接时易出现静电累积现象，累积到一定程度时会在设备与大地间发生具有强大放电电流的静电击穿，对电路形成破坏性极强的干扰源。

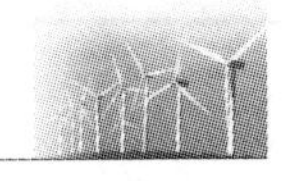

(2) 单点接地，是为许多连接在一起的电路系统提供共同参考点的方法，有串联和并联两种方式。因为两点接地容易形成接地环路，所以单点接地的作用便是消除和防止接地环路的形成。串联接地方式中，电流流过接地导线时，导线中一般会有阻抗串联。接地电路电流 I_1、I_2、…、I_N 都将经过阻抗 Z_1，Z_1 是电路中 1、2、…、N 点共有的公共阻抗。因此，电路中 1、2、…、N 点的电位受 I_1、I_2、…、I_N 的共同影响，彼此之间相互制约。而并联接地方式则没有公共阻抗，电路中 1、2、…、N 点互不干扰，所以相比之下并联接地方式显得更为简单实用。单点接地方式适合工作频率低于 1MHz 以下的低频电路。

(3) 多点接地方式，即把各电路的系统地线就近接至低阻抗地线上。在高频系统（信号频率为 10MHz 以上）中，由于各元器件的引线和电路本身布局的电感都将增加接地线的阻抗，且地线间的杂散电感和分布电容也会造成电路间的相互耦合，此时单点接线方式已不再适用，而应该短距离把各元器件的端子接在地面上，即采用多点接地方式。

(4) 混合接地方式，既包含了单点接地的特性，也具有多点接地的特性。当电路系统中同时存在低频电路、高频电路或数字电路时，应该采用混合接地方式，即将该电路系统中的低频部分单点接地，而高频部分则采用多点接地，从而更有效地防止干扰。

6.2 接地的类型

6.2.1 接地的分类

从形成情况、方式、作用等不同方面，接地有很多种分类方法。

(1) 按接地的形成可分为正常接地和故障接地两类：正常接地是人为造就的；故障接地一般是由各种外界或自身因素影响而自然形成的。

(2) 按接地的作用来看，则有保护接地与工作接地两种。

保护接地是将电气设备的金属外壳、配电装置的金属框架等外露导电部位接地以确保设备及人身安全的接地方法，是只在故障条件下发挥作用的接地，亦称安全接地。为防止电力设施或电气设备的绝缘损坏使外壳带电而进行的保护接地，为消除生产过程中产生的静电积累以防发生触电或爆炸而设置的静电接地，为防止电磁作用而对设备金属外壳等进行的屏蔽接地，以及电法保护接地等均属于保护接地的范畴。

工作（或功能）接地是为了保障系统以及与之相连的仪表稳定、可靠地运行而进行的接地。一般通过电气设备（变压器）的中性点来实现，所以又称为中性点接地。电力系统接地一般为中性点接地，中性点的接地方式分为中性点有效接地和非有效接地两类。有效接地包括直接接地、经小电阻和电抗接地；非有效接地包括不接地（绝缘）和经消弧线圈接地。除经小电阻和电抗接地外，其他几种接地方式是我国电力系统的主要接地方式。我国的 110kV 电压等级及以上的系统一般为中性点有效接地。而中性点经电阻接地则是在国外应用较多，目前正开始应用于国内。

防雷接地虽然属于工作接地，同时也具有保护接地的作用，主要是指受到雷电袭击（包括直击、感应或线路引入）时，通过避雷针（线）、避雷器、放电间隙等防雷装置来避免对电力系统和人身安全的危害的一类接地。

6.2.2　接地的目的

接地并不是简单地与大地保持零电位，而需要综合多方面进行考虑。我国35kV及以下电压等级系统采用中性点非有效接地，因为大气过电压起决定作用，110kV及以上电压等级系统采用中性点直接接地，是因为内部过电压起决定作用。总的来说，接地的主要目的是防止人身遭受电击和保障电力系统正常运行，防止设备和线路遭受损坏，防止静电损害、雷击和预防火灾，具体有如下几大作用。

1. 防止人身遭受电击

当设备内部的某处绝缘体损坏时，其金属外壳容易带电，如发电机、变压器的金属外壳。如果该金属外壳不接地，因电源中性点接地，线路与大地之间存在电容或线路上绝缘对地闪络等，人体碰触金属外壳后，均可能形成通路，使人体遭受电击。

根据国家标准《系统接地的型式及安全技术要求》（GB 14050—2008）规定，各种电气设备均应按照标准进行保护接地，即将正常运行设备的金属外壳经良好的接地保护装置与大地相连。当设备绝缘损坏或老化而使外壳带电时，即使人体接触，电流被短接而不流经人体，进而保证人员的人身安全。

2. 保障电力系统的安全运行

当发生单相接地故障时，在中性点绝缘系统中，正常相的对地电压升高为相电压的$\sqrt{3}$倍；在中性点有效接地系统中，故障相的对地电压接近于相电压。故对于110kV及以上电压等级线路，系统中的电气设备和线路只需考虑其大气过电压的绝缘水平，降低了设备的制造成本和线路的建设费用。有效接地系统发生单相接地故障时，流经中性点的故障电流大，可保证继电保护装置动作的可靠性，从而降低电力系统大规模停电的事故率。

此外，在通信系统中，为防止噪声窜入和保证通信设备正常运行，一般采用正极接地。电子线路中，为保证电位的稳定性，需设置可靠的电位参考点，也需要接地。

3. 防静电接地

静电是由于摩擦或感应而发生同极性电荷的累积，积蓄电荷较多时，就会发生静电事故或影响电子设备的正常工作，因此需要设置静电荷迅速向大地泄放的接地，称为防静电接地。随着现代科技的发展，一方面，容易产生静电的化学纤维及塑料等制品、衣物的生产应用日益增多；另一方面，易受静电干扰的固态电子设备，如计算机、通信系统设备等的广泛运用。静电的主要危害为引起爆炸、火灾和干扰电子设备的正常工作，如储油罐、天然气管道和运输中的物料等特别容易因静电累积无法迅速被中和而造成爆炸。

4. 等电位接地

在电力系统中，通常有许多不同型号不同性能的电气设备同时工作，由于这些设备的工作状态不同，当发生故障时，不同的设备，其外露金属部分可能有不同的电位，因此当人体同时接触这些设备时，会产生一定的接触电压，从而造成触电事故。等电位接地就是用金属导线将运行设备的外露金属部分相互连接在一起成为等电位并予以接地。如医院的金属器械、病人所能接触到的金属部分不应存在危险的电位差。高层建筑中将每层的钢筋网及大型金属物体连接成等位体，以消除入侵雷电流引起的电位差，也属于典型的等电位接地。在等电位接地中，关键是各外露导体和装置外导体的连接方式，若连接方式不当，

易因外部磁场的感应作业，在由设备接地连接构成的回路中产生电流，影响设备的正常运行。

5. 防止雷击

雷电通常蕴藏极大的能量，通常工程上的防雷实际上是疏导雷电，使之不引起大范围的破坏。如避雷针、避雷器和避雷线等均需要良好地接地，才能充分发挥防雷效果。在疏通雷电过程中，最重要的是提供低阻抗的通道，使雷电流流过时不产生大幅值的电位差，这就需要对接地装置进行设计，该部分内容将在后续章节中详细介绍。

6. 屏蔽接地

为防止运行中的电气设备向外部泄放高频能，将变压器的静电屏蔽层、线路的滤波器和电缆的屏蔽网等接地处理，称为屏蔽接地。屏蔽接地的主要作用是防止外来电磁波的干扰和入侵，以免造成电子设备的误动作和通信信号的失真等。在高层建筑中，将竖井混凝土壁内的钢筋接地，用来降低竖井内垂直管道因感应雷引起的感应电势，也属于屏蔽接地。

7. 功能接地及作业用接地

某些设备在其运行使用中即要求接地，如阴极保护利用电化学防金属腐蚀，为了使防蚀电流流入土壤或水中，需要将该系统接地。如计算机和其他电子设备正常工作时，为获取稳定点位的基准点，一般通过接地来实现。

在停电作业时，为防止电磁干扰在线路中感应电流，需要将线路中充电装置的能量经接地装置释放，该接地即为作业用接地。作业用接地也可防止他人误操作给作业人员带来致命伤害。

6.3 接地的基本要求

6.3.1 电力系统中性点接地基本要求

电力系统中性点接地方式是一个很重要的综合性问题，不仅涉及电网本身的安全运行、供电可靠性、过电压绝缘水平、继电保护方式、接地设计等的选择，而且对通信干扰、人身安全都有着重要的影响。各种各样的影响因素往往是相互联系、相辅相成，甚至是相互矛盾的，这使得中性点接地方式的选择显得错综复杂。选择电力系统中性点接地方式时，主要从以下四个方面进行考虑：①供电可靠性及故障范围；②电气设备、线路的绝缘水平；③继电保护工作的可靠性；④对通信与信号系统的干扰。

另外，电力系统电压大小的不同，也会影响到中性点接地方式的选择。不同的电压等级着重考虑点往往也是不同的。在 110kV 及以上电压等级的系统中，通常从过电压和绝缘水平方面考虑而选用中性点直接接地方式，这是因为较高电压等级系统的绝缘设备费用在总价格中占很大的比重，降低绝缘水平经济效益显著；而对于 20～60kV 线路结构较简单的电力系统，绝缘水平对投资费用的影响相对不高，所以通常采用经消弧线圈接地或不接地方式来提高供电可靠性；对于 3～10kV 的电力系统，主要考虑其供电可靠性及故障范围，一般选用中性点不接地方式，但当接地电流大于 30A 时则会采用经消弧线圈接地；

对于1kV及以下电压等级的电网，中性点接地方式对各方面的影响并不明显，故一般采用中性点接地或不接地方式均可；特别地，从安全角度出发，为了避免一相接地时出现超过250V的危险电压，380/220V的三相四线制电网通常使用中性点直接接地方式。

6.3.2 电气设备接地的基本要求

（1）各种电气设备均应根据《系统接地的型式及安全技术要求》（GB 14050—2008）和GB 50065—2011进行保护接地，保护接地线除用以实现规定的工作接地或保护接地外，不应作其他用途。

（2）除有特殊要求外，不同用途、不同电压的电气设备一般应使用一个总的接地体。按等电位连接要求，应将建筑物金属构件、金属管道（输送易燃易爆物的金属管道除外）与总接地体相连接。

（3）人工总接地体不宜设在建筑物内，总接地体的接地电阻应满足各种接地中最小的接地电阻要求。

（4）有特殊要求的接地，如弱电系统、计算机系统及中压系统，为中性点直接接地或经小电阻接地时，应按有关专项规定执行。

6.4 电 气 安 全

6.4.1 电气安全及其特点

1. 电气安全的概念

电气安全是一门以安全为目标、以电气为研究领域的应用科学，主要指安全领域中与电直接相关的科学技术与管理工程，包括电气安全实践、电气安全教育和电气安全研究。

电气安全研究的主要任务如下：

（1）研究各种电气事故的机理、原因、构成、规律、特点和防治措施。

（2）研究运用电气方法解决安全生产问题，研究运用电气监测、电气检查和电气控制的方法来评价系统的安全性或解决生产中的安全问题。

2. 电气安全的特点

从电气安全的性质来看，电气安全具有抽象性、广泛性和综合性的特点。

（1）抽象性主要是由于电有看不见、摸不着的特点，以致电气事故在某种程度上常带有一定的抽象性，较难察觉或理解。

（2）广泛性体现在人类生活中对电的广泛应用。生活中处处有电，便处处存在电气安全问题。

（3）电气安全工作既有工程技术的一面又有组织管理的一面，二者相辅相成，形成了电气安全综合性的特点。在工程技术方面，这门学科主要是完善传统的电气安全技术、研究新的电气安全技术及自动防护技术、研究电气安全监测和检查技术等；在组织管理方面，则有协调各部门、实现系统化电气安全、引进安全系统工程、加强研究人机工程等任务。

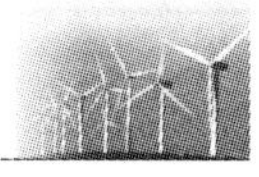

6.4.2 安全电流与安全电压

1. 安全电流

电击对人体的危害程度主要取决于通过人体电流的大小和通电时间长短。电流强度越大，致命危险越大；持续时间越长，死亡的可能性越大。能引起人感觉到的最小电流值称为感知电流，交流为 1mA，直流为 5mA；人触电后能自己摆脱的最大电流称为摆脱电流，交流为 10mA，直流为 50mA；在较短的时间内危及生命的电流称为致命电流。在有防止触电保护装置的情况下，人体允许通过的电流一般可按 30mA 考虑。

2. 安全电压

流经人体电流的大小与外加电压和人体电阻有关。由于受多方面因素影响，一般人体电阻无法准确计算出来。因此，为确定安全条件，通常采用安全电压来进行估算。

安全电压是指低于一定数值的电压作用于人体，在短时间内对人体不会造成严重伤害事故时的电压数值。

在《特低电压（ELV）限值》（GB/T 3805—2008）中，已对安全电压的定义、等级作了明确的规定。相关规定如下：

（1）为防止触电事故，规定了特定的供电电源电压系列，在正常和故障情况下，任何两个导体间或导体与地之间的电压上限，不得超过交流电压 50V。

（2）安全电压的等级分为 42V、36V、24V、12V、6V。在潮湿环境中，人体的安全电压为 12V。正常情况下人体的安全电压不超过 50V。当电压超过 24V 时应采取接地措施。

当电源设备采用 24V 以上的安全电压时，必须采取防止可能直接接触带电体的保护措施，是因为尽管是在安全电压下工作，一旦触电虽然不会导致死亡，但是如果不及时摆脱，时间长了也会产生严重后果。另外，由于触电的刺激可能引起人员坠落、摔伤等二次性伤亡事故。

6.4.3 电气事故的类型与预防措施

从不同角度出发，电气事故可以有许多不同的分类，不同的类型也有不同的预防措施。按发生事故时的电路状况，可分为短路事故、断线事故、接地事故和漏电事故等。按发生灾害的形式，可分为人身事故、设备事故、火灾事故、爆炸等。

由于事故是由局外能量作用于人体或系统内能量传递发生故障造成的，故可以说能量是造成事故的基本因素。按能量的形式和来源，电气事故又可分为触电事故、射频伤害、雷电与静电灾害和电路故障四大类。以下将对此四大类进行讨论，并介绍针对各类型的预防措施。

6.4.3.1 触电事故

触电事故是指由电流的能量而造成人体伤害的事故类型。

1. 触电事故的分类

（1）按照触电事故的构成方式，触电可分为电击和电伤两大类。

（2）从人体触及带电体的方式和电流通过人体的途径来看，触电有单相触电、两相触电和跨步电压触电三种方式。

2. 触电事故的预防措施

针对触电事故，可以采取直接防护、间接防护两方面的预防措施。

（1）直接防护。是指保证电气设备在使用中不出现任何危险和隐患的技术措施。直接防护措施如下：

1）加强保护绝缘。

2）加强屏蔽保护。

3）采用安全电压。

（2）间接防护。是指在故障条件下所采取的安全技术措施，具体如下：

1）采用联锁装置。

2）采用漏电保护器、漏电保护开关等自动断电保护装置。

3）保护接地和保护接零。

6.4.3.2 射频伤害

射频伤害是由电磁场的能量对人体造成的伤害，也称为电磁场伤害。在高频电磁场（100kH 以上）作用下，人体吸收辐射能量后，身体各器官将受到不同程度的伤害，从而引发各类疾病。主要伤害之一是引起人的中枢神经功能失调，表现为头疼、头晕、乏力、失眠等神经衰弱症状。其次，还可能引起植物神经失调的症状，如多汗、食欲不振、心悸等。另外，一部分人还可能会有脱发、视力衰退、伸手臂时手指轻轻颤动、皮肤划痕异常、男性性功能衰退、女性月经失调等症状。严重者除神经衰弱症状加重外，还伴有心血管系统异常等症状。心血管系统症状在特高频电磁场照射时表现更为明显，会出现心跳过速或过缓、血压升高或降低、心区有压迫感、心区疼痛等现象。

6.4.3.3 雷电与静电伤害

局部范围内暂时失去平衡的正电荷和负电荷在一定条件下释放能量而造成的灾害，都属于雷电与静电伤害。

雷电是大气电，是由大自然的力量分离和积累的电荷，具有电流大、电压高的特点。其极大的破坏力除了会毁坏设施和设备外，也可能直接伤害人、畜，甚至引起火灾和爆炸事故。因此，发电厂、电力线路、变电站、建筑物和构筑物特别是具有爆炸和火灾危险的建筑物、构筑物，以及个人都必须具备适当的防雷措施。

静电是指生产过程中和工作人员操作过程中，由于某些材料的相对运动等原因而积累起来的相对静止的正电荷和负电荷。一般情况下，静电电荷周围场中储存的能量不大，不会对人体造成直接致命伤害。但静电电压可能高达数万伏压，若在现场发生放电，极易引起静电火灾或爆炸。因此，在火灾和爆炸危险场所，静电火花也是个不容忽视的问题。

要预防静电事故，可以采取以下控制静电产生和消除静电的措施：①泄漏法；②中和法；③工艺控制法。

对于雷电事故的预防，通常采用避雷针、避雷线、避雷网、避雷器等防雷装置。保护雷天变配电设备、建筑物、构筑物等主要使用避雷针，保护电力线路一般用避雷线，避雷网和避雷带主要用于保护建筑物，避雷器则是用于保护电力设备。完整的防雷装置除了接闪器（针、线、网、带），还包括引下线和接地装置。在爆炸危险性较大的场所，应该考虑雷电感应的防护措施。为了防止静电感应，通常将建筑物内的金属设备、金属管道、结

构钢筋金属层面等连接起来，并予以接地。

近年来，人们新研发了消雷技术和消雷装置。不同于传统的防雷技术，消雷装置是由顶端的电离装置、中部的引下线、下部的接地装置所组成。在雷云感应下，顶端电离装置附近将形成强电场并通过尖端放电使空气电离，使得电离装置与雷云之间出现离子流，缓慢中和雷云所带的电荷，从而消除了落雷条件，抑制雷击的发生。

6.4.3.4 电路故障

电能在传递、分配、转换过程中失去控制从而造成的事故称为电路故障，包括断线、短路、接地、漏电、误合闸、误掉闸、电气设备或电气元件损坏等。电路故障不但会严重损坏电气设备，而且也有可能影响人身安全。

为了严格电气管理、确保生产安全，除了在设备仪器上采取预防电气事故的措施外，电力部门通常还会采取以下方法：

（1）加强电气安全知识的教育。

（2）健全工作人员组织体系。

（3）严格执行电气安全规章制度，加大行政管理力度。

总之，无论哪种事故，都是由于各种类型的电流、电荷、电磁场的能量不适当释放或转移而造成的。由于在安装应用、操作管理、使用维修中存在安全隐患，尤其是电气工作人员缺乏必要的电气安全知识，而造成的电气安全问题，不仅会造成电能的浪费，而且可能会引起触电、火灾、爆炸等电气事故，造成人身及国家财产的严重危害和损失。因此，要掌握和研究各种电气事故的规律及其预防措施，防止触电事故及其他电气灾害的发生，保护人身安全及国家财产不受损失。

参 考 文 献

[1] 容浩．中、低压配电系统中性点接地方式［J］．建筑电气，2012，2：19－25.

[2] 何仰赞，温增银．电力系统分析［M］．3版．武汉：华中科技大学出版社，2002.

[3] GB 14050—2008 系统接地的型式及安全技术要求［S］．北京：中国标准出版社，2008.

[4] GB 50065—2011 交流电气装置接地设计规范［S］．北京：中国计划出版社，2012.

第7章 接 地 装 置

用来实现电气设备外壳或支架接地的引线和接地极，称为接地装置。接地装置由接地体和接地线组成。接地装置是保证电气、通信、自动控制系统安全可靠运行的重要设施，同时也是建筑物（构筑物）防雷电防静电的重要安全设施。

7.1 接 地 体 的 安 装

接地装置分为接地体和接地线。接地体为埋入土壤中并直接与土壤接触的金属体或金属体组合；接地线为接地体与被接地设备之间的连接导体。接地体有自然接地体和人工接地体之分，又有垂直接地体和水平接地体之分（工程中一般将两者组合形成接地网）。当自然接地体接地电阻达不到要求时，必须通过增加人工接地体来降低接地电阻。所以人工接地体的选用和安装也很重要。

人工接地体一般采用结构钢制成，但材料不应有严重的锈蚀，厚薄或粗细应匀称，同时也不宜采用铸钢管、棒材。人工接地体的安装形式分为水平安装与垂直安装两种。水平安装的接地体一般较长，最小也在6m左右。垂直安装按接地体的有效流散深度，一般在2～3m之间，因此其安装深度不能小于2m，同时不能超过3m，工程上比较常用的是垂直接地，垂直接地体比较理想的材料是直径为50mm、长2.5m的钢管。因为采用直径大于50mm的钢管，其流散电阻减少不太显著，而投资则大大增加；若采用直径小于50mm的钢管，其机械强度较小，易弯曲，难以打入土中。接地体的长度大于2.5m时，既增加了施工难度，流散电阻减少又不显著。

人工接地体的安装方法如下。

1. 垂直安装

垂直安装的人工接地体在打入土壤时，应与地面保持垂直。对于接地网与多极接地，其接地体之间，在地下应至少保持2.5m以上的距离，最好保持接地体长度2倍的间距，以减少屏蔽效应造成的接地装置利用率下降的问题。当采用环形布置时，环上不能有开口端。垂直安装的接地体应采用钢管或角钢制成，角钢制成的接地体在散流效果方面虽稍逊于钢管，但施工较为容易。

2. 水平安装

水平安装一般应用于土层浅的地方，通常采用扁钢或圆钢制成，一端应弯成直角向上，以便供接地线连接。安装时，采用挖沟填埋，接地体应埋入距地面0.6m以下的土壤中，每两根接地体之间的直线距离，至少保持2.5m以上，最好保持5m左右间距，接地体若是扁钢，扁钢应立面竖放，以减少流散电阻。

人工接地体在安装时应注意以下事项：为减少建筑物的接触电压，接地体与建筑物的

基础间应保持不少于1.5m的水平距离，一般最好取2～3m；接地体埋入土壤中的部分不能涂漆，否则会严重影响散流效果；在具有强烈腐蚀性的土壤中，接地体需要经过镀锌或镀铜处理。

7.2 接地导体截面选择计算

在接地工程中遇到的接地电极的几何形状多种多样，当接地电极的形状简单而又不规则时，可以在经一定近似后用解析法直接导出计算公式，常见的简单接地电极有圆棒形、圆环形和圆盘形，这些接地电极的计算也是复杂地网计算的基础。

7.2.1 圆棒形电极

如图7-1所示，一根处于无限大均匀土质ρ中的圆棒的长度为L，直径为$d=2a$，经圆棒流入地中的电流为i。

用中点电位法计算所得的电极接地电阻为

$$R=\frac{U_a}{I}=\frac{\rho}{2\pi L}\ln\frac{L}{a} \tag{7-1}$$

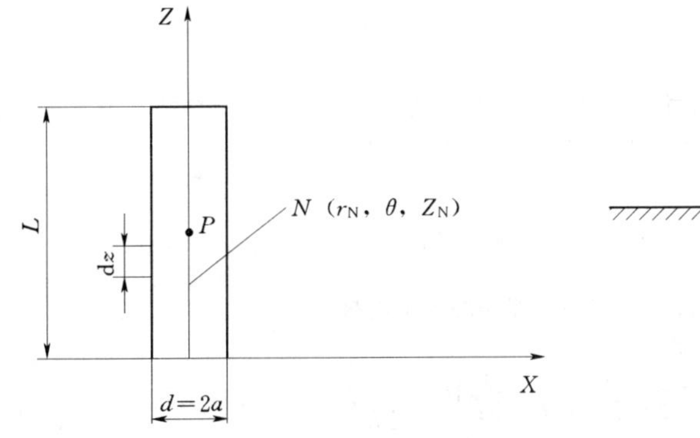

图7-1 无限均匀土质中的圆棒电极

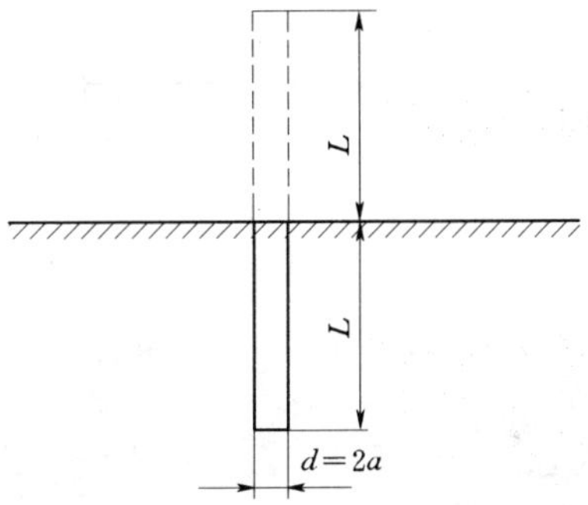

图7-2 垂直埋于地中的圆棒电极

为了提高计算精度，还可在假定电流均匀分布的基础上采用平均电位法，即用导体各点电位的平均值作为导体的电位。用平均电位法所得的电极的接地电阻为

$$R=\frac{U_a}{I}=\frac{\rho}{2\pi L}\left(\ln\frac{2L}{a}-1\right) \tag{7-2}$$

对于长度为L的垂直埋于地中，且上端与地面齐平的圆棒形接地电极（图7-2），可假想在地上空气中还有一长为L的镜像圆棒，构成长度为$2L$的圆棒电极，以使大地表面成为电流场的对称面。显然，埋在地中的接地电极的接地电阻，应为无限大均匀地中所在的长度为$2L$圆棒的接地电阻的2倍。

利用式（7-1）和式（7-2）不难求出图7-2中垂直接地电极的接地电阻为：

中点电位法
$$R=2\times\frac{\rho}{2\pi(2L)}\ln\frac{2L}{a}=\frac{\rho}{2\pi L}\ln\frac{2L}{a} \tag{7-3}$$

平均电位法
$$R=2\times\frac{\rho}{2\pi(2L)}\left[\ln\frac{2(2L)}{a}-1\right]=\frac{\rho}{2\pi L}\left(\ln\frac{4L}{a}-1\right) \tag{7-4}$$

对水平敷设在土壤表面的圆棒形接地电极，也可想象有一半留在空气中（图 7-3），因而其接地电阻将是由式（7-1）和式（7-2）所得结果的 2 倍，即有：

中点电位法
$$R=\frac{\rho}{\pi L}\ln\frac{L}{a} \tag{7-5}$$

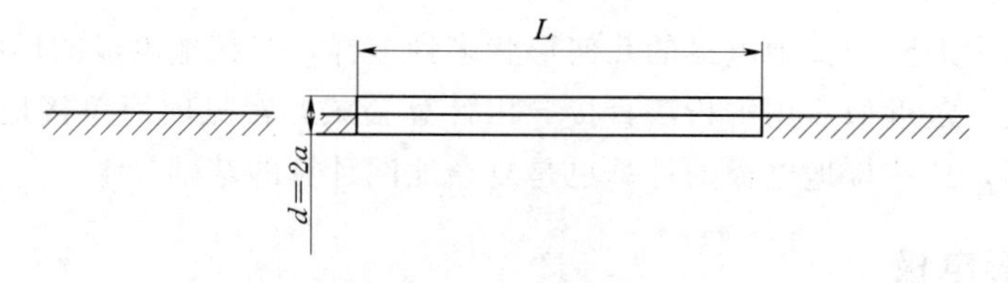

图 7-3 敷设在土壤表面的圆棒电极

平均电位法
$$R=\frac{\rho}{\pi L}\left(\ln\frac{2L}{a}-1\right) \tag{7-6}$$

如图 7-4 所示，当水平接地电极有一定埋深 h 时，可设置镜像。可得埋深为 h 的水平接地电极的电阻为：

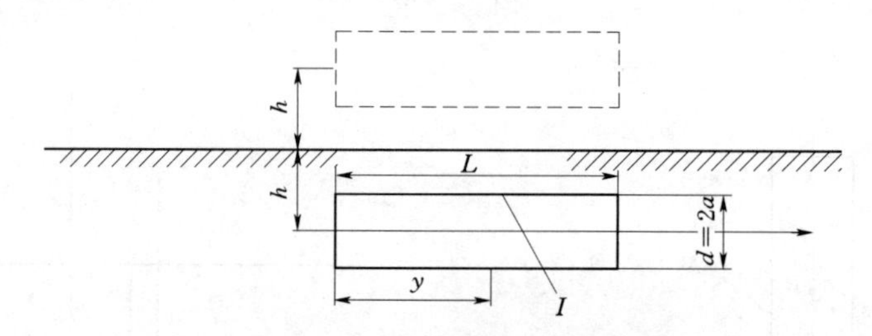

图 7-4 有一定埋深的水平电极

中点电位法
$$R=\frac{\rho}{2\pi L}\ln\frac{L^2}{hd}=\frac{\rho}{\pi L}\ln\frac{L}{\sqrt{2ha}} \tag{7-7}$$

平均电位法
$$R=\frac{\rho}{2\pi L}\left(\ln\frac{L^2}{hd}-0.61\right)\approx\frac{\rho}{\pi L}\left(\ln\frac{L}{\sqrt{2ha}}-1\right) \tag{7-8}$$

比较式（7-5）与式（7-7）以及式（7-6）与式（7-8）可知，埋深为 h 的水平接地电极的接地电阻实际上相当于一个敷设在土壤表面的等值半径为 $\sqrt{2ha}$ 的水平接地电极。

7.2.2 圆环形电极

同样，分析一个处于无限大均匀地 ρ 中的圆环，如图 7-5 所示，圆环由直径 $d=2a$ 的圆导体弯成，环的直径 $D=2d$，经圆环流入地中的电流为 I。当 $d\gg a$ 时，可假设电流集中由原导体的轴线散出，因此沿轴线流散电流密度 $\delta=1/(2\pi b)$。

利用图 7-6，不难写出圆环周围空间任一点 $N(r, \theta, z)$ 的电位为

$$U_{\mathrm{N}}=\frac{\rho}{4\pi}\int_0^{2\pi}\frac{\delta b\,\mathrm{d}\alpha}{\sqrt{z^2+r^2+b^2-2br\cos\alpha}} \tag{7-9}$$

由此可得处于无限大且均匀地中的圆环的接地电阻为

$$R=\frac{\rho}{4\pi^2 b}\ln\frac{8b}{a} \tag{7-10}$$

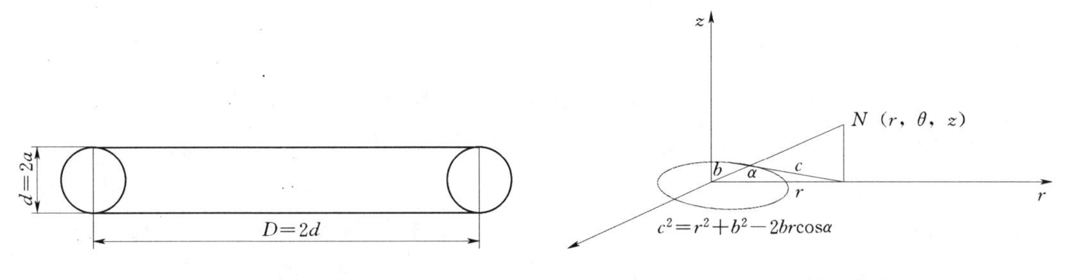

图 7-5 均匀地中的圆环

图 7-6 圆环周围的电位计算

对埋深为 h 的圆环接地电极，在计算时也需考虑镜像的作用。

可得埋深为 h 的圆环接地电极的接地电阻为

$$R=\frac{\rho}{2\pi L}\left(\ln\frac{L^2}{hd}+0.48\right) \tag{7-11}$$

或

$$R=\frac{\rho}{2\pi^2 b}\ln\frac{8b}{\sqrt{2ha}}=\frac{\rho}{4\pi^2 b}\ln\frac{64b^2}{hd} \tag{7-12}$$

不难看出，它也相当一个敷设在土壤表面的导体截面半径为 $\sqrt{2ha}$ 的圆环接地电极的电阻。

7.2.3 圆盘形电极

当电流由圆盘电极向周围无限大均匀地中流散时，流散电流在圆盘表面的分布是极不均匀的，此时如果仍采用假设电流由圆盘表面均匀流散的方法来求接地电阻，则即使应用平均电位法，仍会引起较大的误差。为了得到准确的计算公式，应直接从拉普拉斯方程出发求解。略去复杂的数学推导，可以直接写出圆盘直径为 $2b$，埋深为 h 的圆盘接地电阻的近似计算公式为

$$R=\frac{\rho}{4b}\left(1-\frac{4h}{\pi b}\right) \tag{7-13}$$

7.2.4 扁钢和角钢的等值半径

以上所述都是理想的情况，在实际接地工程中，水平接地体大多使用扁钢，垂直接地体大多使用角钢。要使用前述公式，必须先求出扁钢和角钢的等值半径。等值半径的求取可借助平均电位法，计算时可忽略扁钢和角钢的厚度，把扁钢或角钢分解成无穷多根长导线。

扁钢的等值半径可取为

$$a=\frac{b}{e^{3/2}}=0.22b \tag{7-14}$$

角钢的等值半径可取为

$$a=\frac{2^{0.25}b}{e}=0.44b \tag{7-15}$$

等值半径的求取也可借助于其他方法，结果将略有差别，如扁钢的等值半径为0.25b，角钢的等值半径为0.42b等。

7.2.5 各种水平接地电极

接地工程中，一个接地装置有可能由若干个水平接地体组成各种不同的形状，但是，当接地体的总长度相等时，由于接地体之间具有互相屏蔽作用，不同的形状就会有不同的接地电阻值。当水平接地体组成不同形状时，其相互间的屏蔽效果不一样。当接地体的总长度L相等时，直线形电极将具有最小的接地电阻，其他各种水平接地体均会受到不同程度的屏蔽。因此，包括放射形接地电极在内的各种水平接地极的接地电阻都可以在直线电极的基础上用一屏蔽系数A进行修正，即

$$R=\frac{\rho}{2\pi L}\left(\ln\frac{L^2}{hd}-0.6+A\right) \tag{7-16}$$

或
$$R=\frac{\rho}{2\pi L}\left(\ln\frac{L^2}{hd}+B\right) \tag{7-17}$$

式中 L——接地体的总长度，m；

h——水平接地体的埋深，m；

d——水平接地体的直径，m；

A——屏蔽系数；

B——水平接地体的形状系数。

A、B值见表7-1。

表7-1 不同形状的水平接地体的屏蔽系数A和形状系数B

序号	1	2	3	4	5	6	7	8	9	10
水平接地体形状										
A	0	0.42	0.60	1.08	1.49	1.60	2.79	3.63	5.31	6.25
B	−0.60	−0.18	0	0.48	0.89	1.00	2.19	3.03	4.71	5.65

表7-1中除了直线形和圆环形的形状系数是由理论直接导出外，其余各项均由边界源程序计算的大量结果回归所得。

1. 多根垂直接地棒并联

当n根长度为L的垂直接地棒沿直线以间距s均匀分布，并在地面上相连而组成接地电极时，自支棒散出的电流不相等，用平均电位法可以导出沿直线均匀分布，间距为s的n根垂直接地棒并联后的接地电阻R_n将为

$$R_n=\frac{1}{n}\left[\frac{\rho}{2\pi L}\left(\ln\frac{4L}{a}-1\right)+\frac{\rho}{\pi s}\left(\frac{1}{2}+\frac{1}{3}+\cdots+\frac{1}{n}\right)\right] \tag{7-18}$$

或
$$R_n=\frac{R}{n}\left[1+\frac{\rho}{\pi sR}\left(\frac{1}{2}+\frac{1}{3}+\cdots+\frac{1}{n}\right)\right] \tag{7-19}$$

2. 水平接地体和垂直接地体组合电极

实际的接地装置往往是由若干条水平接地体和若干个垂直接地体并联组成，当 n 根垂直接地棒由埋设在地中的水平接地体相连时，在接地电阻的计算中应同时考虑垂直的和水平的接地体的散流作用。可得水平和垂直接地体组合的接地电阻为

$$R=\frac{V}{l}=\frac{R_{11}R_{22}-R_{12}^2}{R_{11}+R_{22}-2R_{12}} \tag{7-20}$$

式中 R_{11}——n 根垂直接地体的自电阻系数，即 n 根垂直接地体在地面上相连时的接地电阻，Ω；

R_{22}——水平接地体的自电阻系数，即水平接地体单独存在时的接地电阻，Ω；

R_{12}——水平接地体和垂直接地体的互电阻系数，Ω。

表 7-2 列出了当垂直接地极按直线排列并用水平接地体在地表相连时垂直接地体和水平接地体的自电阻系数 R_{11}、R_{22} 以及它们互电阻系数 R_{12} 和垂直接地棒 n 的关系。计算时取 $L_1=1.5$m，间距 $s=1.5$m，$\rho=100\Omega\cdot$m。由表 7-2 可见，用敷设在土壤表面的水平接地体把垂直接地体并联时，接地电阻可降低 10%～15%。在水平接地体上附加垂直接地极时，接地电阻降低的百分数随水平接地体长度的增加而减弱；在水平接地体的长度为 1275m 的范围内，垂直接地极可使接地电阻降低 25%～30%。

表 7-2 水平和垂直接地体的自电阻系数和互电阻系数

水平接地长度 L_2/m	6	9	12	15	30	75
垂直接地极数 n	5	7	9	11	21	51
R_{11}/Ω	18.6	14.6	12.4	10.5	5.9	2.8
R_{22}/Ω	27.0	19.0	15.0	12.8	7.1	3.3
R_{12}/Ω	11.0	8.9	7.5	6.3	4.1	1.95
$R=\frac{R_{11}R_{22}-R_{12}^2}{R_{11}+R_{22}-2R_{12}}/\Omega$	16.15	12.50	10.46	8.85	5.20	2.47
R/R_{11}	0.87	0.86	0.84	0.84	0.89	0.88
R/R_{22}	0.60	0.66	0.70	0.69	0.74	0.75

也可以利用系数来求垂直电极和水平连线组成的总接地电阻。例如，当整个接地装置由 n 个垂直的管形电极以及一根将它们连接在一起的水平电阻组成时，总的电阻为

$$R=\frac{\frac{R_1}{n}R_2}{\frac{R_1}{n}+R_2}\frac{1}{\tau} \tag{7-21}$$

式中 R_1——垂直接地极的接地电阻，Ω；

R_2——水平电极的接地电阻，Ω；

τ——考虑到所有电极互相屏蔽的利用系数。

7.3 接地体的接地防腐要求

接地装置是电力系统安全运行的重要安全屏障，是保证电力系统安全运行的关键环节。良好的接地系统应具备两个基本条件：①尽可能降低系统的接地电阻；②由于接地装置深埋地下导致更换困难，接地导体应具有稳定性和长效性，其寿命应不小于地面主要设备的寿命。同时由于地下环境恶劣，还要求其具有一定的耐腐蚀能力，保证安全运行。

对于接地装置，要求与大地的接触电阻越小越好，这样才能使泄流的雷电迅速流向大地，不至于使电网高压向二次回路反击，从而保护设备和人身安全。接地电阻阻值主要由接地导体的材料、结构和土壤电阻率决定。而风电机组通常设在山区等高土壤电阻率地区，其值一般都在1500Ω·m以上，需要不断研究更优的材料、结构和降阻措施，以达到接地电阻的规定值。

另外，接地装置长期处于地下阴暗、潮湿、可溶性电解质如酸、碱、盐较多的环境中，而目前我国普遍使用钢接地体，容易发生腐蚀，从而引起接地装置结构不同程度的损坏，随着使用时间的增长接地电阻值升高，影响了接地装置的长效稳定运行。

为解决接地装置接地电阻偏高和腐蚀严重的问题，目前广泛使用一些降阻材料和防腐材料。然而，降阻材料对接地导体的腐蚀作用在使用中也显现出来；目前普遍使用的防腐材料功能单一，对降低接地电阻没有作用，无法解决高土壤电阻率地区接地电阻过高的问题，同时缺乏运行经验。

7.3.1 接地材料的应用要求

作为接地系统中的最关键因素，接地材料的选用必然有较高的应用要求。接地导体应具有足够的截面积以确保其自身耐受热作用，具有足够的强度耐受最大故障电流，具有足够的稳定性和长效性满足更长的设计年限和耐腐蚀等要求。

7.3.1.1 热稳定要求

当故障短路电流通过接地导体时，根据焦耳定律，该热量与电流的平方成正比，导体要产生大量的热量。由于短路时间很短，在此期间热量来不及向外界环境散发，这些热量基本都会转化成接地材料的热量。衡量电路及元件在这短时间内能否承受短路时巨大热量的能力称为热稳定。如果接地材料没有足够的散流截面积，接地材料在较大的短路电流通过时容易因温度较高而导致自身物理化学性质被破坏甚至熔断，从而接地导体失去较强的泄流作用，造成设备外壳带电或引起反击等事故。

设备材料的稳定性校核是电力设备管理的一项基础工作，应通过校核工作查找设备存在的安全隐患，并及时采取处理措施，确保电力设备和使用者安全。

1. 接地线通流能力的热稳定校验

针对交流接地网，正常情况下流过接地线的短路电流并不大，时间较短，因此接地线不存在长期发热的问题，需要考虑其短时间发热的热稳定性要求来确定接地线的截面积。

绝热过程接地线的热平衡方程为

$$I_d^2\rho k_f \frac{1}{S} t_d = \gamma l S c \tau \tag{7-22}$$

接地线发热时引起的温升为

$$\tau = \left(\frac{I_d}{S}\right)^2 \frac{\rho k_f}{\gamma l c} t_d \tag{7-23}$$

若设 τ_m 为导体短时发热的最大允许温升，即由式（7-23）可得出满足热稳定条件的接地线最小截面积计算公式为

$$S \geqslant I_d \sqrt{\frac{k_f \rho t_d}{\gamma c \tau_m}} \tag{7-24}$$

在选定接地线的导体材料后，式（7-23）可进一步简化为

$$S \geqslant \frac{I_d}{c}\sqrt{t_d} \tag{7-25}$$

计及腐蚀的情况下，接地线的最小截面积为

$$S_g = S(1+\alpha)^n \tag{7-26}$$

式中 I_d——流过接地线的最大接地故障不对称电流有效值，按工程设计水平年系统最大运行方式确定，A；

t_d——接地故障的等效持续时间，s；

S——接地线的最小截面积，mm^2；

l——接地线的长度，m；

ρ——接地线导体的电阻率，Ω·m；

k_f——集肤效应系数；

γ——接地导体的比重，kg/m^2；

c——接地线材料的热稳定系数，根据材料的种类、性能及最大允许温度和接地故障前接地线的初始温度确定，J/℃；

τ——接地线的温升；

τ_m——短时发热的最大允许温升；

S_g——计及腐蚀后接地线的最小截面积；

α——接地导体（线）的腐蚀率，根据相关材料，铜材的年自然腐蚀率是0.2%，镀锌钢是0.5%，普通钢是2.2%；

n——接地导体（线）的使用年限。

c 为材料性质决定的常数，其中钢短路发热的最大允许温升为400℃，热稳定系数为70J/℃；同样，铜的短路发热最大允许温升为450℃，热稳定系数为210J/℃。另外，混凝土钢筋的最大允许温升按100℃来考虑，铝材料的最大允许温升为120℃。

2. 接地导体散流能力的热稳定性校验

如图7-7所示，接地引下线把短路电流引入电网后，由于接地网导体的分流，每段接地导体仅承受一部分的短路故障电流，实际上该电流值比接地线承受的电流值要小。从式（7-23）得出，接地导体经过接地电流时的温升要小于接地线。因此，在选择接地导体的截面积时可以适当放宽，但不宜小于导体所在接地网的接地线截面积的75%。

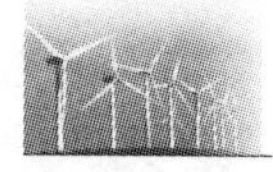

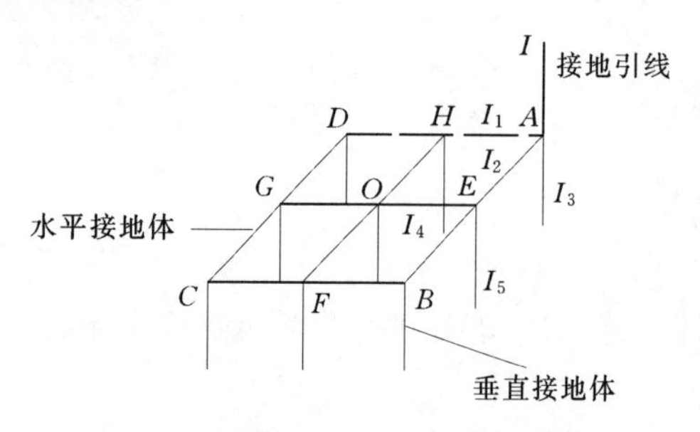

图7-7　电流在接地材料各部分的分布

3. 连接线和连接处的热稳定性校验

接地网金属导体存在着大量的连接，连接接点经常成为接地网中最薄弱的环节，只有可靠的、牢固的连接才能保证接地网的运行可靠性。由于焊口处易出现气泡，为保持热稳定性，在连接处的接地体应加大截面积。

7.3.1.2　均压要求

随着电力系统发展壮大，接地故障电流和发电厂、高压配电装置接地网的面积亦不断增大，为确保人身和设备的安全，维护电力系统的可靠运行，需要改变只强调降低接地电阻的传统观念，树立以考虑地面电位梯度分布所带来的危险为主的新观念。实际上，整个接地装置的接地电阻与人体或设备不同部位可能遭到的最高电压之间并不存在简单关系，而主要与接地网结构尺寸、土壤特性和流经接地网的电流等有关。因此，为保证人身和设备安全，应当更多考虑地面电位梯度所带来的危险，即将接触电势、跨步电势限制在安全值以内，接地网应采用均压措施。

实际上，由于接地网内各部分电流密度大小不完全相等，接地体截面积、导电率、土壤电阻率不同，导致接地网存在一定电势差。不过，由于电场所在地面电阻率较高，一般的浅埋水平接地网能起到均压作用。这样要求接地导体具有很好的导电性，防止因自身电阻大而造成较大的电位差。

7.3.1.3　稳定性及寿命要求

接地网的稳定性主要指接地网性能随年代和季节的变化情况，以接地电阻大小为主要表征。由于接地网材料的腐蚀，一般情况下，钢质接地网随使用时间的增长接地电阻会有显著增大；铜质接地网接地电阻增大较慢，接地网性能相对稳定。

电力部门对接地网腐蚀情况有较多调查，山西省电力公司对110kV及以上变电站接地装置基本情况从接地主网和电缆沟内接地线腐蚀情况两个方面进行过实际的调查，结果表明以扁钢和圆钢为主的接地网在10年以上的腐蚀情况非常严重。

接地网的使用年限是一个非常值得关注的指标，一般来说接地网的使用寿命应与地面设施的设计使用年限相匹配。考虑到接地网大部分埋在地下，不同于电力系统中的其他部分能够方便地进行更换，且设施建成若干年后接地网的更新比初期投入的代价更高，通常要求接地装置具有较长的使用年限。

7.3.1.4　其他要求

实际上，接地材料在满足以上要求达到良好接地效果的同时，也要满足经济、施工等要求，同时也要减少对环境的污染，尽量选择环境友好型的材料。

7.3.2　接地材料的腐蚀分析

由于接地装置长期处于地下恶劣的运行环境中，极容易被腐蚀（图7-8），所以腐蚀是接地材料面临的最大危险，一旦腐蚀，不但7.3.1.1～7.3.1.3三个主要要求无法达到，还会造成严重后果。近年来，电网中曾发生多起接地不良的事故，其中多数是因为未考虑具体的防腐措施，运行多年后接地网腐蚀严重而使事故扩大。某省某地区供电局的一个变

电站，1990—2001年发生较大的停电事故几十起，其中因腐蚀造成的停电事故17起，直接损失上亿元。某地三个220kV变电站因接地不良将变电站内弧光短路事故扩大为全站停电和设备严重损坏事故。

造成腐蚀的原因主要有：①接地网设计中没有充分对潜在的腐蚀情况进行考虑而合理选择导体的材料及截面积；②对接地网没有采取必要的防腐措施。随着腐蚀的发生，导体有效截面不断减小，以致不能满足热稳定的要求。当工频接地短路电流或雷电流流经接地网时，可能因发热导致接地体或接地引线断裂，引起一、二次设备事故，同时局部电位升高，高压向低压反击，使事故扩大，造成巨大的经济损失，给运营人员的人身安全带来巨大隐患。因此，有必要对接地体在土壤中的腐蚀机理进行详细分析。

图7-8 接地体腐蚀情况

大多情况下，容易发生腐蚀的部位有：①接地线及其固定部件；②各接地体间焊接头；③电缆沟内的均压带；④水平接地体。引起材料腐蚀的主要原因为：土壤、大气、海水、杂散电流等，其中，对于陆上风电场主要考虑土壤和杂散电流的腐蚀，海上风电场则主要考虑海水和大气的腐蚀。

7.3.2.1 土壤环境引起的腐蚀

对于陆上的电力设备，包括陆上风电机组，其接地网均埋设于地面下的土壤中，因此土壤应作为腐蚀的主要考虑介质。土壤使材料发生腐蚀的特性称为土壤的腐蚀性。

1. 土壤的特性

土壤是由气、固、液组成的复杂系统，其作为一种特殊的电解质，具有多相性、不均匀性、相对固定性三个特点。

土壤的多相性表现在土壤是由土粒、土壤溶液、土壤气体、有机物、无机物、带电胶粒和非胶体粗粒等在内的多种成分组成的极为复杂的多相体系，其中无机物主要为黏土矿物、氧化物（氧化铁、氧化锰、氧化锌、氧化铝、氧化硅等），不同的土壤颗粒大小相差较大。同时，在土壤的颗粒间具有大量的毛细管微孔或孔隙，孔隙中充满水分和空气，具有胶体的特性。其中，水分在土壤中能以多种形式存在，可直接渗浸孔隙或在孔壁上形成水膜，也可以生成水化物或者以胶体形成水状态存在。由于水的胶体形成作用，土壤并不是分散孤立的颗粒，而是各种有机物、无机物的胶凝物质颗粒的聚集体。土壤中的胶体带有电荷，并吸附一定数量的异号离子，加上有水的存在，土壤将成为离子导体，因此土壤可认为是一种腐蚀性电解质。

土壤的性质和结构具有极大的不均匀性。从微观上看，存在着土壤颗粒大小、土壤颗粒间孔隙结构（如空气、水分、盐类等）、结构紧密程度的差异。从大范围看，一个土体的整个剖面包括若干土层，每个土层的微观结构都有较大差异。因此土壤中的物理、化学性质，尤其与腐蚀有关的电化学性质存在着巨大的变化。当金属与不同性质的土壤接触时，金属的不同部位与土壤接触面上就会产生不同的界面电位，从而存在电位差，在土壤介质中形成回路，形成腐蚀电池。

与大气、海水具有流动性有所区别，土壤的固体部分对于埋设在土壤中的金属表面，可以认为是相对固定不动的，具有一定的相对固定性。

2. 土壤腐蚀类型

土壤腐蚀和其他介质中的电化学腐蚀过程一样，因金属和介质的电化学性质不均形成腐蚀原电池，这是腐蚀发生的根本原因。其具体腐蚀过程是由于接地网与电解质（湿土）接触，因此有可能在接地网和电解质界面发生阳极溶解过程（氧化），这时如果界面上有相应的阴极还原过程配合，则电解质（湿土）起作用，接地网自身则导通电子，从而就构成了一种自发原电池，使接地网材料的阳极溶解持续进行，产生腐蚀现象。

在腐蚀过程中，阳极的接地网材料（以碳钢材料为主）被氧化成为正价的铁离子进入介质，最终成为难溶的腐蚀产物（一般是铁的氧化物或水化物），留在接地网表面。金属腐蚀学中，习惯把阴极接受金属材料中的电子而被还原的物质称为去极化剂，土壤中最常见的去极化剂是氧气（O_2）。

根据所处环境土壤是否均匀，土壤的电化学腐蚀可分为微观电池引起的腐蚀和宏观电池引起的腐蚀两种。

（1）微观电池引起的腐蚀。对于体积不大的接地材料而言，可以认为其所处土壤介质是均匀的，不会出现上述提到的土壤电化学性质的差异。但由于金属导体的组成、结构、物理状态不均匀或表面膜不完整，微电池腐蚀是一种普遍存在的腐蚀形式。但由于反应只在微观状态下进行，电池反应微弱，同时又是均匀腐蚀，在实践中一般不会造成严重的危害，故主要考虑宏观电池腐蚀。

（2）宏观电池引起的腐蚀。除了有可能发生上述的微观电池腐蚀外，由于土壤介质的宏观不均匀性所引起的腐蚀宏观电池，在土壤腐蚀中往往产生更大的危害。在土壤中起作用的腐蚀宏观电池有下列类型：

1）较大距离的腐蚀宏观电池。对于面积很大的接地网或较长的接地材料，因土壤介质具有不均匀性，接地网的不同部位接触成分及性质不同的土壤，从而在土壤A进入土壤B的地方，形成电池，电流流动过程为：钢→土壤A→土壤B→钢。

如果是因为氧的渗透性不同造成的氧浓差电池，则埋在密实、潮湿的土壤中的钢材就倾向于作为阳极而被腐蚀。如果土壤含有硫化物、有机酸或工业污水，使得土壤电化学性质发生变化，也能形成宏观电池。同时，土壤的电导率越高，腐蚀电流的数值就越大。另外，对于处在土壤电阻率较高的风电机组来说，为了降低接地电阻，通常会将接地装置与外接地网相连，这也相当于面积很大的接地网，容易发生宏观电池腐蚀。

2）因土壤的局部不均匀引起的腐蚀宏观电池。土壤中常存在石块、固体颗粒等夹杂物，影响了氧的渗透性，如果夹杂物的透气性比土壤本体差，该地区就构成腐蚀宏观电池的阳极，而和土壤本体接触的金属就构成阴极。图7-9所示为土壤局部不均匀造成的氧浓差腐蚀电池，该土壤中石块等夹杂物下面的金属。因此，在实际工程中，回填接地体的土壤时，应注意尽量不要夹杂太多杂物。

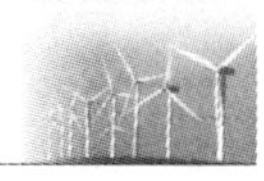

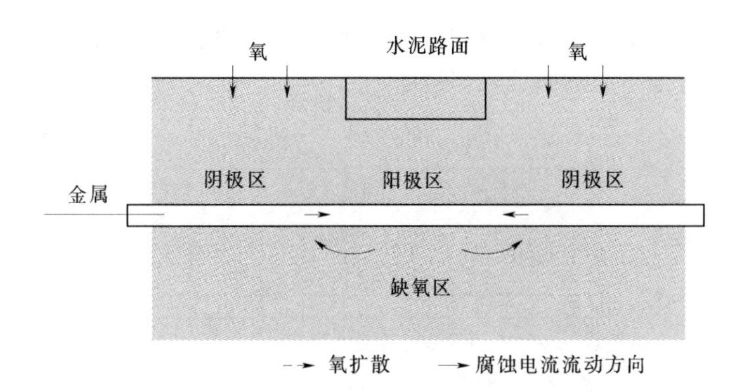

图 7-9　土壤局部不均匀造成的氧浓差腐蚀电池

3）埋设深度不同及边缘效应所引起的腐蚀宏观电池。由于接地体埋设深度的差异同样会引起氧的浓度差，离地面较深部位有更严重的局部腐蚀，甚至在直径较大的水平接地导体上，也能看到导体的下部比上部的腐蚀更严重，如图 7-10 所示。

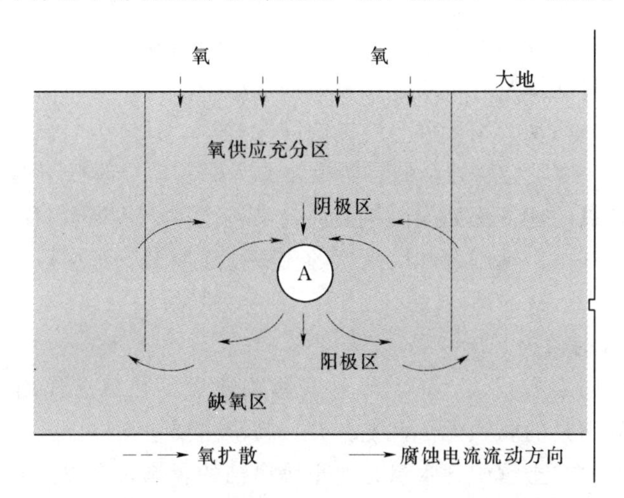

图 7-10　因埋设深度而引起的氧浓度腐蚀电池

A—接地导体或金属管道

4）接地金属所处状态的差异引起的腐蚀宏观电池。由于土壤中异种金属的形状、温差、应力存在差异，可能形成腐蚀宏观电池，造成局部腐蚀。如新、旧接地网相互连接时，新埋接地体因其表面尚未形成腐蚀产物的保护层，可成为阳极而受腐蚀，构成电偶腐蚀。图 7-11 所示为温差所造成的腐蚀电池，高温区接地体容易成为阳极而受到腐蚀。这种情况常发生在地热较高或靠近供热管道等土壤。

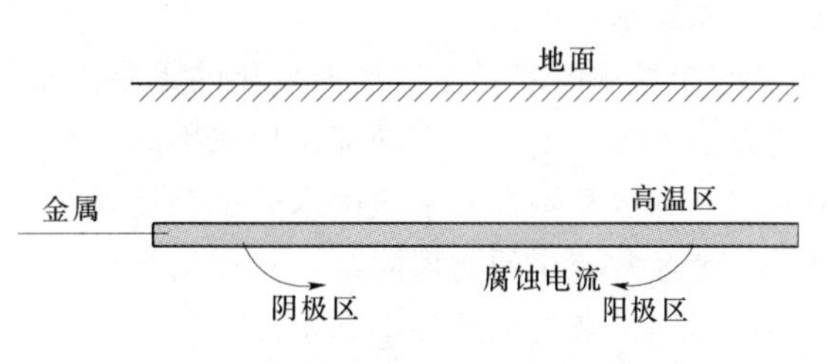

图 7-11　温差所造成的腐蚀电池

5）含盐量不同引起的腐蚀宏观电池。对于盐碱地区的接地体，盐分在土壤剖面中的

分布不均匀，有时同一剖面的含盐量相差两个数量级，同时电解质浓度大，此时因盐浓度差形成的腐蚀宏观电池引起的腐蚀相当严重。图7－12所示为含盐量不同引起的土壤腐蚀原理图。

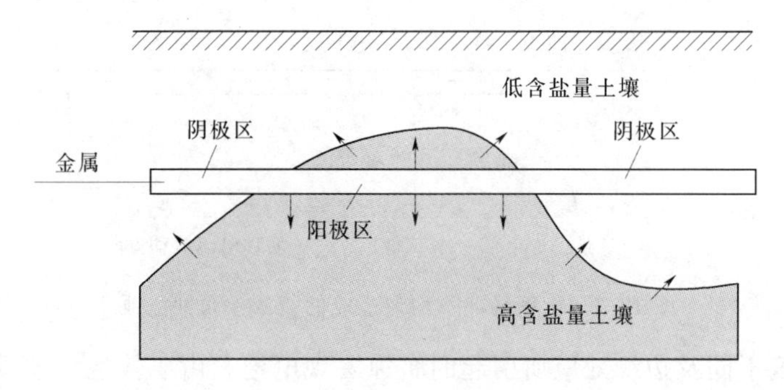

图7－12 含盐量不同引起的土壤腐蚀

3. 微生物引起的腐蚀

土壤中微生物对接地金属的腐蚀是在微生物的生命活动参与下所发生的腐蚀过程，多发生在地势较低的沼泽地带及有机质含量较高的土壤中。微生物自身对金属并不直接具有侵蚀作用，而是其生命活动的结果参与腐蚀的间接过程。具体为：微生物在生命活动中生成的H_2S、CO_2、酸性物质会腐蚀金属；微生物的生命活动会改变土壤中氧的渗透性和含氧量，有利于较为缺氧的地下深处的阴极反应；某些微生物还将参与电化学腐蚀过程。微生物主要有好氧型铁细菌、锰细菌和厌氧型的硫酸盐还原菌。其中，硫酸盐还原菌是腐蚀性最强的微生物。

4. 影响土壤腐蚀的因素

影响土壤腐蚀的因素有很多，而且，这些影响因素不是孤立作用，而是相互协同作用、相互影响，各种因素的腐蚀无法截然分开。其中主要包括以下几个方面：

（1）土壤中含水量。土壤中含水量是对土壤腐蚀的影响，有以下几个方面：

1）土壤中的水分是使土壤成为电解质、造成电化学腐蚀的先决条件。盐碱溶解的水化作用、阳极溶解的金属离子的水化作用、土壤中宏腐蚀电池的形成、土壤中电解质的离解等都需要水。

2）土壤中的水是土壤性质变化的重要因素。水分在土壤中能以多种形式存在，如水膜、胶体。水在土壤中不同部位形成不同的复合体，其性质经常变化，如交替干湿、膨胀和收缩、分散和聚合。土壤中水分也会运动，造成了溶质浓度的再分配。因此，土壤含水量是一个经常变化的物理因素，其波动会导致一系列土壤物理化学性质的变化，从而给土壤中的腐蚀带来变化性和不确定性。

3）土壤含水量对钢铁的电极电位、土壤导体和极化电阻均有一定影响。

4）土壤中含水量对氧浓差腐蚀电池的形成造成影响。土壤中水、气两者并不相容，土壤中含水量的变化影响了氧气渗透量的变化，从而，对阴极极化产生影响。土壤中含水量的变化会引起土壤含盐量以及温度的变化，这将促进盐浓差电池和温差电池的形成。含水量还明显影响氧化还原电位、土壤溶液离子的数量和活度，影响微生物的活度状况。

图 7-13 所示为运用德国 DIN50929 评价标准对某土壤进行土壤腐蚀性评价的拟合结果。

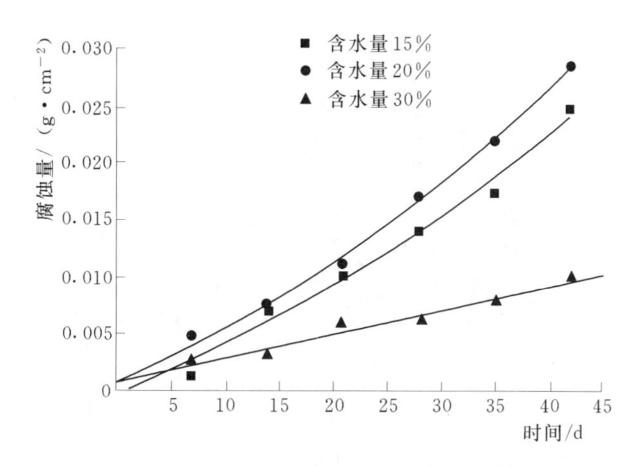

图 7-13 土壤的腐蚀数据及拟合结果

图 7-14 所示为碱性土壤中钢的腐蚀率与含水率的关系曲线。

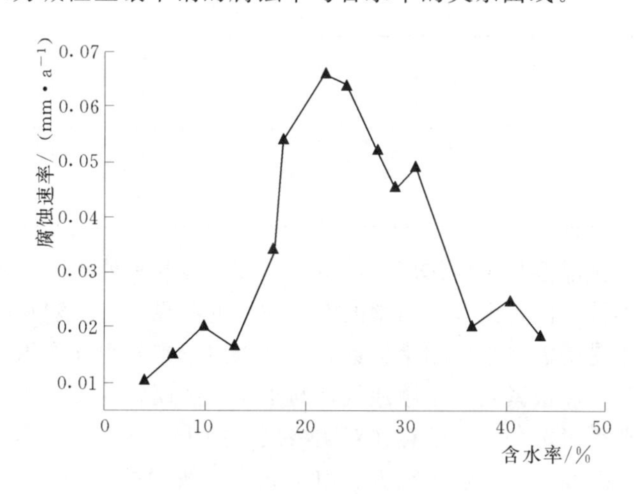

图 7-14 碱性土壤中钢的腐蚀率与含水率的关系

从图 7-14 可以看出，接地网材料腐蚀在含水量适中时腐蚀速率要大一些。这是由于接地金属表面形成了连续非均匀的液相膜，有利于盐碱溶解的水化作用、阳极溶解的金属离子的水化作用，同时液膜的不均匀造成的氧浓差电池有利于阴极和阳极反应物的生成，但又不会因含水量过多而显著改变氧气透气性。相反，含水量增多，有利于在接地金属表面形成一层致密的钝化膜，同时也能阻止氧气的传递渗透，从而降低接地体的腐蚀速率。而在含水量较低的情况下，接地体则因土壤缺少水分，阳极金属难以离子化，土壤盐类也难以离子化，土壤溶液离子数目较少、活度较小，导致腐蚀速率也比较低。综上所述，可以做出结论：最容易发生腐蚀的情况为土壤成半干半湿的状态。

（2）土壤电阻率。土壤电阻率是土壤介质导电能力的反映，是一个综合因素。如图 7-15 所示，土壤电阻率与土壤腐蚀性之间没有绝对可靠的对应关系，但一般情况下，低土壤电阻率地区的平均年腐蚀率普遍高于高土壤电阻率地区的平均年腐蚀率。

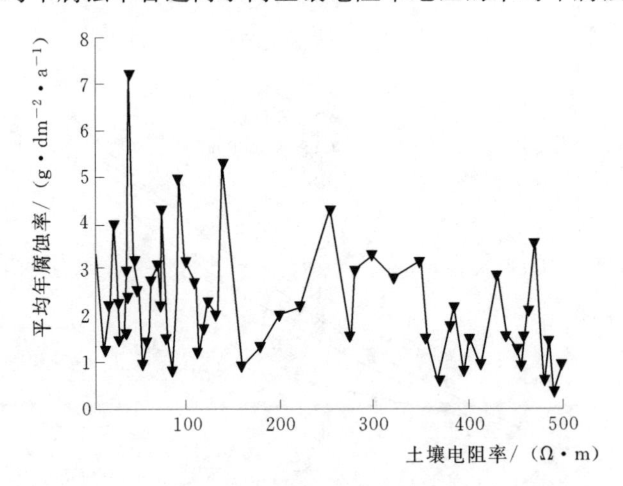

图7-15 土壤平均腐蚀率与土壤电阻率的关系图

根据土壤电阻率评价土壤腐蚀性各国有不同的标准，我国的评价标准见表7-3。

表7-3 土壤电阻率评价标准

土壤电阻率/(Ω·m)	土壤腐蚀性	土壤电阻率/(Ω·m)	土壤腐蚀性
<20	强	>50	弱
20～50	中等		

另外，当微观腐蚀电池起主导作用时，由于阴阳两极几乎处于同一地点，它们之间的土壤电阻可以忽略不计，而是由多个因素的综合作用的结果；对于宏观腐蚀电池起主导作用的地下腐蚀，由于是阴极与阳极相距较远，土壤电阻率则起主导作用。

(3) 土壤的通气性和松紧度。土壤通气性与土壤中金属腐蚀关系比较复杂，一般认为氧是土壤腐蚀的重要因素之一。氧的存在对阴极反应的生成具有较大影响，在以微电池为主的腐蚀中，氧含量越高，腐蚀速率越大。但金属在土壤中的腐蚀主要是宏观电池腐蚀，这主要是由于氧浓差电池引起的。金属在水分较多、含氧量较少的紧实黏土中电位较低，成为阳极区而受到腐蚀。

应注意，钢质导体容易在土壤中发生点蚀，而土壤的通气性对点蚀的发生有一定影响。在透气性良好的土壤中，尽管导体的点蚀速度一开始很大，但随使用时间的增加下降很快。这是由于在氧供应充足的条件下，铁氧化生成三价的氢氧化铁，并以此稳定形式紧密沉积在金属的表面，保护导体不再受腐蚀。

(4) 土壤的pH值。土壤的pH值表示了土壤酸碱性的强弱程度。在强酸性土壤中，H^+在阴极得到电子还原，其含量直接影响阴极反应。如图7-16和表7-4所示，酸性越高，腐蚀速率越大。在氧的阴极去极化占主导的中性和碱性土壤中，土壤酸度是通过中和阴极过程所形成的OH^-而影响阴极极化。阳极反应还原生成的金属离子，其溶解度也因土壤pH值不同而不同。

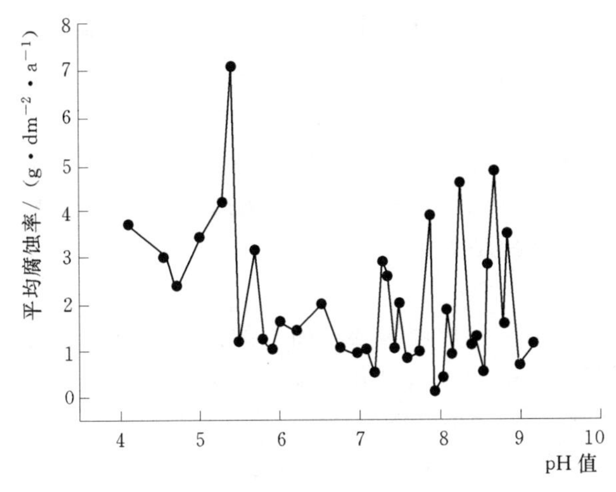

图 7-16　钢的平均年腐蚀率与土壤 pH 值的关系

表 7-4　土壤 pH 值与腐蚀性的关系

土壤 pH 值	腐蚀性	土壤 pH 值	腐蚀性
<4.5	强	6.5～8.5	弱
4.5～6.5	中等		

（5）土壤微生物氧化还原电位。土壤中缺氧时，如在密实、潮湿的土层深处，一般来说，由于氧是阴极过程的去极化剂，当氧缺乏时金属腐蚀难于发生并维持。然而，当土壤中存在微生物时，特别是有硫酸盐还原菌时，则会发生强烈的微生物腐蚀。

土壤中的电化学反应实质上也是氧化还原反应。土壤氧化还原电位是一个综合反映土壤介质氧化还原程度的强度指标，一般认为，400mV 以上为氧化状况，0～200mV 为中等还原状况；0mV 以下为强还原状况。土壤的氧化还原电位越低，土壤中的微生物对金属的腐蚀作用就越强，反之亦然，因此可以通过测量土壤还原电位预测土壤的微生物腐蚀能力。

（6）土壤中的盐分和组成。土壤中的可溶性盐除了对土壤介质导电过程起作用外，还参与电化学反应，从而对土壤腐蚀性有一定的影响。一般情况下，可溶盐含量增加，导电性增加，宏观电池的腐蚀性增大。与此同时，可溶盐在土壤中的移动和集聚，使土壤中盐含量分布不均，导致盐浓差电池的产生。另外，土壤盐分对金属电极的电位、溶解氧和微生物的活动均有一定的影响。

土壤中可溶性盐的种类很多，而它们对土壤腐蚀性的影响不完全相同，因此还要注意可溶性盐的组成。

氯离子是土壤中腐蚀性最强的一种阴离子。氯化物对金属材料的钝性破坏很大，促进土壤腐蚀的阳极过程，并能渗透通过金属的腐蚀层，与钢铁反应生成可溶性产物。

硫酸盐不仅能破坏金属表面的保护膜，也能促进钢铁腐蚀。但土壤中的硫酸盐对铅的腐蚀有抑制作用，因为硫酸盐、硅酸盐、碳酸盐能使铅表面钝化。另外，如果土壤中含有硫化物则会引起金属的严重腐蚀。上述提到，硫离子会与钢铁反应生成硫化铁，这与微生物硫酸盐还原菌的腐蚀作用有关。

土壤中含有硝酸盐时会使铁和铜导体形成钝化膜，但会引起铅的腐蚀。

(7) 土壤温度。金属材料在土壤中的腐蚀主要是电化学过程，温度升高无疑会加快反应过程。同时，直流接地装置长期有较大的电流通过，将使温度升高，从而进一步使接地装置的腐蚀速率增加。另外，土壤温度还影响微生物的生理活动。由于不同的微生物都有一个适宜的温度，当土壤温度低于零下时，微生物的活动将趋于停滞，随着温度的提高，微生物的活动增强，腐蚀作用增大。

7.3.2.2 大气引起的腐蚀

金属材料与所处的自然大气环境因环境因素的作用而引起的变质或破损称为大气腐蚀。主要是金属材料受大气中所含的水分、氧气和腐蚀性介质（包括 NaCl、SO_2、CO_2、烟尘、表面沉积物）的联合作用引起的破坏。

大气腐蚀按腐蚀反应可分为化学腐蚀和电化学腐蚀。除了在干燥的大气环境中发生氧化、硫化等属于化学反应外，大气腐蚀基本上属于电化学性腐蚀范围。有别于全浸电解液中的电化学腐蚀，大气腐蚀是一种液膜下的电化学腐蚀，由于金属表面上存在了一层饱和了氧的电解质薄膜，使大气腐蚀以氧优先作为去极化剂进行腐蚀。

大气的主要成分是水和氧，二者均是决定大气腐蚀速度和历程的主要因素，其中水膜的厚度直接影响大气腐蚀过程。因此本书根据腐蚀金属表面的潮湿程度把大气腐蚀分为“干的”“潮的”和“湿的”三种类型进行论述。

1. 干的大气腐蚀

干的大气腐蚀也称为干的氧化和低温度下的腐蚀，属于化学性质的常温氧化，即金属表面上没有水膜存在时的大气腐蚀。在清洁而又干燥的室温大气中，大多数金属生成一层极薄的氧化膜。

2. 潮的大气腐蚀

潮的大气腐蚀在相对湿度在 100%以下，金属在肉眼不可见的薄水膜下进行的腐蚀，如铁在没有被雨、雪淋到而生锈。这种水膜是由于毛细管作用、吸附作用或化学凝聚作用而在金属表面上形成的。因此，这类腐蚀在超过临界相对湿度时，污物的存在能强烈地促使腐蚀速度增大，而且污物还会使临界湿度值降低。

3. 湿的大气腐蚀

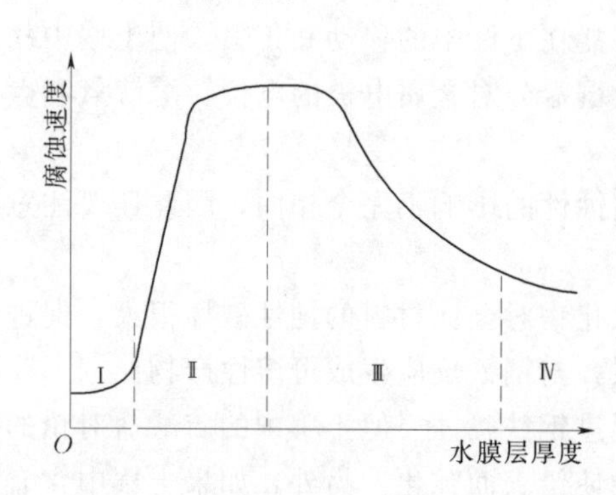

图 7-17 大气腐蚀速度与金属表面上的水膜厚度的关系

湿的大气腐蚀是在相对湿度为 100%附近或水分（雨、飞沫等）直接落在金属表面上时，水分在金属表面上凝聚成肉眼可见的液膜时的大气腐蚀。

潮的和湿的大气腐蚀都属于电化学腐蚀，表面液膜层厚度不同决定了它们的腐蚀速度不同。

总结三种情况下大气腐蚀如图 7-17 所示：区域Ⅰ水膜厚度过小，没有延续的电解质液膜，相当于干的大气腐蚀，腐蚀速度较慢；区域Ⅱ，金属表面有一层很薄的电解质液膜存在，且液膜易于氧的扩散进入界面，相当于潮的大气腐蚀，

腐蚀速度剧增；区域Ⅲ，液膜厚度已达到明显可见的程度，相当于湿的大气腐蚀。随着水膜厚度的增加，氧的扩散阻力加大，腐蚀速度开始下降；当液膜进一步变厚时，即区域Ⅳ，相当于金属全沉浸在电解液中的腐蚀，腐蚀速度下降平缓。

7.3.2.3 海水引起的腐蚀

对于海上风电场的接地体来说，海水是要考虑的主要腐蚀介质。海水的含盐量较大，盐分中的主要物质为NaCl，占总盐度的77.8%。而Cl^-对接地体的腐蚀性很强。在海水中，Cl^-容易破坏金属面的钝化膜，导致孔蚀和缝隙腐蚀的发生，只有少数易钝化金属，如钛、锆等，才能在海水中保持钝态。图7-18所示为钢接地体的腐蚀率与Cl^-浓度的关系。

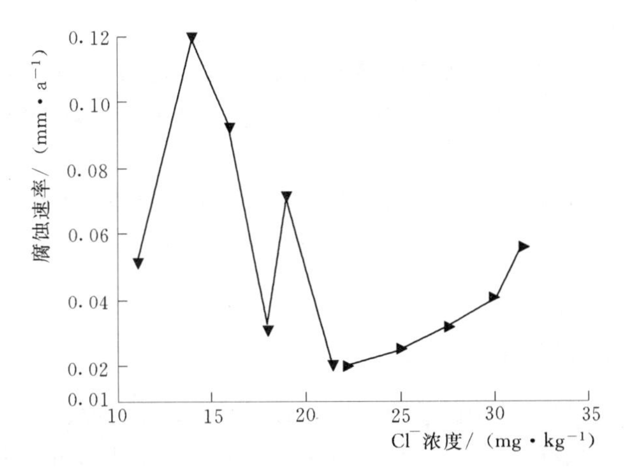

图7-18 钢接地体的腐蚀率与Cl^-浓度的关系

7.3.2.4 杂散电流引起的腐蚀

杂散电流是指在土壤介质中存在的一种大小方向都不固定的电流，这种电流对材料的腐蚀称为杂散电流腐蚀，也可以简称为电腐蚀，是电化学腐蚀的一种特殊形式。根据杂散电流的性质，可分为直流电流腐蚀和交流电流腐蚀。直流设备（如电解槽、电气化铁路、电车、直流电焊设备等）经常会因绝缘不良而产生入地的杂散电流，这种电流使从土壤流入接地体的部位成为阴极而受到保护，而电流经金属接地体再流进的大地因为是阳极而遭受腐蚀，和普通电化学过程中作为阳极的金属会发生腐蚀的原理基本一致，如图7-19所示。

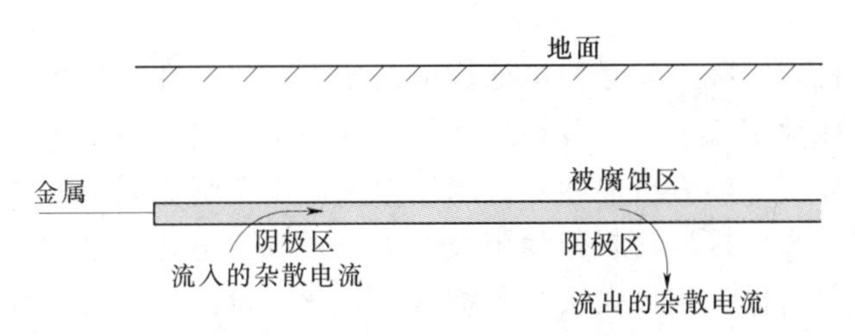

图7-19 杂散电流引起的腐蚀

反应的机理为：当铁在阳极被氧化成离子态进入土壤后，和土壤中的OH^-生成氢氧化亚铁，再进一步与氧气和水结合成三价的氢氧化铁——一种红褐色的固体稳定稀松组织附在导体表面，铁阳极因而逐渐消耗。

杂散电流的腐蚀程度比自然腐蚀大得多，据资料表明，1A 的电流一年能消耗 10kg 的铁、11kg 的铜或者 37kg 的铅。壁厚 8～9mm 的钢管，快则 2～3 个月就会腐蚀穿孔。

交流杂散电流通过接地体时也会使接地体产生腐蚀，其机理比直流腐蚀复杂，但一般认为交流腐蚀的强度比直流腐蚀小得多，通常可以忽略不计。

7.3.2.5 降阻材料引起的腐蚀

考虑到一些降阻材料将与接地材料紧密接合，如果降阻材料对接地材料有较强的腐蚀性，将减少接地装置的使用年限，甚至发生接地不良的事故。

某些降阻材料所含凝胶质中的成分具有阴极去极化作用，会加速阴极反应，从而使腐蚀增强。在具体工程中，为了增强某些降阻材料的降阻指标，常常加大降阻材料中无机盐的含量，若所使用的无机盐类能够促进电化学腐蚀的发生，降阻材料就会加速接地体的腐蚀。

降阻材料对接地体的腐蚀效果分为有腐蚀、无腐蚀和有防腐保护作用三种。实际工程中，要注意不应该选择对接地材料有腐蚀作用的降阻材料，最好使用对接地材料具有防腐保护作用的降阻材料。

7.3.3 防腐材料的应用要求

接地体作为防雷接地系统中的重要一环，必须保证其稳定性、长效性和寿命，然而无论是陆上还是海上风电设施，都会受到来自土壤、大气、海水等介质各种因素的强腐蚀，严重影响其长期稳定运行。因此，对于接地装置有必要采取一定的防腐蚀保护措施。

7.3.3.1 接地材料的腐蚀机理分析

对于接地材料的腐蚀可以总结为两大腐蚀机理，即化学腐蚀与电化学腐蚀，其中以氧为去极化剂发生的电化学反应为主。

1. 化学腐蚀

化学腐蚀属于在自然环境中发生的腐蚀，是接地装置金属表面和周围环境中的非电解质接触而直接进行单纯的化学反应，同时是一种自发性的腐蚀。化学腐蚀的特点是金属表面原子与非电解质氧化剂直接发生氧化还原反应，产生腐蚀产物。此过程中，电子的传递在金属原子与氧化剂间直接进行，不产生电流。一般来说，单纯的化学腐蚀考虑较少。

2. 电化学腐蚀

电化学腐蚀的机理实际上就是原电池反应的原理。当存在少量水分时，土壤水即成为一种电解质溶液。接地装置金属部分在地下要延伸一定距离，由于土壤的不均匀性，导体会遭遇不同的土壤环境，即有可能因氧气浓度差或温度差形成完整的原电池腐蚀系统。

（1）阳极反应。金属接地材料作为阳极失去电子发生电化学过程。在接地材料的原电池腐蚀系统，接地材料作为阳极失去电子被氧化，化合价升高，成为水合阳离子，转入电解质溶液，失去原来的原子特性。

不难理解，在酸性土壤中，铁直接以二价离子形式存在于电解质溶液中；在中性或碱性土壤环境中，阳极反应生成的二价铁离子与氢氧根离子反应生成氢氧化亚铁，氢氧化亚

铁在土壤中的氧和水的作用下进一步反应生成氢氧化铁，最后转化成稳定的氧化铁等腐蚀产物。

（2）阴极反应。在电化学腐蚀过程中，阴极的去极化剂得到电子被还原的过程，称为阴极反应过程，其中 H^+ 和氧气是接地材料电化学腐蚀常见的阴极去极化剂。

黄铜发生选择性腐蚀时，溶解的 Cu^{2+} 将在黄铜表面重新沉积，形成一层疏松的红色海绵铜，这层海绵铜作为电池的附加阴极，促进了原电池反应的发生。

一般情况下，要发生电化学腐蚀，既要有电位较低的金属作为阳极被还原成金属离子，发生溶解，还要有能保证阴极过程持续进行的还原剂，阳极和阴极之间有电子流动，反应才能持续发生。其中阴极反应主要是以析氢腐蚀和吸氧腐蚀为主。导体的 E_M 必须低于 H^+ 的 E_H 才能引起氢离子被还原析出氢气的反应过程，发生吸氧腐蚀的必要条件是金属在溶液中的平衡电位比 0.805V 低；常用的金属电极材料在水中的标准电极电位的排列顺序为 $Mg<Al<Fe<H_2<Cu$。

7.3.3.2 达到良好防腐效果的措施

以上对接地导体在各介质中腐蚀的基本原理和影响因素、接地导体的腐蚀基本机理进行了分析，为了满足接地网的正常使用寿命和其他应用要求，在设计接地网时应考虑采取一定的防腐措施。

1. 注意接地网的选址和选材

（1）选址。接地网的敷设选址应该尽可能地远离强腐蚀和污染区域。值得注意的是，要尽量保证接地网埋深的效果，足够的深度既可以降低接地电阻，同时下层土壤比上层土壤含氧量少，从而降低腐蚀速度。同时，工程中埋入接地极后回填土要用细土并夯实，减少氧气的渗透量，减少氧气的浓度差，从而减缓腐蚀。

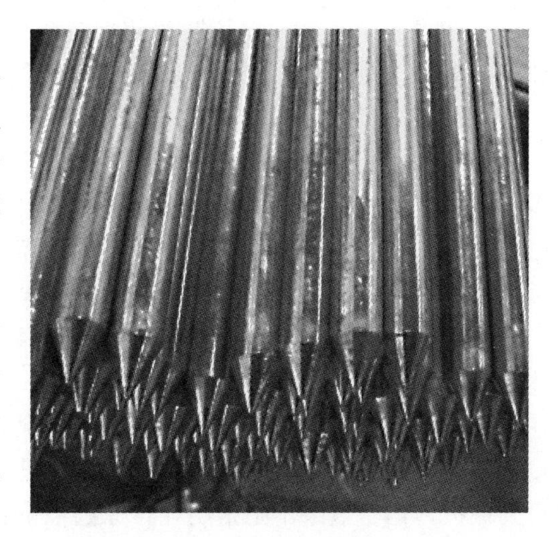

图 7-20 铜质接地棒

（2）选材。对接地材料的选择应进行全面的技术经济分析比较。与我国主要采用钢材料作为接地体相比，国外发达国家选用在土壤中耐腐蚀的铜材料（图 7-20），既有优点也存在着缺点。

1）选铜材料作为接地体的优点如下：

a. 铜接地装置比钢接地装置使用寿命长。铜不仅具有良好的导电性，而且具有优异的化学稳定性，其在土壤中的腐蚀速率仅为钢铁的 1/5～1/10，使用寿命长达 50 年以上。相反，钢接地装置在防腐方面不尽如人意，碳钢在一般土壤中的年平均腐蚀在 0.2mm 左右，接地装置寿命往往达不到设计寿命，一般在 10 年左右，如某市电力公司调查表明，220kV 变电站钢材料接地装置的使用寿命仅为 5～7 年。

b. 铜接地装置运行维护工作量较小。由于镀锌钢接地装置性能不稳定，因此规程制定了严格的检查、试验项目，如《电力设备预防性试验规程》（DL/T 596—2005）要求钢接地装置每6年进行一次接地电阻测试，每8年开挖检查一次。相反，如果采用较稳定的铜接地装置，运行维护工作量将大大减小。

c. 铜接地装置的接触电位差和跨步电位差相对较小。铜材相对磁导率为1，钢材相对磁导率为636，而接地装置的电位差随着相对磁导率的增大而增大，因此铜接地装置的接触电位差和跨步电位差相对较小，保证了运行维护人员的安全。

2）选铜材料作为接地体的缺点如下：

a. 铜材远比钢材贵。考虑经济因素，铜材价格约为钢材的20多倍，铜材接地网的造价远远高于钢材接地网。同时，我国的铜矿资源相对匮乏，因此在我国铜质接地体难以大规模推广。

b. 铜质接地网容易造成电偶腐蚀。本书前文提到，采用不同的材料时，在两种不同金属电气连接后形成电偶腐蚀作用，电位较低的金属发生溶解而腐蚀，从而影响其他钢结构的使用寿命，特别是电厂其他钢结构如地下循环水管和接地网。

c. 铜属于重金属，在长期的使用过程中会产生重金属污染，对土壤造成损害。考虑环保因素，在现今非常注重环境保护的社会环境下铜材料接地网不值得提倡。

2. 用覆盖层保护

由于在电化学腐蚀过程中，接地导体通常作为原电池系统的阳极被腐蚀，因此在导体表面用覆盖层保护是防止导体腐蚀普遍而又重要的方法。覆盖层可以使导体与外界隔离，以阻碍金属表面原子失去电子被还原，从而被腐蚀。

覆盖可分为金属覆盖层和非金属覆盖层两类。

（1）金属覆盖层。用耐腐蚀性强的金属或合金作为覆盖层，覆盖在容易发生腐蚀的导体表面，如电镀铜钢导体、镀锌钢导体等。采用金属覆盖层时，必须注意覆盖层的完整性，因为一旦覆盖层出现破损等不完整情况时，表面的两种金属便形成原电池，从而腐蚀接地材料。目前，采用热镀锌减缓腐蚀速度是一种最常见的做法。表面的热镀锌使接地网得到保护，但是效果不是很明显，原因如下：

1）锌的抗腐蚀能力较强，在一般土壤中的年平均腐蚀仅有0.065mm，然而我国目前的热镀锌厚度通常在0.05～0.06mm。同时，锌材料只是比较适用于碱性环境，而对酸性环境的耐腐蚀能力比较差，一般镀层对防腐也只起1年的保护作用（土质状况较好的地区也不会超出3～5年）。

2）由于存在着金属材料的杂散电流腐蚀，在杂散电流的作用下，热镀锌层很快就电解腐蚀掉，因此其耐蚀性能与未加镀锌层的普通碳钢相比提高极少，不能明显改善接地网的防腐性能。

（2）非金属覆盖层。其主要作用与金属覆盖层类似，目的是为选用密度较大的非金属材料形成覆盖层，将导体与电解质溶液隔离，达到保护效果，如用油漆、沥青和塑料等。在电力系统中，土壤中普遍采用焦油沥青覆盖层。将接地引线表面清理干净，然后涂刷一层密实的沥青，形成一个绝缘护套，即可以将原电池作用大大降低，减慢接地引线本身及由它引起的对接地装置的电化学腐蚀速率。为了增加覆盖层的厚度，往往加入填料或用石棉、玻璃纤维等无机纤维缠绕加固。另外，也可采用聚乙烯塑料带及环氧树脂喷涂等方法。

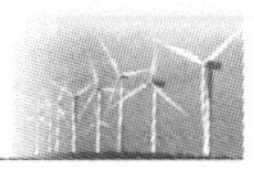

3. 控制反应过程

由原电池分析过程，一旦处于阳极的金属接地体被钝化，将有助于抑制原电池系统的持续反应。若向合金中加入容易钝化的合金元素，或加入阴极性合金元素（贵金属），将促进阳极钝化，如铁中加入铬、不锈钢中加入铜等。

除此之外，加入阳极缓蚀剂也可以进一步控制腐蚀体系的反应过程。缓蚀剂是只要少量加入就能够显著减缓或阻止金属腐蚀的物质，也称为腐蚀抑制剂。其优点在于，保护金属缓蚀剂用量少、见效快、成本较低且使用方便。缺点在于，缓蚀剂的保护效果有强烈的选择性，与金属材料的种类、性质和腐蚀介质的性质、温度、流动情况有密切关系。例如，对钢铁有缓蚀作用的亚硝酸钠或碳酸环乙胺，对铜合金不仅无效，且会加速其腐蚀。目前还没有一种对各种金属都普遍适用的缓蚀剂。

4. 实施阴极保护

阴极保护法主要有两种，即牺牲阳极的阴极保护法和外加电流的阴极保护法。

（1）牺牲阳极的阴极保护法。此方法利用的是原电池原理，具体为使用一种比需要保护的接地体金属材料的化学性质更为活泼、电位更低的金属作为牺牲阳极，即此金属材料更加容易失去电子发生氧化反应，具有比被保护构件的金属材料更低的自然腐蚀电位。表7-5为金属和合金在海水中的电偶序。

表7-5　金属和合金在海水中的电偶序

排序	金属或合金	E_H/V	排序	金属或合金	E_H/V
1	镁	−1.45	9	碳钢	−0.40
2	镁合金 （6%Al，3%ZnO，0.5%Mn）	−1.20	10	不锈钢 Cr19Ni19 （活化态）	−0.30
3	锌	−0.80	11	α+β 黄铜（40%Zn）	−0.20
4	铝合金（10%Mg）	−0.74	12	锰青铜（5%Mn）	−0.20
5	铝合金（10%Zn）	−0.70	13	铜	−0.08
6	铝	−0.53	14	铜镍合金（30%Ni）	−0.02
7	镉	−0.52	15	Cr17 不锈钢（纯态）	+0.10
8	铁	−0.50	16	银	+0.12

作为牺牲阳极，金属或合金必须满足以下几个要求：

1）要有足够的负电位，且很稳定。

2）工作中阳极极化要小，溶解均匀，产物易脱落。

3）阳极必须有高的电流效应，即实际电容与理论电容的百分比要大。

4）电化学当量高，即单位重量的电容要大。

5）腐蚀产物无毒，不污染环境。

6）材料来源广，加工容易。

7）价格便宜，经济实惠。

把要作为牺牲阳极的金属材料埋在土壤中，再用导线将其与被保护接地体连接起来，形成一个腐蚀原电池系统。牺牲阳极由于性质较活泼失去电子被还原，电子经过导线流向阴极，而溶解得到的正离子经过土壤流向阴极，即向阴极提供了一个阴极保护电流，使作为阴极的被保护构件得到阴极极化，表面富集电子而不再产生离子从而免遭腐蚀。牺牲阳极的阴极保护法原理如图 7 - 21 所示。

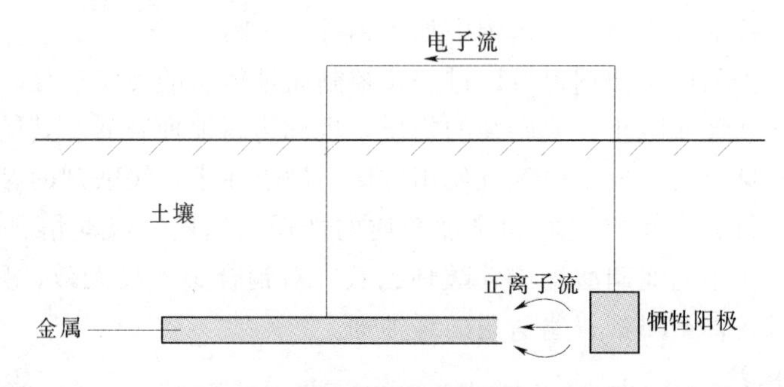

图 7 - 21　牺牲阳极的阴极保护法原理

牺牲阳极的阴极保护法不需要外部电源，对临近的地下金属构筑物干扰小，不占用地面场地，安装施工简单。然而，牺牲阳极法不适合在土壤电阻率高的环境下使用，保护电流不可调，对覆盖层的质量要求高，并且消耗有色金属，需要定期更换，可能会引起成本的增加。

图 7 - 22 所示为使用一年后未实施牺牲阳极阴极保护的试片和实施了牺牲阳极阴极保护的试片效果比较图。从图中可以发现，一年后未实施保护的试片腐蚀已经相当严重，而实施保护的试片表面保护完好，只是有产生结痂的现象。

(a) 未实施保护

(b) 实施保护

图 7 - 22　保护效果比较图

(2) 外加电流阴极保护法。此方法利用的是电化学原理。外加电流阴极保护系统主要由外加直流电源、辅助阳极和参比电极等几部分组成。将被保护金属接地体与直流电源的负极相连，由直流电源提供阴极保护电流，以使被保护构件阴极极化，表面只发生还原反应，不发生使金属离子化的氧化反应，从而保证接地体不被腐蚀。外加电流的阴极保护法原理如图 7 - 23 所示。

外加电流阴极保护系统中辅助阳极的作用是把电子输送到阴极，即被保护的金属构件

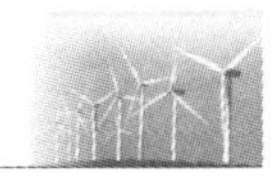

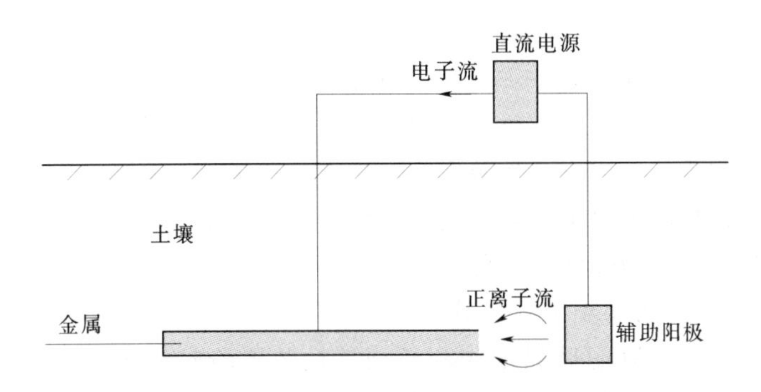

图 7-23 外加电流的阴极保护法原理

上，其与牺牲阳极的阴极保护法所用的阳极材料要求截然不同。外加电流法的辅助阳极材料应具有以下特点：导电性好、耐腐蚀性好、寿命长、一定电压下单位面积通过的电流大、阳极极化小、有一定的机械强度、可供长期使用、易于加工、来源方便、价格便宜。常用的辅助阳极材料有钢、石墨、高硅铁、磁性氧化铁等。

外加电流阴极保护系统中的参比电极用来与直流电源配合，测试出被保护金属构件的电位，便于调节电源的输出电压，以确保金属构件得到充分的保护。因此，参比电极要求可逆性好，不易极化，坚固耐用，能在长期使用中保持电位稳定、准确、灵敏。常用的参比电极有 $Cu/CuSO_4$ 电极，Ag/AgCl 电极等。

外加电流的阴极保护法输出的保护电流可以连续调节，且可以满足较大的电流保护密度要求，保护范围大，不受大地电阻率大小的限制，对覆盖层质量要求相对较低。然而，此方法对临近的地下金属构筑物干扰大，且有可能出现过保护。

(3) 牺牲阳极的阴极保护法和外加电流的阴极保护法比较。两种方法的优缺点比较见表 7-6。

表 7-6 牺牲阳极和外加电流优缺点比较

方　法	优　点	缺　点
牺牲阳极	(1) 不需要外加电源。 (2) 对邻近构筑物无干扰或很小。 (3) 投产调试后可不需管理。 (4) 保护电流分布均匀、利用率高	(1) 高电阻率环境不宜使用。 (2) 保护电流几乎不可调。 (3) 覆盖层质量必须好。 (4) 消耗有色金属
外加电流	(1) 输出杂散电流保护管道。 (2) 保护范围大。 (3) 不受环境电阻率影响。 (4) 保护装置寿命长	(1) 需要外部电源。 (2) 对邻近金属构筑物干扰大。 (3) 维护管理工作量大

5. 提高接地体的热稳定性

作为接地体的应用要求之一，腐蚀体系热力学稳定性的高低取决于金属本身和介质条件。例如，在钢中加铜、在铜中加金，即在金属中加入电位较高的金属元素，从而提高金属接地体的电极电位。

6. 外涂导电防腐材料

导电防腐涂料是指电导率在 $10\sim10^3$S/cm 以上的具有导体和半导体性能的涂料，主要由基体树脂、导电填料、溶剂及添加剂组成。近几年，国内外对导电防腐涂料的技术研究发展很快，有望成为广泛用于接地装置防腐应用的新技术。其特点是涂料具备很低的电阻率，又具备对酸、盐的抗腐蚀，同时由于用量很少，施工较简单、价格适中，可以认为是目前接地装置防腐中较为经济的一种措施。

7. GPF-94 高效膨润土降阻防腐剂

GPF-94 高效膨润土降阻防腐剂作为新型接地装置防腐材料，从本质上讲，它属于一种物理保护类型，相当于物理降阻剂兼做接地装置的外围防腐层。

(1) 三个最基本的技术特点。

1) 导电性能良好，电阻率尽量低于土壤电阻率并与被保护的金属的电阻率相接近。

2) 防腐性能良好，对钢质接地体的腐蚀率不大于 0.0025mm/a，对土壤中广泛存在酸、碱、盐等环境有较强的耐受能力。

3) 现场施工工艺简单易行，机械强度适当，价格适宜，同时对环境没有任何污染。

(2) 防腐机理。

1) 调整降阻剂的酸碱度呈碱性，pH 值为 10 左右，氢离子浓度小，腐蚀电位高，使析氢腐蚀无法存在。

2) 由于降阻剂结构密致，在内部的接地体含氧量极少，使接地体基本上不与氧气接触，防止了吸氧腐蚀。

3) 降阻剂内含有大量的钾、钙、镁、铝等金属氧化物，它们的金属离子都比铁的标准电极电位低，具有较好的阴极保护作用。

4) 在降阻剂中加入了一定比例的无机缓蚀剂及膨润土本身的钝化作用，在钢接地体表面生成一层钝化膜，保护了钢体。

5) 接地体添加高效膨润土降阻剂后，相当于添加了一个外围防护层，使接地体不直接与周围土壤接触。因此，当接地体通过大的工频接地短路电流和冲击电流时，电火花发生在降阻剂与土壤之间，从而使接地体免遭电火花腐蚀。

7.4 接地系统常用材料

接地系统运行的长效性和稳定性不仅与当地的土质环境有关，关键在于接地材料的合理选择和布局。除了要考虑接地材料本身的导电泄流性能外，还要考虑其在土壤中的运行状况。必要时对不理想的土壤环境进行改善，以确定接地系统的正常运行。本节对常用的接地材料、降阻材料、防腐材料进行了性能上的研究，有利于在实际工程应用中对接地材料的选择。

7.4.1 钢接地材料与铜接地材料性能比较

目前，我国大多采用钢材作为接地材料，以热镀锌钢为主，欧美国家则主要采用铜材作为接地材料。但多年运行经验表明，钢材料并不是理想的接地材料，在导电性能、热稳

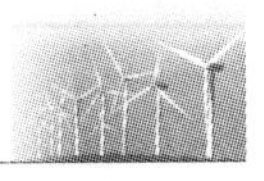

定性能及耐腐蚀性能方面都不如铜材料。但是铜材料在国内应用时间较短，价格较贵，应用较少。

1. 导电性

铜和钢在200℃时的电阻率分别是17.24×10^{-6}Ω·mm和138×10^{-6}Ω·mm。若铜的导电率为100%，则标准1020钢的导电率仅为10.8%，铜的导电率是钢的10倍左右。为了增强钢线的导电率，常采用在钢线外镀上一层铜。常用的镀铜钢绞线有30%导电率镀铜钢绞线和40%导电率镀铜钢绞线，导电率分别为30%和40%，均远比钢接地体好。特别是在集肤效应下，高频时镀铜钢绞线导电性能远远优于纯钢绞线。因此铜接地体导电性能较钢接地体好。

2. 热稳定性

铜的熔点为1083℃，短路时最高允许温度为450℃；钢的熔点为1510℃，短路时最高允许温度为400℃。因此，在接地体截面相同时，铜接地体热稳定性较好。并且在同等热稳定性能下，钢接地体所需的截面积为铜线的3倍，是30%镀铜钢绞线的2.5倍，是40%镀铜钢绞线的2.8倍。因此铜接地体的热稳定性比钢接地体好。

3. 耐腐蚀性

接地体的腐蚀主要有化学腐蚀和电化学腐蚀两种形式。一般情况下，这两种腐蚀同时存在。铜在土壤中的腐蚀速度大约是钢的1/10～1/50，其耐腐蚀性是镀锌钢的的3倍以上，而且电气性能稳定。铜与空气接触时，铜的表面会产生附着性极强的氧化物（铜绿），能够对内部的铜起很好的保护作用，阻断腐蚀的进一步形成。当铜与其他金属共同作为接地体存在时，在电化学腐蚀中铜作为阴极不会受腐蚀，能够对铜接地体进行有效保护。而钢材则会逐层腐蚀，镀锌层具有一定的抗腐蚀性，但效果远不如铜接地体。

钢接地体接头部位经过高温电弧焊接加工后会出现点腐蚀情况，一般最多只能保证10年的正常运行年限。而铜接地体不存在点蚀情况，寿命较长。

可见，铜接地体的耐腐性显著优于钢接地体。一般情况下，在测量接地电阻时，很难发现接地网腐蚀问题。但是一旦接地体通过较大的故障电流，由于接地体截面太小容易熔断，会导致故障电流不能通过接地网顺利泄入大地，从而导致地电位升高而出现“反击”现象，造成直流、保护、通信、信号等二次设备和低压系统故障和损坏，甚至造成变压器等重要设备损坏。

目前我国变电所接地系统均存在不同的腐蚀问题，特别是运行10年以上的变电所接地系统腐蚀相当严重。尽管在最初设计时设计人员已通过增大接地极截面来考虑30年的防腐问题，在实际运行中也采用部分开挖和测量接地电阻等方法来检测腐蚀问题，但由于各种不确定因素及复杂的地质条件导致实际腐蚀情况更严重，防腐效果不理想。

7.4.2 降阻材料性能研究

工程上常采用的降阻材料有降阻剂、等离子接地棒、接地模块和导电水泥。不同的降阻材料降阻机理不同，其性能也不同，适用于不同的条件，在工程应用时应注意区分选择。

7.4.2.1　降阻剂

降阻剂的电阻率远小于土壤的电阻率，按其配方可分为有机类和无机类降阻剂，根据降阻机理可分为物理降阻剂和化学降阻剂。

1. 降阻机理

（1）降低土壤电阻率。降阻剂施加在接地体周围后，降阻剂中的导电离子会逐渐渗透和扩散到周围土壤中，从而降低周围土壤的电阻率。在通过导电离子的扩散降低土壤电阻率方面，化学降阻剂的性能明显优于物理降阻剂。

（2）增大接地体的有效截面。降阻剂施加在接地体周围并与接地体紧密结合，在一定程度上增加了接地体的散流面积，增大了电容，从而减小了接地装置的接地电阻。

（3）消除接触电阻。降阻剂在使用时通常与水混合搅拌后形成黏稠的糊状，能够将接地体紧紧包住，一方面跟接地体紧密接触，另一方面跟周围土壤紧密接触，从而基本上消除了接触电阻。但是一般情况下化学降阻剂和流质降阻剂不具备这方面的性能。

2. 腐蚀性能

多数无机弱碱强酸盐类化学降阻剂和有机溶剂类降阻剂容易与接地材料生成化合物，从而腐蚀接地体，这类降阻剂的腐蚀性较高。化学降阻剂中无机盐品种的选择应与土壤状况与接地体材料相适应，如果无机盐的品种选择不当，高含量的无机盐会加速接地体的腐蚀。如果降阻剂具备很好的保水性，当它紧密地吸附在接地材料周围时，相当于把周围的腐蚀环境与接地体分隔成两个相对独立的空间，从而使接地体得到很好的保护，减缓接地体的腐蚀。对于不能凝固的降阻剂，电极浸泡在导电浆液中将加速腐蚀。

3. 稳定性与长效性

对于一些化学类降阻剂以及流质降阻剂，其导电的电介质会受到季节和土壤干湿度的影响，降阻效果不稳定；化学降阻剂刚施加时由于导电离子较多，降阻效果明显，但是随着雨水冲刷和土壤中含水量的变化，降阻剂中导电的离子将越来越少，最后甚至失去作用，导致接地电阻进一步回升。对于一些物理降阻剂，若其吸水扩大系数与接地材料不同，季节和温度变化时，降阻剂和接地导体将不能紧密地结合，导致接地体接触空气发生电化学反应而被锈蚀，使接地电阻回升。如果使用物理降阻剂的截面积不够大，接地电阻将会明显受到周围土壤含水量的影响，降阻效果不长久。

7.4.2.2　等离子接地棒

等离子接地棒是由若干节带排泄孔的铜管构成的接电极，管内填充无机盐类晶体。以等离子接地棒为接地材料降低接地电阻的方法称为电解地极法或离子法。等离子接地棒施工所需的面积较小，通常和电缆用火熔焊接方式连接，与接地装置的外延接地网一起使用。

1. 降阻机理

离子接地棒铜管内的无机盐晶体通过吸收土壤的水分而解离成导电的电解液，电解液中的离子逐步渗透和扩散到周围土壤中，从而降低土壤电阻率。离子接地棒可制成较长的长度，在孔隙度较大的土壤中，离子电解液可以大幅度扩散，从而减小各个方向的土壤电阻率。

2. 腐蚀性能

等离子接地棒降阻方法实质上是利用耐腐蚀的铜管来盛装具有降阻作用的化学类降阻剂来达到降阻的目的。降阻材料必须与接地装置接触时才能起到降阻作用，因此，等离子棒的铜管的防腐性能对于主接地网没有任何作用，接地体遭受腐蚀的情况并无改善。同时为了达到长期稳定的降阻效果，需要定期向接地网周围补充接地极，这样无机盐类的不均匀渗透将造成腐蚀电位差，会进一步腐蚀钢接地材料，因此在使用电解地极时接地网应采用铜材作为接地材料来减小电位差的腐蚀作用。

3. 稳定性与长效性

等离子接地棒的稳定降阻效果必须通过不断补充管内的无机盐维持，管内无机盐又必须靠水溶解来释放导电离子。在土壤含水量低的地区，无机盐不能形成电解液，失去降阻作用；在地下水位较高的土壤地区，析出的无机盐类易随水土流失，降阻效果不长久。等离子接地棒的寿命较短，实际使用年限通常比理论年限少得多。

7.4.2.3 接地模块

接地模块是在降阻剂中加入一些胶黏剂等添加剂，并经高压使其与接地体压制成圆柱形、立方形以及其他立体几何图形。接地模块的中间有与主接地网相连接用的金属引线，施工时只要将一个个模块的金属引线与主接地网的圆钢或扁钢分别焊接即可。

1. 降阻机理

接地模块与物理长效降阻剂具有类似的降阻效果，降低了接地体与周围土壤间的接触电阻，增大了接地体本身的散流面积；并且接地模块本身所使用材料的电阻率较低，介于接地体电阻率和土壤电阻率之间，使短路电流经过的区域没有电阻率突变的情况，从而抑制了短路时地电位的升高，降低了反击的概率，改善了电位分布。由于炭具有孔隙，具有一定的吸湿保湿能力，所以能充分发挥以炭为导电剂的接地模块的导电作用。由于接地模块不具有渗透和扩散作用，不能改善周围土壤的电阻率，同时又不可用做基础和铺路，因此其应用具有一定的局限性。

2. 腐蚀性能

接地模块采用的材料是性能稳定的耐蚀物质，在实际工作过程中本身不会被锈蚀。但接地模块与金属导体的连接部分容易发生电化学腐蚀，并且接地模块对与其相连的接地体没有防腐保护作用，一旦主地网受到腐蚀，接地模块的作用也将全部丧失。

3. 稳定性和长效性

接地模块本身具有较好的防腐效果，加上它所含炭的吸湿和保湿性能，因此具有较长的使用寿命和较好的降阻效果。

7.4.2.4 导电水泥

导电水泥以普通水泥为基料，加入具有导电性能的电介质并经过特殊处理可用来减小接地装置的接地电阻。又因为水泥有固化作用，且所用添加剂均不溶解于水，也不随雨水或地下水的冲洗而流失，对接地体无腐蚀作用，所以具有长期稳定的降阻效果。

1. 降阻机理

导电水泥类似于固体降阻剂，扩大了接地体的有效截面积，尤其是在用导电水泥做基础或者铺设导电水泥路面时，等于无限地增加了散流面积，能够起到十分显著的降阻作

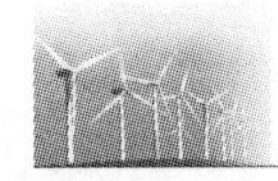

用。但是在使用导电水泥时，其降阻效果会随着使用量的增加出现饱和状态，这是因为屏蔽作用限制了降阻效果，所以在进行大型接地网的材料选择时，不宜选用导电水泥。导电水泥只能通过增大接地网的有效接地面积来降低接地电阻，并不能改善接地装置周围土壤的电阻率，并且增加双倍的面积才能降低一半的接地电阻值，投资费用相对较大，降阻效果也不是很明显。因此，在大多数情况下，为配合其他降阻材料达到最好的降阻效果，可选择用导电水泥铺设路面或做基础。

2. 腐蚀性能

一般导电水泥对钢接地体的腐蚀率小于 0.03mm/a，远远低于一般土壤对接地体的腐蚀率。并且导电水泥内部含有金属离子，可用作阴极保护，从而抑制接地体的电化学腐蚀，对接地材料具有良好的防腐作用。但由于水泥不防水，因而在土壤含水量较高的地区，地网的电化学腐蚀依然存在。

3. 稳定性与长效性

导电水泥黏度较大，附着力强，不会随着雨水而流失，因而寿命长，理论寿命可达60 年以上；但由于接地体是被水泥固定封死的，当接地体流过较大的冲击电流时，接地体将产生强大的热应力，使水泥块体崩裂。

7.4.3　防腐材料性能研究

工程上常用的防腐措施主要有给接地体施加覆盖层、采用缓蚀剂、采用阴极保护和涂刷导电防腐涂料。不同的措施都能够在一定程度上减缓接地体的腐蚀速率，但并不能彻底解决这一问题。

7.4.3.1　覆盖层

金属接地材料运行于大气环境中或土壤环境中，或多或少会被环境中存在的氧化剂（如氧气）等物质所腐蚀。接地材料如果表面处理不均匀，其自身也会由于构成腐蚀原电池而被锈蚀。用一层保护介质将接地材料与周围腐蚀环境分隔开，接地材料被腐蚀的速度将大大减缓，能够长期稳定地运行。同时，由于保护介质能够紧密地结合在金属接地材料外部，接地体不存在电流通道，阻止了腐蚀原电池的形成。覆盖层因其良好的防腐性能在电力系统，尤其是在电力系统的接地系统中应用越来越广泛。

1. 防腐性能

在接地工程中，镀锌钢和镀铜钢已经逐步替代碳钢。这两种接地材料是利用接地体外层的耐腐蚀性更好的金属或合金来保护内部耐蚀性较差的碳钢，并且由于镀层为金属，所以不会影响接地材料的导电率。非金属保护层则是通过用油漆、沥青和塑料等使易腐蚀的碳钢与电解液隔离开来。在大气中常用的保护涂层在土壤条件下的耐蚀性以及与基体的结合性很差。在电力系统中，地下管道及土壤中接地引线（包括焊接头处）的防腐普遍采用焦油沥青保护层。

2. 稳定性能

如果覆盖层涂刷于接地体时能够保证其均匀性，并没有漏涂点，则覆盖层一般都具有较好的稳定性。但对于一些金属镀层，如镀锌层易被腐蚀且熔点较低，长期运行后会因损坏而降低稳定性。通常情况下，非金属覆盖层的耐蚀性要好于金属覆盖层。

3. 其他性能

沥青等非金属保护层不导电，会增大接触电阻；不会产生环境污染，价格较合理。

7.4.3.2 缓蚀剂

缓蚀剂也称腐蚀抑制剂，可分为无机缓蚀剂和有机缓蚀剂两类。用缓蚀剂进行防腐的优点在于不用很多的材料就能达到与其他防腐材料同等的防腐效果，节省了大量的投资和施工时间。

1. 防腐性能

缓蚀剂的防腐作用是在金属表面形成一层不透性薄膜，抑制阳极和阴极反应。缓蚀剂保护有强烈的选择性，对不同种类的金属和不同性质的腐蚀环境显示出不同的特性。比如，亚硝酸钠或碳酸环己胺会加速铜合金的腐蚀速度，但对钢铁却有缓蚀作用。目前还没有一种缓蚀剂对各种金属都适用。一般无机缓蚀剂主要用于防止金属的吸氧腐蚀，有机缓蚀剂可以在酸性土壤中保护金属免受锈蚀。

2. 稳定性

缓蚀剂会随水土流失而流失，不能直接加入接地体所处的土壤中，否则不能起到稳定的缓蚀作用。在实际应用中主要是在降阻剂中加入使用，因为降阻剂的介质比较稳定。

3. 其他性能

由于缓蚀剂用量少、施工简单，所以不需要很高的成本，对环境无明显污染。当加入降阻剂时，可适量加入一些缓蚀剂，减慢接地体的腐蚀速度。

7.4.3.3 阴极保护

阴极保护是电化学防腐体系中必不可少的部分，通过采取一定的措施来减缓阴极反应的进行或是抑制阴极反应的过程，从而达到防腐的目的。阴极保护可以通过牺牲阳极法或外加电流法实现。牺牲阳极来保护阴极，使耐蚀性低于接地材料的金属或合金作为阳极不断溶解，从而达到抑制接地体腐蚀的目的；外加电流来自于直流电源，施加在接地体上，使接地材料中的腐蚀电位升高，从而使其具有很好的耐腐蚀稳定性，从而实现抑制腐蚀的目的。对于牺牲阳极法，不用外加直流电源和监控，对相邻的金属设施不会产生干扰，并且具有较好的分散电流的能力，便于施工，但该方法以牺牲阳极金属为代价，需要损耗很多金属材料，且不能很好地自动调节电流；外加电流法阴极保护系统具有体积小、质量轻、能自动调节电流和电压等优点。

阴极保护是一种经济而有效的防护措施。但是在高电阻率环境中不宜使用，杂散电流干扰大时也不能使用；另外，由于保护电流不可调，并且在线监测麻烦，如果保护电流密度太小，则接地网腐蚀依然存在。阴极保护法的可靠性与技术方案、施工质量密切相关，虽然取得了一定成效，但采用该措施所需成本较高，目前还没有建立一套完整的规范标准。

7.4.3.4 导电防腐涂料

导电防腐涂料主要由基体树脂、导电填料、溶剂及添加剂组成。用于接地网的导电防腐涂料一般为添加型，可分为镍粉型、石墨型和纳米碳型。

1. 降阻机理

导电防腐涂料选用金属系填料，导电性能良好，电阻率低于土壤电阻率并与被保护金属的导电性接近。某品牌导电防腐涂料的单位体积电阻率为0.00118852Ω·cm，土壤电阻率为100～5000Ω·cm，土壤电阻率是导电防腐涂料电阻率的100万倍左右。因此，导电防腐涂料具有良好的导电性能。涂刷导电防腐涂料的接地体通过涂料的涂层与周围土壤相接触，接地体单位面积的接触电阻约为0.007852Ω/cm^2，一般接地体与周围土壤的有效接触面积达10000cm^2以上，则可以得到接地体总接触电阻小于10^{-7}Ω，因而导电涂层对整体接地电阻的影响非常微弱，可以忽略不计。

2. 防腐性能

导电防腐涂料采用化学稳定性好、抗腐蚀性强的填料。良好的导电防腐涂料可以起到很好的防腐保护作用，并有耐酸、碱、盐等化学溶液的能力，可用于土壤中的防腐。

3. 稳定性能

石墨类防腐涂料涂层的导电具有方向选择性；镍粉为导电添加剂的导电防腐涂料易氧化，而失去导电性；纳米碳防腐导电涂料不会氧化且导电无方向性，吸附力好，不易水土流失，性能稳定。

4. 其他性能

导电防腐涂料具有对环境无污染、施工方便等优点，其价格比镀锌低，用量很少，施工工艺简单，总体成本不高。

7.4.4 工程上常用的防腐降阻材料

在接地工程中需要考虑防腐和降阻的问题，而这两个问题往往不能统一。高效膨润土防腐降阻剂成功地解决了降阻和防腐这一接地工程中的主要矛盾，使其达到了有机的统一。它主要是利用膨润土本身具有一定的防腐作用和较低的电阻率，进一步强化了其降阻性能和防腐性能，因此常作为重要的防腐降阻措施应用于接地工程中。

1. 降阻机理

高效膨润土防腐降阻剂加水后可以膨胀到原体积的2～3倍，填充了接地体周围的土壤间隙，消除了接地装置的接触电阻；其渗透扩散作用改善了周围土壤电阻率；同时拥有较强的吸水性和保水性，特别适宜于北方干旱地区使用，可以增强土壤的导电性，扩大接地装置的有效接地面积。但是高效膨润土防腐降阻剂的胶质价高、黏度大，因此它的渗透和扩散较为缓慢，需一定时间才能达到最佳效果。

2. 防腐性能

（1）避免电火花腐蚀。接地装置通过高效膨润土防腐降阻剂与周围土壤相连通，由于膨润土的膨胀性使它们紧密接触，不容易产生电火花，即使产生电火花，也是产生在高效膨润土防腐降阻剂与周围土壤之间，在一定程度上避免了接地材料发生电火花腐蚀。

（2）抑制吸氧腐蚀。在某些地区的自然土壤环境下，土壤孔隙度较大，含氧量高，容易发生吸氧腐蚀。施加高效膨润土防腐降阻剂后，由于膨润土的土质较细，且具有膨胀作用，可以使其与接地材料的结合力增加，并填充了土壤间隙，排出了氧气，抑制了接地材料的吸氧腐蚀。

高效膨润土防腐降阻剂中的无机缓蚀剂，再加上膨润土本身的作用，在接地材料表面会生成一层钝化膜使其与外界腐蚀环境隔离，抑制了接地材料的进一步腐蚀；高效膨润土

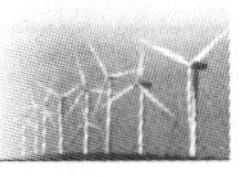

防腐降阻剂偏碱性，pH 值为 10 左右，H^+ 的浓度小，也不利于微生物的生长，避免了析氢腐蚀和微生物腐蚀；高效膨润土防腐降阻剂中耐蚀性较差的金属有阴极保护功能。因此，高效膨润土防腐降阻剂与其他降阻材料相比，对于接地材料具有良好的防腐保护作用。

3. 稳定性与长效性

由于高效膨润土防腐降阻剂具有较强的吸水性和保水性，受气候的影响小，不易随水土流失，同时能耐受大的冲击电流，在高土壤电阻率地区，特别是山区，可保持防腐降阻效果的长久性和稳定性。

4. 其他性能

防腐降阻剂本身不含铅、砷等有害、有毒元素，在生产和使用过程中对周围环境和地下水资源无污染、无毒性、安全可靠，对人身体健康无危害，且成本低、施工工艺简单、价格便宜。

参 考 文 献

[1] 满超楠．接地材料和防腐降阻材料的性能研究及其优化选择 [D]．长沙：长沙理工大学，2008.
[2] 陈坤汉．接地装置腐蚀机理与防腐措施的研究 [D]．长沙：长沙理工大学，2008.
[3] 李兰民．110kV 开关站接地引下线的热稳定校核 [J]．湖北电力，2013，37 (3)：27－29.
[4] 吕大鹰．新材料与新技术在电力接地系统中的应用 [J]．能源与环境，2009，(6)：49－53.
[5] 李定中．发变电站接地均压网优化布置方法的研究 [J]．水力发电，1990，29－33.
[6] 尹作前．发电厂接地系统及其防腐 [D]．杭州：浙江大学，2012.
[7] 欧洲华．变电站接地装置的腐蚀机理及防腐措施研究 [J]．中国西部科技，2009，8 (19)：4－6.
[8] 杨小光．变电站接地系统降阻方案及接地材料选择 [D]．北京：华北电力大学，2011.
[9] 司振朝．变电站接地网的腐蚀与防护 [C]．第三届中国国际腐蚀控制大会技术推广文集，2005，139－143.
[10] 刘刚，邓春林．防雷与接地技术概论 [M]．广州：华南理工大学出版社，2011.
[11] 石海珍．变电站地网电阻及接地引下线的测试、接地装置的防腐 [J]．新疆电力，2005，(3)：4－6.
[12] 杨道武，李景禄．发电厂变电所接地装置的腐蚀及防腐措施 [J]．电瓷避雷器，2004，(2)：43－46.
[13] 满超楠．接地材料和防腐降阻材料的性能研究及其优化选择 [D]．长沙：长沙理工大学，2013.

第8章 接 地 设 计

接地技术最初是为了防止电力或电子等装置遭受雷击而引入的保护性措施。在日常生活中，许多建筑物上都装有避雷针，其作用就是把雷电产生的雷击电流通过避雷针引入大地，从而起到保护建筑物的作用。实践证明，接地是保护人身安全的一种有效手效。对于风力发电场，由于其所处的位置风力资源好，比较空旷，因此遭受雷击的概率也比较高。风力发电机的雷电防护具有一定的特殊性，即利用自身作为引导雷电泄放的通道，因此要形成良好的通路。本章需要解决的主要问题是风力发电机组的接地设计。

8.1 接 地 电 阻

接地装置的接地电阻是接地极的对地电阻和接地线路电阻的总和。

8.1.1 工频接地电阻与冲击接地电阻

工频接地电阻是根据接地体入地工频电流求得的电阻。用接地电阻测量仪测量的电阻即为工频接地电阻。当冲击电流或雷电流通过接地体向大地散流时，不再用工频接地电阻而是用冲击接地电阻来量度冲击接地的作用。冲击接地电阻阻值等于接地体对地冲击电压幅值与冲击电流幅值之比，即

$$R_{ch}=\frac{U_m}{I_m} \tag{8-1}$$

式中 R_{ch}——冲击接地电阻，Ω；

U_m——接地体上的最大电压，kV；

I_m——接地体上流过电流最大值，kA。

冲击接地电阻R_{ch}与工频接地电阻R之比为接地体的冲击系数。对集中接地体来说，冲击系数一般小于1，但是对长度很长的伸长接地体来说，由于电感效应，也可能大于1。冲击系数是反映接地装置冲击特性的一个重要参数，它可以为防雷接地工程设计提供诸多方便。从物理过程来看，防雷接地与工频接地有两点区别：一是雷电流的幅值大，二是雷电流的等值频率高。雷电流的幅值大，会使大地中的电流密度增大，因而提高大地中的电场强度，在接地体表面附近尤为显著。地电场强度超过土壤击穿场强时会发生局部火花放电，使土壤电导增大。因此同一接地装置在幅值很高的雷电冲击电流作用下，其接地电阻要小于工频电流下的数值，雷电流的等值频率很高，会使接地体本身呈现很明显的电感作用，阻碍电流向接地体的远端流通。对于长度较长的接地体而言，这种影响更显著，其结果是使接地体得不到充分利用，接地电阻值大于工频接地电阻，这一现象称为电感影响。因此，直接测量冲击接地电阻存在很大困难。但是，只要测出接地装置的工频接地电阻，

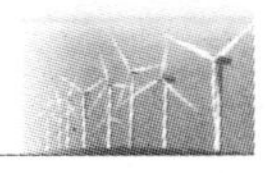

就可以根据冲击系数计算得到其冲击接地电阻。

8.1.2 影响冲击接地电阻的主要因素

接地装置的冲击特性主要与雷电流的幅值、接地装置的几何特性和土壤电阻率有关。当土壤电阻率及接地装置的几何特性一定时，冲击接地电阻随冲击电流幅值的增加而减小。但是，当冲击电流幅值到达一定的值后，冲击接地电阻减小的趋势变缓。这是因为冲击电流作用在接地体周围时会产生瞬变电场，当瞬变电场的电场强度超过土壤的临界击穿场强时，土壤被击穿，产生火花放电，如图 8-1 所示，相当于增大了接地装置的等效直径，所以冲击接地电阻阻值减小。

当冲击电流幅值和土壤电阻率都一定时，接地装置的冲击接地电阻随几何尺寸的增加而减小，减小到一定值时其趋势变缓。接地体尺寸的增加，一方面可增加接地体的散流面积而使其冲击接地电阻减小；另一方面，由于接地体长度的增加，感抗增大，使得散流不均匀，增长的接地体不能得到充分利用。两方面因素共同导致冲击接地电阻的降低具有饱和特性。因此，在冲击电流的作用下，接地体具有一定的有效长度。

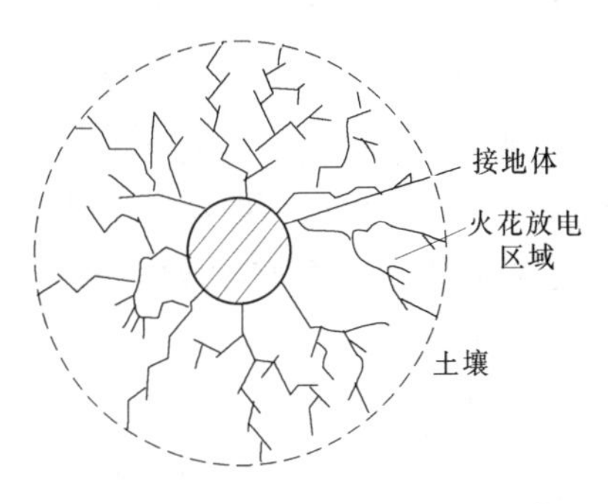

图 8-1 火花放电

一般来说，接地体的工频接地电阻随土壤电阻率的增加而线性增加，而冲击接地电阻随土壤电阻率的增加呈非线性关系增加。土壤电阻率较小时，冲击接地电阻随电阻率的增加而增加的速度较大，而当土壤电阻率较大时，增加的速度减小。冲击接地电阻随土壤电阻率变化的曲线基本可以分成三段：当土壤电阻率小于 500Ω·m 时，容易将电流流散到土壤中去，土壤电阻率的增加对接地体周围场强的影响较小，土壤的击穿厚度增加不多，使冲击接地电阻变化接近线性；土壤电阻率在 500～3000Ω·m 范围时，土壤的导电性能下降，只有通过击穿土壤形成火花区才能将冲击电流流散出去，因此变化趋势呈非线性；土壤电阻率大于 3000Ω·m 时，土壤的导电性很差，土壤的电阻率增加，使接地体周围的场强增强较多，导致土壤的击穿厚度增加较多，从而削弱了土壤电阻率对冲击接地电阻的影响，并导致变化趋势变得更平缓。

8.1.3 接地电阻的要求

为确保接地装置在运行中能发挥其应有的作用，其接地电阻均应符合规程要求。对于各类常用的接地装置，其允许接地电阻值见表 8-1。

表 8-1 设备接地电阻允许值

项 目	允许值/Ω	备 注
普通电器设备保护接地	≤4	
大型精密设备保护接地	≤1～2	
部分通信设备工作接地	≤2～10	

续表

项　　目	允许值/Ω	备　　注
部分通信设备保护接地	≤5	
一般设备保护接地	≤5～30	
大容量变压器或发电机工作接地	≤4	容量大于100kVA，低压
零线重复接地	≤10	容量小于100kVA
防雷电感应接地	≤5～10	

8.1.4　风电场对接地电阻的要求以及升压站中性点接地方式

1. 风电场对接地电阻的要求

风力发电机组的接地分为工作接地和防雷接地，这两个接地的接地电阻不同。风力发电机组的工作接地一般应不大于4Ω（应满足制造厂的要求）。对于防雷接地，通常机组接地电阻取值为小于4Ω。如果风力发电机组制造厂提出了更低的要求，如2Ω，应按照制造厂的要求执行。

根据国家标准规定的风电机组的接地电阻可以按规定设计其接地网。我国风电场风机的接地网基本都为围绕风机基础做环形水平接地网，在水平接地网上加垂直接地极。由于不同工程的地质条件不同，各个风机布机处的土壤电阻率也大不相同，低的为几十欧·米，高的达到几千欧·米。因此风机的接地电阻差别很大，所达到的效果也不相同。下面分几种情况来讨论。

（1）风机所在位置的土壤电阻率较低，用较小的接地网就可以做到接地电阻小于4Ω，工作接地和防雷接地的接地电阻都可以满足条件。

（2）风机所在位置的土壤电阻率较高，单台机组接地网的接地电阻可以满足小于10Ω，但不能满足接地电阻小于4Ω的要求。在工程中通常采取的方案如下：

1）外引接地极或外接接地网，以保证接地电阻小于4Ω。采用放射状外引接地极以扩大接地面积并向外引到土壤电阻率较低的位置。在山区也可以采取在山脚下或半山腰土壤电阻率低的位置设置接地网，再与风机接地网连接，这样可以做到接地电阻小于4Ω。

2）把风电场局部区域的若干台风机的接地网连接起来，以保证接地电阻小于4Ω。实际就是扩大了接地网，以减小接地电阻。由于风机之间的间距一般在几百米的范围之内，风机接地网通过两根水平接地干线互相可靠地连接起来，到达接地电阻小于4Ω是可行的。

这两个方案在具体的工程施工中可以联合使用。由于单台机组接地网满足工频接地电阻小于10Ω，冲击电阻小于工频电阻，所以，防雷接地电阻小于10Ω满足条件。

（3）风机所在位置的土壤电阻率很高，单台机组接地网的接地电阻不能满足小于10Ω。按照规程的要求，工作接地电阻是必须要小于4Ω，因此可以按照（2）的方案2）把风电场局部区域的若干台风机的接地网连接起来扩大地网，以保证接地电阻小于4Ω。只是由于土壤电阻率很高，需要连接的风机数量会增加一些。也可以按照（2）的方案1）外引接地极或外接接地网，以保证工频接地电阻小于4Ω。如前所述，地网在冲击电流的作

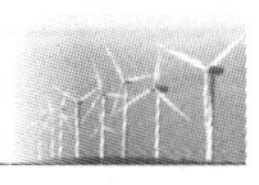

用下，只有电流注入附近的一小块范围内的导体起到散流作用，无论地网有多大，对应冲击电流其有效面积却是一定的，有效面积之外的导体并不能起到泄放雷电流的作用。由于土壤电阻率很高，单台机组的接地电阻在有效面积内的达不到小于10Ω，此时可以采取的有效措施主要是换土，降低土壤电阻率或者采用深井接地等措施，同时应当与风机厂家协商，对风机采取一些防护措施加强内部设备安全性，如加强内部设备屏蔽、采用隔离变压器等。

2. 风电场升压站中性点接地方式

在满足风电场对接地电阻的要求后，风电场升压站中性点接地方式的选取也是一个综合性问题。它涉及过电压水平、单相接地短路电流、电压等级、保护配置等，直接影响风电系统及整个大系统的稳定性、可靠性和连续性。目前风电场集电系统电压等级多为35kV，其中性点接地方式较多采用经消弧线圈接地和经小电阻接地。

(1) 35kV系统中性点经消弧线圈接地。中性点经消弧线圈接地是在中性点和大地之间加装一个可调节的电感消弧线圈。在系统发生单相接地短路故障时，调节消弧线圈的电感值使产生的感性电流几乎与系统容性电流相等，用其补偿容性电流，使流过接地点的电流减小到能自行熄弧的范围。

采用经消弧线圈接地的特点是当线路发生单相接地时，风电系统按规程要求可以在单相接地故障下运行2h，能保证风电系统供电的可靠性和连续性。但是由于在发生故障时，健全相电压超过3/2倍相电压，对于设备的绝缘水平要求较高；在故障运行时，可能引发两相或者三相接地短路，这样容易扩大故障范围，使故障发展为永久性接地故障；同时，此接地方式容易产生谐振，使系统出现过电压和虚接地现象，放大变压器高压侧到低压侧的传递电压；使小电流选线装置灵敏度降低，甚至导致无法选线。

目前，该接地方式多运用于以架空线路为主的风电场中。

(2) 35kV系统中性点经电阻接地。中性点经电阻接地是在中性点与大地之加入间一定阻值的电阻，在系统发生故障时，故障相电流为电容电流和中性点阻性电流的矢量和，使接地故障电流呈阻容性。合适的中性点阻性电流有利于区分故障相电流和非故障相电流，从而快速切除故障，防止事故扩大化。由于电阻是耗能及阻尼元件，能够在一定程度上防止谐振过电压和间歇性弧光接地过电压，从而延长变压器和其他电气设备的使用寿命；经电阻接地可以将系统过电压限制在线对地电压的2.5倍以下（经消弧线圈接地为3.2倍），变压器等设备的绝缘水平可以相对降低，减少投入成本，经济效益明显；在以电缆为主的线路中，经电阻接地有利于降低操作过电压，电缆线路接地故障大部分为永久性故障，可不设重合闸，不会引起操作过电压。此种接地方式的缺点是显而易见的，由于其快速性，在发生短路故障时，系统会立即切除故障，对于系统的供电可靠性和连续性有一定的影响；接地点电流较大，会使故障点接地网的地电位升高，危及系统安全运行。

目前，中性点经电阻接地方式主要运用于以电缆线路为主和电缆线路与架空线路混合的系统中。

在风电场35kV系统中合理地选取中性点接地方式，能有效地避免单相接地故障扩大化，提高系统运行的可靠性。在进行具体设计时，还应根据风电场集电线路的型式、继电保护的具体要求合理选取。

8.1.5　降低接地电阻的措施

接地电阻是接地装置技术要求中最基本的技术指标。原则上要求接地装置的接地电阻越小越好。降低接地电阻，通常有以下几种措施。

1. 人工处理土壤

在接地体周围土壤中加入食盐、炉灰、焦灰、煤渣、炭沫等可以提高土壤的导电率。其中最常用的是食盐，因为食盐价格低廉，改善土壤电阻系数的效果较好，且受季节性变动较小。处理方法是在每根接地体的周围挖直径为0.5～1.0m的坑，将食盐和土壤一层隔一层地依次填入坑内。食盐层的厚度通常约为1cm，土壤的厚度大约为10cm，每层盐都要用水湿润，一根管形接地体的耗盐量约为30～40kg。这种方法可将砂质土壤的接地电阻降为原来的1/6～1/8，而在砂质黏土中则可降为原来的2/5～1/3，如果再加入10kg左右的木炭，效果会更好。但是，该法对含石及岩石较多的土壤效果不大，会降低接地体的稳定性，也会加速接地体的锈蚀，并且会因为盐的逐渐溶化流失而使接地电阻慢慢变大，所以2年左右需进行一次处理。

2. 更换土壤

利用黑土、黏土、泥炭及砂质黏土等代替原有较高电阻系数的土壤，必要时也可使用焦炭、木炭等。置换的范围是在接地体周围1～2m的范围内和近地面侧大于等于接地极长的1/3区域内。这样处理后，接地电阻可减小为原来的3/5左右。这种取土置换方法耗费较多人力和工时，一般用于多岩石的地区，如高山、坡地等。

3. 多支外引式接地装置

如果接地装置附近有导电良好及不冻的河流湖泊、水井、泉眼、水库等土壤电阻率较低的地方，则可利用该处制作接地极，或者敷设水下接地网，以降低接地电阻。外引接地装置应避开人行道，以防跨步电压电击，但在设计、安装时，必须考虑连接接地极干线自身电阻所带来的影响。因此，外引式接地极长度不宜超过100m。

4. 深埋接地极

如果周围土壤电阻率不均匀，地下深处的土壤或水的电阻率较低，可采取深埋接地极来降低接地电阻阻值。这种方法对含砂土壤最有效果。据有关资料表明，若3m深处的土壤电阻系数为100%，4m深处为75%，5m深处为60%，6.5m深处为50%，9m深处为20%，这种方法可以不考虑土壤冻结和干枯所增加的电阻系数，受季节影响小，但施工困难，土方量大，造价高，在岩石地带困难更大。

5. 利用接地电阻降阻剂

在接地极周围敷设了降阻剂后，可以起到增大接地极外形尺寸、降低接触电阻的作用。一方面，降阻剂能向周围土壤渗透，降低周围土壤的电阻率，在接地体周围形成一个变化平缓的低电阻率区域；另一方面，降阻剂表面有活性剂，粒度较细，吸水后施于接地体与土壤间，能够使金属与土壤紧密地接触，形成足够大的电流流通面，有效减小接地电阻。降阻剂具有导电性能良好的强电解质和水分，这些强电解质和水分被网状胶体包围，网状胶体的空格又被部分水解的胶体所填充，使它不至于随地下水和雨水流失，因而能长期保持良好的导电作用，这是目前采用的一种较新和积极推广普及的方法。

6. 采用导电性混凝土

在水泥中掺入碳质纤维作为接地极使用，如在 $1m^3$ 水泥中掺入约 100kg 的碳质纤维，制成半球状（直径为 1m）的接地极。经测定，与普通混凝土相比，导电性混凝土的工频接地电阻通常可降低 30%左右。这种方法常用于防雷接地装置。为了能够进一步降低冲击接地电阻，还可以同时在导电性混凝土中埋入针状接地极，使放电电晕能够从针尖连续地波及碳质纤维，这对降低冲击接地电阻阻值有明显的作用。

7. 钻孔深埋法

钻孔深埋法所采用的垂直接地体长度一般视地质条件为 5～10m，接地体通常采用直径 20～75mm 圆钢。不同直径的圆钢对接地电阻值的影响很小。这种方法适用于建筑物拥挤或敷设接地网的区域狭窄等场合，也适用于多石的岩盘地区。采用本法施工的接地体，受季节影响小，可获得稳定的接地电阻值。同时由于深埋，也可使跨步电压显著减小，有利于保障人身安全。此外，钻孔深埋法对含砂土壤最有效，因其含砂层大都处在 3m 以内的表面层，而地层深处的土壤电阻系数较低。本法施工方便，成本不高，效果显著，被广泛运用。

8. 使用高导活性离子接地单元

90%的接地电阻一般都在垂直接地体周围的范围内，使用较大垂直接地体时，接地体的直径对接地电阻的影响不大。因此，可以从改变接地体周围壳层的土壤电阻率来解决接地体接地电阻问题，通过引入高导活性离子的方法使土壤电阻率得以下降。这些溶液在外填充剂的吸收作用下，均匀地流入土壤，在土壤中形成导电良好的电解离子土壤，特别是在石头山、土壤少的地区，电解液可沿石山纵深方向渗透，使原来导电率极差的高山地质结构形成一条良好的电解质均匀等电压导电通道，大大降低原土壤中接地土壤的电阻率，极大程度地减少接地极与周围土壤的电阻率。

9. 灌注法

在管形接地体的管壁上每隔 10～15cm 距离钻上几个小孔，孔径 1cm 左右，然后将各管打入地中，再把食盐或硫酸铜等物品的饱和溶液灌入管内，让液体自动地通过管壁的小孔流入地中，从而达到降低接地电阻的目的。

8.1.6 接地电阻的计算

根据定义可知，接地电阻的数值等于接地装置对地电压与通过接地极流入地中电流的比值。严格来说，接地电阻包括五个组成部分，即接地引线的电阻、接地体本身的电阻、接地体与土壤间的过渡电阻和大地的散流电阻。与散流电阻相比，前三种电阻要小得多，一般均忽略不计，这是因为其中的引线电阻很小；接地体一般也都是钢材等良导体，其电阻值可忽略不计；大地通常都有一定的湿度，土壤中的吸湿微粒紧紧地贴附在接地体上，其接地体与土壤间的接触电阻一般也可忽略；电流由接地体向大地流动时，越靠近接地装置则电流密度越大，流散电流所遇到的阻力也越大，即其电阻也越大。从接地电阻的分布情况来看，90%以上的电阻分布在接地体周围的土壤中。这样一来，接地电阻 R_e 就等于从接地体到地下远处零电位面之间的电位 V_e 与流过的工频或直流电流 I_e 之比，即

$$R_e = V_e / I_e$$

$$V_e = \int_{R_0}^{\infty} dV = \frac{\rho I_e}{2\pi}\int_{R_0}^{\infty} \frac{dX}{x^2} = \frac{\rho I_e}{2\pi R_0}$$

$$R_e = \frac{\rho}{2\pi R_0} \tag{8-2}$$

可见，接地电阻与土壤电阻率 ρ 和接地体的尺寸等因素有关。

通常通过恒定电流场分析得到的接地装置的电阻为土壤的散流电阻，即一般计算公式计算得到的接地电阻只是接地装置周围土壤的接触电阻。这种接触不是面接触，而是点接触，二者间存在一定的接触电阻，特别是在岩石地区，接触电阻有时是比较大的。接触电阻不是一个确定值，它与土壤的颗粒状况及潮湿程度、施工时的压紧程度等有关，但接触电阻在计算公式中很难反映。

8.2 陆上风电场接地

一般而言，设置接地网的目的是为了降低接地电阻，控制最大接触电位差和跨步电位差的大小以确保人身安全，限制地电位的升高以保护低压及电子设备的安全，以及在地网电位升高时有效隔离地网的高电位与远方的低电位，防止低电位的引入和高电位的引出，同时要考虑地网内电位的均衡。这是风电场接地设计中的难点。

目前，陆上风电场在往山地发展，除了山脊的风能资源较丰富之外，在山地建设风电场不占用耕地，在缺乏可供开发利用空地的地区这一点尤其重要。根据《交流电气装置的接地设计规范》(GB/T 50065—2011)，风电场全厂接地电阻需满足 $R\leqslant 2000/I$（I 为最大入地短路电流）的要求，但是山地的土壤电阻率一般较高，风电场升压站面积一般较小，仅靠升压站地网难以满足上述要求。由于风电场机组数量众多，要使每台机组的接地电阻都满足要求十分困难，工程上一般采用降阻剂或等离子接地棒等特殊措施；也可采用将相邻机组的接地网连接组成一个大的地网以降低接地电阻。风电机组接地系统如图 8-2 所示。

8.2.1 接地电阻的计算

接地电阻是电流 I 经接地电极流入大地时，接地电极的电位 V 对 I 的比值主要是大地呈现的电阻。接地电阻的大小除与大地的结构、土壤的电阻率有关外，还与接地体的几何尺寸和形状有关，在雷电冲击电流流过时还与流经接地体的冲击电流的幅值和波形有关。

由于接地电阻的存在，当有电流通过接地体时，将使接地电极及其周围的土壤发热；电流在接地电阻上的压降将引起接地电极电位的升高，可能使设备受到这一过电压（反击过电压）的作用而损坏；电流离开接地体在地中扩散时，在地面上出现的电位梯度会使人体遭受接触电压和跨步电压的作用，为此对接地电阻阻值必须加以控制。

在风电场接地设计中，接地电阻为

$$R_n = \alpha_1 R_e \tag{8-3}$$

$$\alpha_1 = \left(3\ln\frac{L_0}{\sqrt{S}} - 0.2\right)\frac{\sqrt{S}}{L_0}$$

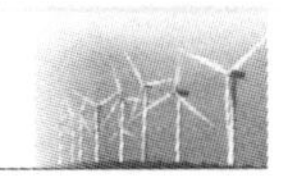

$$R_e = 0.213\frac{\rho}{\sqrt{S}}(1+B) + \frac{\rho}{2\pi L}\left(\ln\frac{S}{9hd} - 5B\right)$$

$$B = \frac{1}{1+4.6\dfrac{h}{\sqrt{S}}}$$

式中 R_n——任意形状边缘闭合接地网的接地电阻，Ω；

R_e——等值（即等面积、等水平接地极总长度）方形接地网的接地电阻，Ω；

S——接地网的总面积，m^2；

d——水平接地极的直径或等效直径，m；

h——水平接地极的埋设深度，m；

L_0——接地网的外缘边线总长度，m；

L——水平接地极的总长度，m。

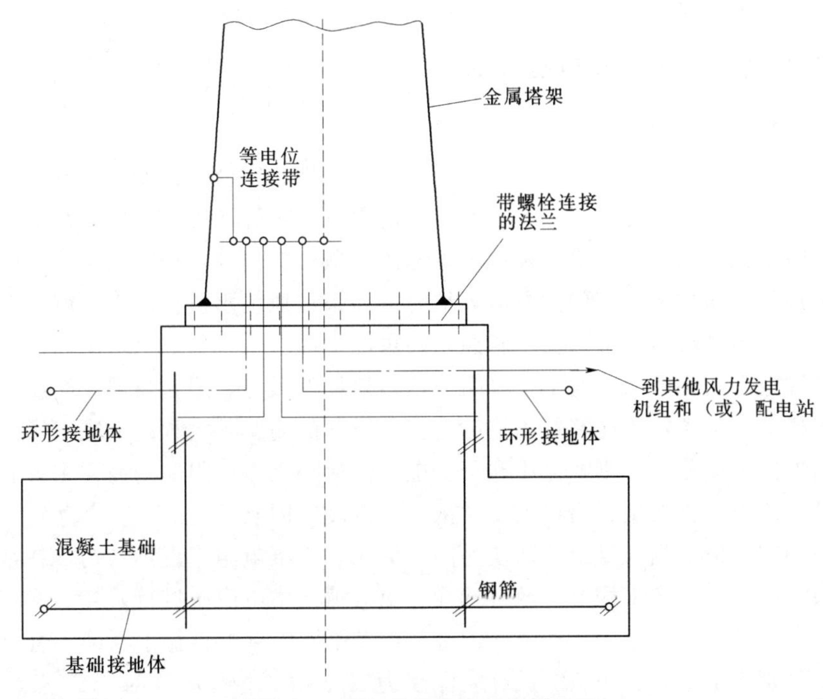

图 8-2 风电机组接地系统示意图

在实际的工程应用中，通常采用该式（8-3）的简易计算式，即

$$R \approx 0.5\frac{\rho}{\sqrt{S}} \tag{8-4}$$

式（8-3）和式（8-4）只能适用于水平接地网，当垂直接地极总长度在接地网中所占比例很小时，用式（8-4）近似计算复合接地网的接地电阻也是可以的。式（8-4）是在假定接地网为等电位下的条件下推导的，而大面积接地装置并非是一个等电位体，故对大面积的接地装置的接地电阻计算需加上一个修正系数，即将式（8-3）将变为

$$R \approx K\frac{0.5\rho}{\sqrt{S}} \tag{8-5}$$

式中　K——大型地网工频有效利用系数。

同时需要注意的是，式（8－3）是基于均匀土壤电阻率的情况。实际土壤电阻率一般都是非均匀的，即电阻率在各点不完全一样。实际工程中不可能详细了解大地的电阻率分布情况。因此，在接地计算中通常近似采用均匀土壤结构模型。均匀土壤结构模型假定大地土壤电阻率都是一致的，尽管与实际情况不符，但这种模型计算简便，容易了解地网尺寸、地网形状、埋深等参数对接地体接地电阻、跨步电位差和接触电位差的影响。

当地网敷设在水中或地网所在大地一定深处地质较复杂时，大地结构可由水平双层或三层模型来表示。这种土壤模型较单层更接近实际，计算也不很繁琐，目前已有较成熟的算法。近年来，随着计算机技术的飞速发展，快速大内存的高性能计算机在电力工程领域迅速得到应用，极大地促进了接地技术的研究。利用边界问题数值计算方法——边界元法对电磁场三维位势问题进行积分方程和边界积分方程推导，建立接地电阻计算的数学模型，正推动着接地网分析计算的进一步发展。

8.2.2　陆上风电机组接地电阻计算

8.2.2.1　土壤电阻率选择

对于风电机组，接地电阻是衡量接地系统的有效性、安全性以及鉴定其是否符合要求的重要参数。对于接地装置而言，要求其接地电阻越小越好，因为雷电流总会选择传导性最好（即电阻最低）的路径传输，接地电阻越小，散流就越快，跨步电压、接触电压也越小。当发生接地短路故障或其他大电流入地时，如果接地电阻值比较大，就会造成接地网电位升高异常，给运行人员带来安全隐患，还可能造成反击，对风电机组内的设备造成危害。影响接地电阻的主要因素有土壤电阻率，接地体的尺寸、形状及埋入深度，接地线与接地体的连接等。其中，接地装置周围的土壤电阻率的高低很大程度上决定了接地电阻的大小、地网地面电位分布、接触电压和跨步电压。影响土壤电阻率的因素主要有土壤含水量、结构性、质地、含盐量、离子类型及浓度、温度等因素。

土壤中的实际情况相当复杂，即使是同一地区，土壤电阻率也不均匀，在垂直和水平方向上有很大的差异。在工程上，通常选择一个等值土壤电阻率进行计算。假定某个接地网测试了多个点 A、B、C、D、…、N，每个点在不同深度处进行了测试，每个点的各层土壤电阻率分别为 ρ_1、ρ_2、…、ρ_n，对应深度为 d_1、d_2、…、d_n。对于 A 点，工程上的计算方法为

$$\rho_A=\frac{\rho_1 d_1+\rho_2 d_2+\rho_3 d_3+\cdots+\rho_n d_n}{d_1+d_2+d_3+\cdots+d_n} \tag{8-6}$$

根据式（8－6），B、C、D 点按同样方法进行计算，得出不同位置处土壤电阻率数值分别为 ρ_A、ρ_B、ρ_C、ρ_D、…、ρ_N，最终等值土壤电阻率值为

$$\rho_A=\frac{\rho_A+\rho_B+\rho_C+\cdots+\rho_N}{N} \tag{8-7}$$

需要注意的是，接地装置要考虑季节因数。因为，土壤电阻率是随季节变化的，规范所要求的接地电阻实际是接地电阻的最大许可值。为了满足这个要求，接地网的接地电阻要求达到式（8－8）的要求，即

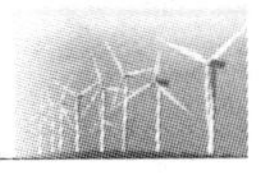

$$R=\frac{R_{max}}{w} \tag{8-8}$$

式中 R_{max}——接地电阻最大值，就是4Ω的接地电阻值；

w——季节因数，根据地区和工程性质取值，常用值为1.45。

另外，考虑到冻土会加大土壤电阻率数值，增加散流难度，因此在冻土地区敷设接地网时，应适当加深接地网的敷设深度，尽量将接地网敷设于冻土层以下。

8.2.2.2 接地计算方法

对于风电机组的接地设计，每个风电场工程的地质条件不同，即便是同一工程，各台风电机布置处的地质情况也大不相同，其土壤电阻率低的则几百欧·米，高的将达到上万欧·米。因此，设计计算中需要根据不同风电机位置处的土壤电阻率情况，对每台风电机进行单独分析计算，以满足风电机组接地电阻的要求。

冲击接地电阻是指冲击电流流过接地装置时，假定接地装置对地电位峰值与通过接地体流入地中瞬时电流的比值。对于风电机组这类容易受到雷击的高耸建筑物，除了普通的工频接地电阻外，还应考虑冲击接地电阻。冲击接地电阻无法通过测量方法取得，需要通过测出单台风电机接地网的工频接地电阻后，根据冲击接地电阻与工频接地电阻之间的关系计算得出。单台风电机的接地电阻计算有以下4种方案。

1. 单台风电机水平复合接地网工频接地电阻

$$R_g=0.5\frac{\rho}{\sqrt{S}} \tag{8-9}$$

式中 R_g——风电机工频接地电阻，Ω；

ρ——土壤电阻率，Ω·m；

S——接地网面积，m^2。

2. 单个垂直接地极接地电阻

$$R_V=\frac{\rho}{2\pi l}\left(\ln\frac{8l}{d}-1\right) \tag{8-10}$$

式中 R_V——单个垂直接地极接地电阻，Ω；

l——接地极的长度，m；

d——接地极的等效直径，m。

3. 单台风电机冲击接地电阻

$$\alpha_1=\frac{1}{0.9+\beta\frac{(I\rho)^m}{l^{1.2}}} \tag{8-11}$$

$$\alpha_2=\frac{1}{0.9+\beta\frac{(I\rho)^m}{l^{1.2}}} \tag{8-12}$$

$$R_t=\frac{\frac{R_V}{n}\alpha_2R_g\alpha_1}{\frac{R_V}{n}\alpha_2+R_g\alpha_1}\frac{1}{\eta} \tag{8-13}$$

式中 R_t——单台风电机冲击接地电阻，Ω；

I——雷电冲击电流，kA；

α_1——水平接地网冲击系数；

α_2——垂直接地极冲击系数；

m——水平接地网为0.9，垂直接地极为0.8；

β——系数，水平接地网为2.2；垂直接地极为0.9；

η——屏蔽系数，取0.7。

4. 单台风电机冲击接地的有效半径

$$r=\frac{6.6\rho^{0.29}}{\sqrt{\pi}} \tag{8-14}$$

式中 r——单台风电机冲击接地的有效半径，m。

从式（8-9）和式（8-10）可以看出，风电机组的工频接地电阻主要与所处位置的土壤电阻率、基础接地网的面积直接有关；而从式（8-11）～式（8-13）可以看出，冲击接地电阻与基础接地网的工频接地电阻、冲击系数、屏蔽系数等相关；风电机组冲击接地网的有效半径与土壤电阻率有关，土壤电阻率越低，其作用的有效范围越小。值得注意的是，风电机组冲击接地网的有效半径是限制在一定范围内的，超出该范围，超出部分的接地网将无法起到均压和散流作用，从而造成资源的浪费。

根据以上结论，不难得出，对于风电机组的防雷接地设计，增大接地网面积4倍，其工频接地电阻才变成原来的一半。同时，其冲击接地是有一定范围的，通过无限制地加大接地网的面积而降低接地电阻的做法效率低下，不但增加了投资，也增加了施工的难度。

8.2.3 陆上风电机组降低接地电阻的方式

风电机组所处环境一般较为恶劣，多安装在近海、海岛、滩涂、高山、草原等风资源较好的空旷地带，不同地理位置的土壤电阻率大不相同。对于土壤电阻率较低的地区，如滩涂地、草原等，降低接地电阻的方法可以充分利用风电机基础本身的自然接地体，再结合敷设水平接地扁钢与环形水平接地扁钢形成水平环形接地网即可达到降阻的目的。工程的重点和难点是在高土壤电阻率处的方案设计、施工。若所处地区的土壤电阻率过高而使接地电阻值不符合要求，应采取必要的其他降阻措施降低接地电阻。降低接地电阻方法有很多，如采用垂直接地极或深井接地、扩大接地网的面积、采用降阻剂等。

8.2.3.1 垂直接地极降阻

位于高土壤电阻率的风电机组，由于实际地理条件限制，在山区等选址进行扩大接地网面积或敷设水平引外接地网往往成本较高，难以实现。因此工程上考虑采用垂直接地极来降低接地电阻的方法，其本质是根据接地电流的散流情况，在立体上增加了散流面，增大了接地体与大地的接触面积，使雷电流更容易入地，从而降低了接地电阻。然而在以往某些接地设计中，由于缺乏对垂直接地极的深入研究，往往造成垂直接地极遍布水平接地网，数量众多但长度较短，无法达到很好的降阻效果，并且造成资源浪费。

根据式（8-10），可计算出单根垂直接地极接地电阻，对每台风机进行垂直接地极的设置。但在垂直接地极泄流的过程中，会受到其他接地导体散流的相互影响，即电流屏蔽作用。垂直接地极电阻的大小与接地导体间的距离等因素有关。在水平接地网基础上设置

的垂直接地极与接地网和其余垂直接地极存在屏蔽作用。因此，需要考虑垂直接地极的敷设位置、数量和长度等问题。

依据相关研究成果，总结出工程上需要注意以下问题：

（1）应将垂直接地极设置在水平接地网的边缘，使其与水平接地网接地导体的屏蔽作用最小。如果地理条件允许，应尽可能远离水平接地网设置接地极，再通过导体与水平接地网相连。

（2）水平接地网和垂直接地极构成的三维接地网中，接地电阻 R 随垂直接地极的数量的增加而降低，当增加到一定数量时，R 值趋于饱和。这是由于随着垂直接地极的增加以及间距的减小，屏蔽系数增大，导致垂直接地极相互之间、垂直接地极与水平接地网接地导体之间的屏蔽作用增大。

（3）根据计算机程序模拟结果，当垂直接地极根数一定时，降阻率随其长度增加而增大，当长度增加到一定程度时，降阻率增大逐渐趋于饱和；而垂直接地极数量越多，饱和时垂直接地极的长度越短。另外，垂直接地极长度与水平接地网等值半径（$r_{eq}=\sqrt{s/\pi}$）之比应在 1.0 以上时，才可获得满意的降阻率。

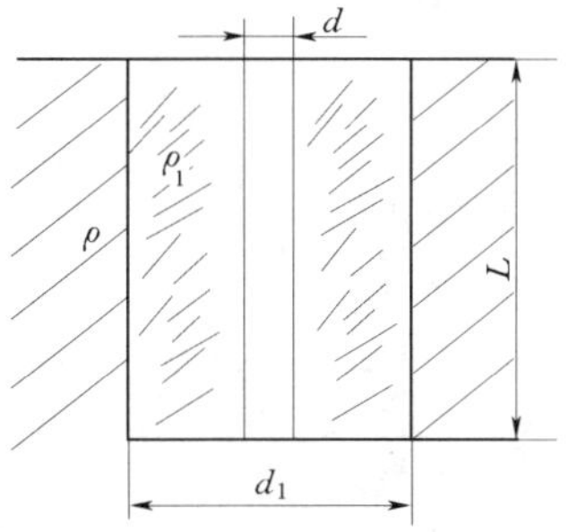

8.2.3.2 垂直接地极加物理型降阻剂降阻

除设置垂直接地以外，降阻剂也可以降低接地电阻。在高土壤电阻率地区，为了取得更好的降阻效果，设置垂直接地极的深井中可采用压力灌浆法灌注接地降阻剂。

图 8－3 使用降阻剂的垂直接地极

使用降阻剂本质上是增加了接地体的直径，扩大了接地体与大地的接触面积，减小接触电阻，从而实现降阻。在施工挖沟及打井的过程中，降阻剂包裹或者灌注并不仅限于施工区域，降阻剂会沿着岩石或者土壤不断向四周扩散，从而给散流创造了一个良好的条件。

采用降阻剂后，垂直接地极等效模型如图 8－3 所示。

1. 接地电阻的计算

加降阻剂后垂直接地极的接地电阻为

$$R_j=\frac{\rho_y}{2\pi l}\ln\frac{4l}{d_1}+\frac{\rho_z}{2\pi l}\ln\frac{d_1}{d} \tag{8-15}$$

式中 R_j——采用降阻剂后垂直极的接地电阻，Ω；

ρ_y——原土壤的等效土壤电阻率，Ω·m；

ρ_z——降阻剂的电阻率，Ω·m；

l——垂直接地体长度，m；

d——垂直接地体直径，m；

d_1——加降阻剂后的直径，m。

由于接地网处于高土壤电阻率地区，采用的降阻剂土壤电阻率 $\rho_z\ll\rho_y$，因此，垂直接地极接地电阻可以简化为

$$R_j = \frac{\rho_y}{2\pi l} \ln \frac{4l}{d_1} \tag{8-16}$$

如果风电机组处于岩石较多的地区，还可采用深井爆破并加压灌注的方式，将深井下半部的岩石炸裂，使低电阻率材料包覆接地体沿着裂缝渗透，通过低电阻率材料将地下巨大范围的土壤内部沟通及加强接地极与岩石土层的接触，从而达到降低接地电阻的目的。

2. 爆破接地技术降阻的基本原理

爆破接地技术是指采用钻孔机在地面垂直钻出一定直径、一定深度的孔，在孔中插入接地电极，沿垂直孔隔一定距离安放一定的炸药，进行爆破。然后用压力机加压调低电阻率材料并压入深孔中及爆破产生的缝隙中，通过低电阻率材料加强垂直接地极与土壤岩石的接触，将短路电路引入较深的地层中散流，大幅度降低接地电阻。垂直孔深度一般为30～120m。

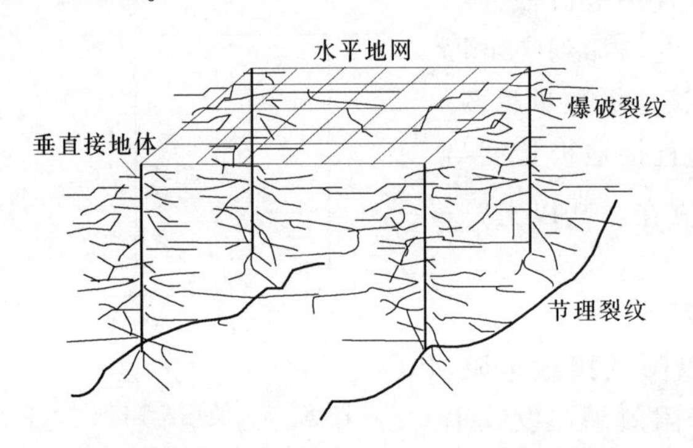

图8-4 爆破接地技术后形成的三维网状结构接地体

根据爆破技术的基本原理以及现场开挖对爆破结果进行验证，发现低电阻率材料呈树枝状分布在爆破产生的缝隙中，填充了低电阻率材料的裂隙向外延伸很远。垂直接地体之间在爆破后，通过填充低电阻率材料的裂隙而广泛沟通，形成由低电阻率材料组成的连接体，最后形成一个向外延伸且内部互联的三维接地系统，如图8-4所示。在接地系统施工，特别是旧地网改造时，爆破不触及距离地表2～5m的距离，防止对已有接地网、地面建筑物造成影响。

试验测得一般爆破制裂产生的裂纹可达2～30m，通过开挖发现，最长的裂隙达到40m。爆破后岩孔周围的岩石呈两种状况：在孔周围较近的地方，岩石破裂的裂纹较多；距孔较远的地方裂纹较少。通过爆破制裂，一方面产生大量的裂纹，另一方面产生的裂纹将岩石固有的节理裂纹贯通。

总结爆破接地降阻技术的主要原理：该技术相当于大范围换土，将大范围的高电阻率土壤置换为广泛分布的低电阻率材料的岩石通道，改善土壤的散流性能。另外，还可以充分利用地下深处低电阻率土壤以及岩石的结构弱面，如节理、层理和裂缝等。

在高土壤电阻率地区，利用垂直接地极和采用深井爆破方式加降阻剂有效，但深井爆破费用相当高。风电场风电机组数量多，因此，需结合实际地形和工程预算来选择合适的接地方式。

8.2.3.3 离子接地降阻

离子接地降阻是指使用电解地极在任何土壤条件下向地表纵深方向降低土壤接地电阻率，从而达到降低接地电阻的效果。本书介绍一种DK-AG电解地极，该电解地极是在带有多个呼吸孔的铜管内填装无毒化合物晶体，不会对环境造成任何污染。铜管埋于地下，铜管上的呼吸孔吸收土壤的水分，使化合物潮解变为电解质溶液，渗透到周围的土壤中，在土壤中形成成片导电率良好的电解质离子土壤。本方法在恶劣的土壤条件下（如岩

石、冻土、沙土等）和不同的季节变化中同样有效，使原来导电率极差的地质结构形成了一个良好的电解质导电通道，从而达到降低土壤电阻率的目的。

实际操作方法有：可以在电解地极埋设的位置打一个深井，把DK－AG电解地极置于深井中，留出接地引下线，用AG回填料埋好，再回填普通土，浇上水即可；在土壤干燥的地区，可以用保水的回填土或保水的降阻剂填满全井，这样可以保证全年对电解地极的供水，以便电解地极内的离子充分释放到土壤中。

根据式（8－14），已知某地的土壤电阻率，可算出每台机组的有效接地范围，只要在该有效范围内使用一定数量的电解地极，高导电率的电解质溶液就通过土壤、岩石等介质扩散到周围土壤中，土壤电阻率便会降低，进而从根本上降低接地网电阻。离子接地降阻需要注意以下几点：

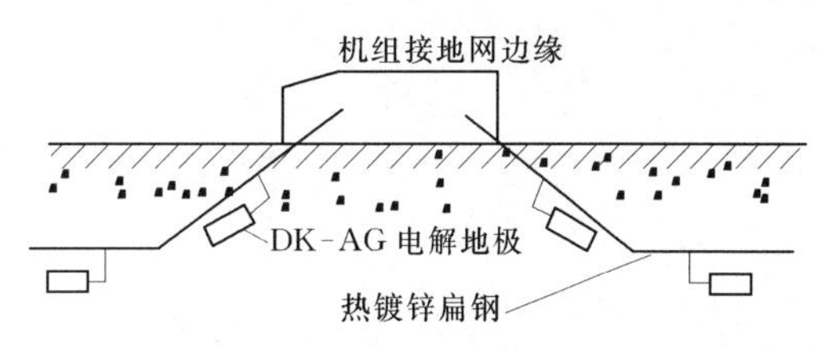

图8－5　斜井埋设电解地极剖面图

（1）电解地极降阻效果好，性能稳定，但容易对接地体产生腐蚀，铜电解极对钢材产生阳极反应，电解液易流失，易造成变电站周边土壤污染。

（2）针对某些地区不易扩大接地网面积或由于其征地费用较高而难以扩大征地范围，实际施工过程中可以采用非开挖导向钻机向地网外做斜井外扩地网，该地网线上均匀布设电解地极，充分考虑并利用斜井接地扩大接地网面积的特点。斜井埋设电解地极剖面图如图8－5所示。

（3）关于电解地极数量的计算，设N为在要达到的接地电阻设计值R所需的电解地极的数量，经验公式为

$$N=\frac{0.08\rho}{kR}\left(1-\frac{R^2}{R_0^2}\right) \tag{8-17}$$

式中　R_0——采用降阻剂前接地网的接地电阻，Ω；

R——要求达到的接地电阻，Ω；

ρ——土壤电阻率，Ω·m；

k——系数，当$\rho<200\Omega\cdot m$时，$k=3$；当$200\leqslant\rho<500\Omega\cdot m$时，$k=4$；当$500\leqslant\rho<1000\Omega\cdot m$时，$k=4.5$；当$\rho\geqslant1000\Omega\cdot m$时，$k=5$。

因此，只要计算出在采用降阻措施前某个接地网的接地电阻值，结合风电机组厂家要求的接地电阻R，并根据土壤电阻率ρ，便可得知电解地极的数量。最终N值为一个自然数，求出的最终接地电阻必须小于要求的接地电阻R。

电解地极施工方式及接地示意图如图8－6和图8－7所示。

8.2.4　陆上升压站接地计算

在风电场升压站内，对于不同用途和不同电压的电气装置、设施，其保护接地、工作接地、过电压接地应使用一个总的接地装置。升压站接地设计时，接地电阻应符合相关规程规范的要求，同时降低接触电压和跨步电压以满足相关要求。

1. 发电厂、变电所接地电阻要求

（1）有效接地和低电阻接地系统中发电厂、变电所电气装置保护接地的接地电阻宜符

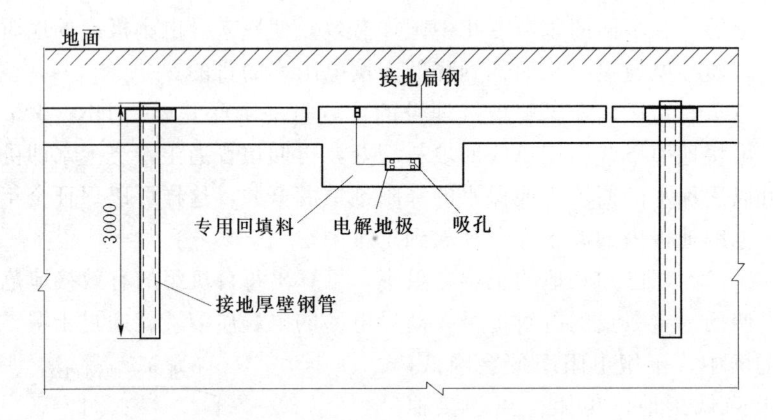

图 8-6 电解地极施工方式示意图

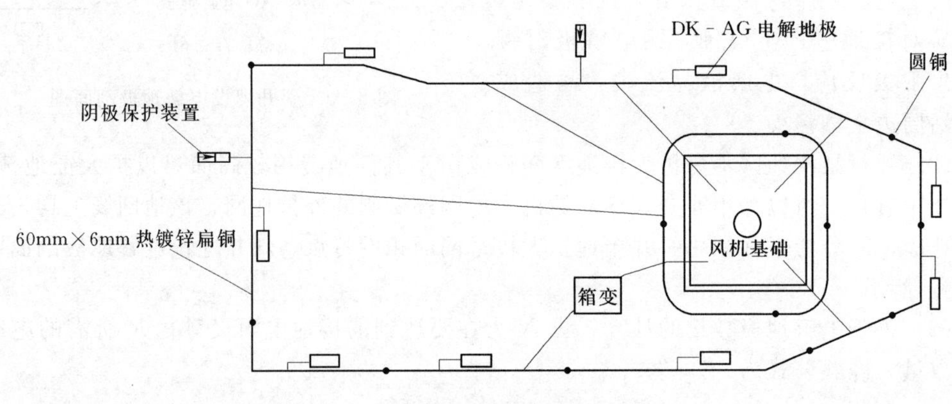

图 8-7 电解地极降阻接地示意图

合下列要求：

1）一般情况下，接地装置里的接地电阻应符合

$$R \leqslant \frac{2000}{I} \tag{8-18}$$

式中 R——考虑到季节变化的最大接地电阻，Ω；

I——计算用的流经接地装置的入地短路电流，A。

2）当接地处的接地电阻不符合式（8-18）要求时，可通过技术经济比较增大接地电阻，但不得大于5Ω。

（2）不接地、消弧线圈接地和高电阻接地系统中发电厂、变电所电气装置保护接地的接地电阻应符合下列要求：

1）高压电气装置与发电厂、变电所电力生产所用低压电气装置共用的接地装置应符合

$$R \leqslant \frac{120}{I} \tag{8-19}$$

且

$$R \leqslant 4\Omega$$

2）高压电气装置的接地装置，应符合

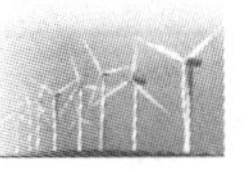

$$R \leqslant \frac{250}{I} \tag{8-20}$$

式中 R——考虑到季节变化的最大接地电阻，Ω；

I——计算用的接地故障电流，A。

2. 配电电气装置的接地电阻要求

（1）工作于不接地、消弧线圈接地和高电阻接地系统、向建筑物电气装置（B类电气装置）供电的配电电气装置，其保护接地的接地电阻应符合下列要求：

1）与B类电气装置系统原接地点共用的接地装置。配电变压器安装在由其供电的建筑物外时，应符合

$$R \leqslant \frac{50}{I} \tag{8-21}$$

式中 R——考虑到季节变化接地装置的最大接地电阻，Ω；

I——计算用的单相接地故障电流。

消弧线圈接地系统中 I 为故障点残余电流，最大接地电阻不应大于4Ω；配电变压器安装在由其供电的建筑物内时，不宜大于4Ω。

2）非共用的接地装置，应符合式（8-18）的要求，但不宜大于10Ω。

（2）低电阻接地系统的配电电气装置，其保护接地的接地电阻应符合 $R \leqslant \frac{2000}{I}$。

3. 接触及跨步电压要求

（1）在110kV及以上有效接地系统和6～350V低电阻接地系统发生单相接地或同点两相接地时，发电厂、变电所接地装置的接触电压和跨步电压不应超过下列数值

$$\left.\begin{aligned} U_t &= \frac{174+0.17\rho_f}{\sqrt{t}} \\ U_s &= \frac{174+0.17\rho_f}{\sqrt{t}} \end{aligned}\right\} \tag{8-22}$$

式中 U_t——接触电压，V；

U_s——跨步电压，V；

ρ_f——人脚站立处地表面的土壤电阻率，Ω·m；

t——接地短路（故障）电流的持续时间，s。

（2）在3～66kV不接地、经消弧线圈接地和高电阻接地系统，发生单相接地故障后，当不迅速切除故障时，此时发电厂、变电所接地装置的接触电压和跨步电压不应超过下列数值

$$\left.\begin{aligned} U_t &= 50+0.05\rho_f \\ U_s &= 50+0.2\rho_f \end{aligned}\right\} \tag{8-23}$$

4. 接地网的布置

升压站接地装置常采用方孔网格状布局，根据升压站位置及占地面积情况进行适当的接地网布置，同时进行接触电势和跨步电压的校核。升压站接地电阻除了与土壤电阻率有关外，另一个主要决定因素就是接地网的面积。接地网布置可采用两种方法：①等间距布置；②不等间距布置。在同等情况下，不等间距布置所需的接地材料比等间距布置方案要

省30%左右。

等间距接地网布置较容易理解，下面介绍不等间距的接地网均压带的布局，布局方法见表8-2。

表8-2　接地网不等间距布置网孔边长为网边长百分数

网孔数	网孔序号									
	1	2	3	4	5	6	7	8	9	10
3	27.50	45.00								
4	17.50	32.50								
5	12.50	23.33	28.33							
6	8.75	17.50	23.75							
7	7.14	13.57	18.57	21.43						
8	5.50	10.83	15.67	18.00						
9	4.50	8.94	12.83	15.33	16.78					
10	3.75	7.50	11.08	13.08	14.58					
11	3.18	6.36	9.54	11.36	12.73	13.46				
12	2.75	5.42	8.17	10.00	11.33	12.33				
13	2.38	4.69	6.77	8.92	10.23	11.15	11.69			
14	2.00	3.86	6.00	7.86	9.28	10.24	10.76			
15	1.56	3.62	5.35	6.82	8.07	9.12	10.01	10.77		
16	1.46	3.27	4.82	6.14	7.28	8.24	9.07	9.77		
17	1.38	2.97	4.35	5.54	6.57	7.47	8.24	8.90	9.47	
18	1.14	2.58	3.86	4.95	5.91	6.76	7.50	8.15	8.71	
19	1.05	2.32	3.47	4.53	5.47	6.26	6.95	7.53	8.11	8.63
20	0.95	2.15	3.20	4.15	5.00	5.75	6.40	7.00	7.50	7.90

注　由于布置对称，表中只列出一半数值

5. 发生故障时的计算

发生接地故障时，接地装置的电位、接触电压和跨步电压的计算方式如下：

(1) 接地装置的电位的计算。

$$U_g = IR \qquad (8-24)$$

式中　U_g——接地装置的电位，V；

I——计算用入地短路电流，A；

R——接地装置的接地电阻，Ω。

(2) 均压带等间距布置时，接地网（图8-8）地表面的最大接触电压、跨步电压的计算。

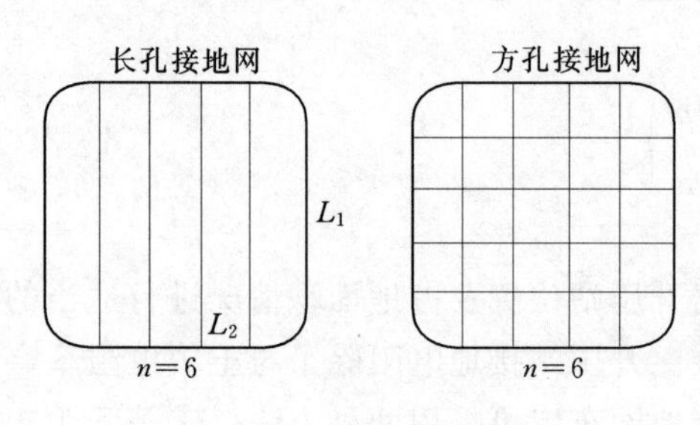

图8-8　接地网的形状

1) 接地网地表面的最大接触电压，即网孔中心对接地网接地极的最大电压，则

$$U_{tmax} = K_{tmax} U_g \qquad (8-25)$$

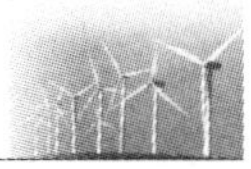

式中 U_{tmax}——最大接触电压，V；

K_{tmax}——最大接触电位差系数。

当接地极的埋设深度 $h=0.6\sim0.8$m 时，K_{tmax}为

$$K_{tmax}=K_d K_L K_n K_s \tag{8-26}$$

式中 K_d、K_L、K_n、K_s——系数。

对 30m×30m≤S≤500m×500m 的接地网，K_d、K_L、K_n、K_s 为

$$\left.\begin{aligned}&K_d=0.841-0.225\lg d\\&K_L=\begin{cases}1.0(\text{方孔接地网})\\1.1\sqrt[4]{L_2/L_1}(\text{长孔接地网})\end{cases}\\&K_n=0.076+0.776/n\\&K_s=0.234+0.414\lg\sqrt{S}\end{aligned}\right\} \tag{8-27}$$

式中 n——均压带计算根数；

d——均压带等效直径，m；

L_1、L_2——接地网的长度和宽度。

2）接地网外的地表面最大跨步电压为

$$U_{smax}=K_{smax}U_g \tag{8-28}$$

式中 U_{smax}——最大跨步电压，V；

K_{smax}——最大跨步电压系数。

正方形接地网的最大跨步电压系数为

$$K_{tmax}=\frac{(1.5-\alpha_2)\ln\dfrac{h^2+(h+T/2)^2}{h^2+(h-T/2)^2}}{\ln\dfrac{20.4S}{dh}} \tag{8-29}$$

$$\alpha_2=0.35\left(\frac{n-2}{n}\right)^{1.14}\left(\frac{\sqrt{S}}{30}\right)^{\beta}$$

$$\beta=0.1\sqrt{n}$$

式中 h——接地极的埋设深度；

T——即跨步距离，$T=0.8$m。

对于矩阵接地网，n 值为

$$n=2\left(\frac{L}{L_0}\right)\left(\frac{L_0}{4\sqrt{S}}\right)^{1/2} \tag{8-30}$$

（3）均压带不等间距布置时，正方形或矩形接地网地表面的最大接触电压和最大跨步电压的计算。

接地网不等间距布置方式参见表 8-2，网孔边长为网边长百分数。

接地网地表面最大接触电压仍采用式（8-25）计算，但 K_{tmax}变为

$$K_{tmax}=K_{td}K_{th}K_{tL}K'_{tmax}K_{tn}K_{ts} \tag{8-31}$$

式中各系数依次为

$$\left.\begin{aligned}
&K_{td}=0.401+0.522/\sqrt[6]{d}\\
&K_{th}=0.257-0.095\sqrt[5]{h}\\
&K_{tL}=0.168-0.002(L_2/L_1)\qquad (L_2\leqslant L_1)\\
&K'_{tmax}=2.837+240.02/\sqrt[3]{h}\\
&K_{tn}=0.021+0.217\sqrt{n_2/n_1}-0.132(n_2/n_1)\quad (n_2\leqslant n_1)\\
&K_{ts}=0.054+0.410\sqrt[8]{S}
\end{aligned}\right\}\tag{8-32}$$

其中

$$m=(n_1-1)(n_2-1)$$

式中 K_{td}、K_{th}、K_{tL}、K'_{tmax}、K_{tn}、K_{ts}——最大接触电压的等效直径影响系数、埋深影响系数、形状影响系数、网孔数影响系数和根数影响系数；

n_1——沿长方向布置的均压带根数；

n_2——沿宽方向布置的均压带根数；

m——接地网孔数；

h——水平均压带的埋设深度；

L_1、L_2——接地网的长度和宽度。

8.3 海上风力发电机组的接地计算

海上风电场接地设计总体应符合GB/T 50065—2011的要求，风力发电机组、海上升压站、海底电缆、陆上集控中心根据各自系统的特点，结合站址土壤情况进行接地设计。

风力发电机组、海上升压站利用埋入海床的基础钢管桩作为接地极，整个接地系统应保证电气良好联通，应设置专用的接地环线和接地连接线。接地连接线宜采用铜导体，暗敷接地线应采用放热焊接方式连接。

下面利用当前主流的接地仿真计算软件CDEGS对几种典型的海上风力发电机组利用基础作为自然接地体进行仿真计算，可以供项目设计时参考。

8.3.1 模型的建立和仿真计算条件

对于接地基础的建模，参考当前海上风力发电机组的典型基础形式，简化顶部平台不参与散流的部分，利用三维坐标系对基础结构的每一根导体进行坐标化，利用CDEGS软件的MALZ模块进行建模，并根据基础的尺寸设置不同的导体数据。

对于仿真计算条件，采用三层土壤模型来模拟空气、海水和海床三层介质的结构，第一层介质为空气层，第二层介质为海水层，第三层介质为海床层。参考珠海桂山海上风电场的实际环境参数，选取五个典型水位来模拟涨潮落潮带来的水位变化（表8-3），取海水电阻率为1Ω·m，海床的土壤电阻率为500Ω·m，在计算时，通过改变各层土壤的厚度来模拟改变水位高低。

仿真计算时土壤的模型参数见表8-3。

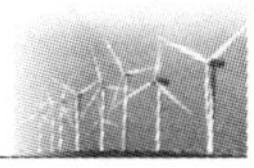

表 8-3 计算接地电阻时的土壤模型参数

典 型 水 位	空气层厚度/m	水层厚度/m	海床土壤厚度/m
极端高水位	7.59	10.41	无穷大
设计高水位	9.4	8.6	无穷大
平均水位	10.71	7.29	无穷大
设计低水位	11.83	6.17	无穷大
极端低水位	12.49	5.51	无穷大

在这个土壤模型下，计算各种基础的接地电阻，并以导管架基础为例，研究海水电阻率的变化、海床电阻率的变化、海水水位的变化、基础大小的变化、伸入海床层的桩基的长度的变化对于接地电阻的影响。

8.3.2 五种典型的风机基础的接地计算分析

目前，应用于海上风电场的风机基础形式主要有单桩基础、三桩基础、重力型基础、高桩承台基础和导管架基础。利用 CDEGS 对五种基础的形式进行三维建模，计算在不同的环境条件下的接地电阻大小。

1. *单桩基础*

利用单桩基础作为自然接地体的方案，其接地性能的好坏和单桩基础的规模有关。采用荷兰 Q7 海上风电场的基础数据进行建模，其基础半径较小。荷兰 Q7 海上风电场装机容量为 120MW，单台风力发电机的装机容量为 3MW，桩基伸入海床层以下 30m，内径 4m，外径 5m，桩体采用钢材。

在各个水位下接地电阻的仿真计算结果见表 8-4。

表 8-4 单桩基础的接地电阻

典 型 水 位	接地电阻/Ω	典 型 水 位	接地电阻/Ω
极端高水位	0.09147	设计低水位	0.12776
设计高水位	0.10114	极端低水位	0.13614
平均水位	0.11693		

从仿真计算结果可以看出，利用单桩基础作为自然接地体进行接地的方案，接地电阻远远小于 4Ω。

2. *三桩基础*

工程中有采用单柱三钢桩基础的实例，如爱尔兰的 Arklow Band 海上风电场。单柱三钢桩基础结构较为复杂，钢材数量较多但是尺寸较小。因为这种基础全部浸没在水里，其规模会影响接地电阻的大小，为了便于不同基础的比较，选取规模相近的基础建模，模型如图 8-9 所示，其钢材尺寸见表 8-5。

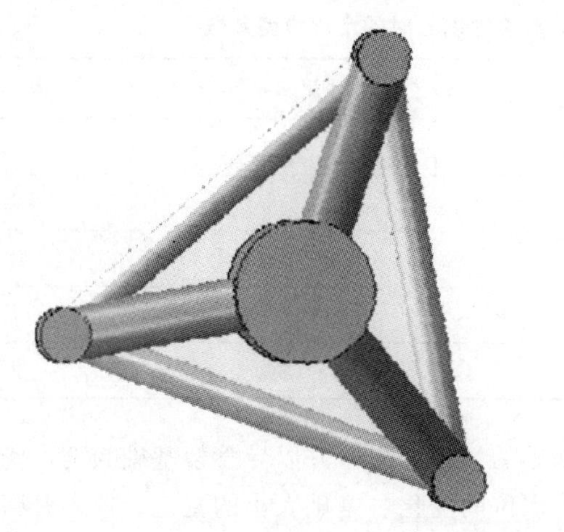

（a）立面图　　（b）三桩基础图

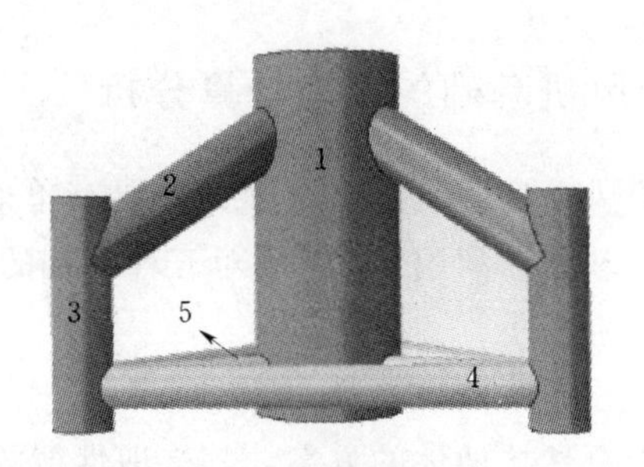

（c）轴测图

图 8-9　单柱三桩基础模型图

表 8-5　单柱三桩基础钢材尺寸

编　号	高　度/m	直　径/m	壁　厚/mm
1	9	2	40
2	6.9	1.6	40
3	5.5	1.5	35
4	12	1.5	30
5	6.9	1.5	30

除此之外，伸入海床的桩基长度为 27m，直径为 1.5m，壁厚 40mm，据此建立的单柱三桩结构模型示意图如图 8-10 所示。

在与单桩基础相同的工况下，计算各典型水位下的接地电阻，见表 8-6。

表 8-6　单柱三桩的接地电阻

典　型　水　位	接地电阻/Ω	典　型　水　位	接地电阻/Ω
极端高水位	0.09103	设计低水位	0.1450
设计高水位	0.1096	极端低水位	0.1667
平均水位	0.1284		

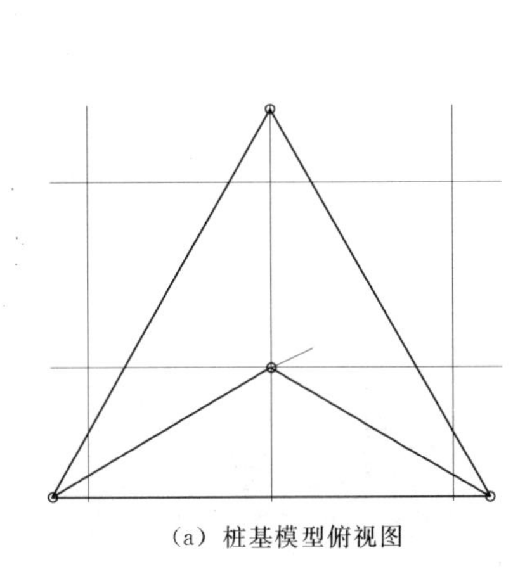
(a) 桩基模型俯视图

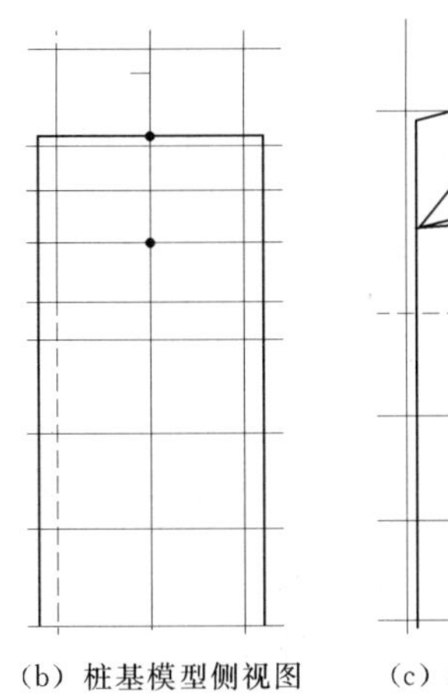
(b) 桩基模型侧视图

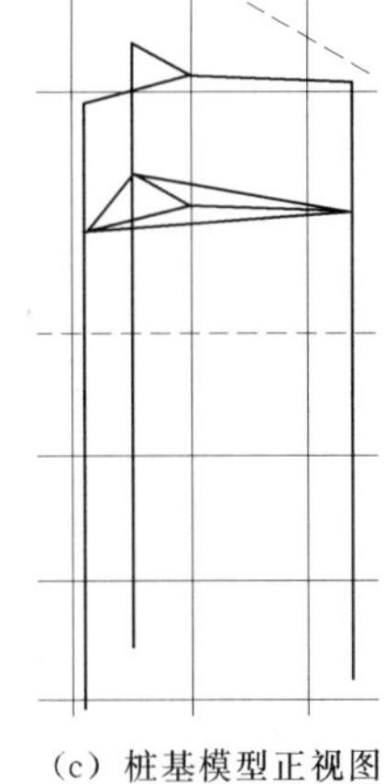
(c) 桩基模型正视图

图 8-10 单柱三桩结构模型图

根据计算的结果分析，单柱三桩基础也能够满足工程的需要，即使在极端低水位的条件下，接地电阻仍然远远小于 4Ω 要求。

3. 重力型基础

为了便于重力型基础的计算结果和其他类型的基础的计算结果进行横向比较，仿真设定重力型基础的规模与其他基础类似，重力型基础如图 8-11 所示。

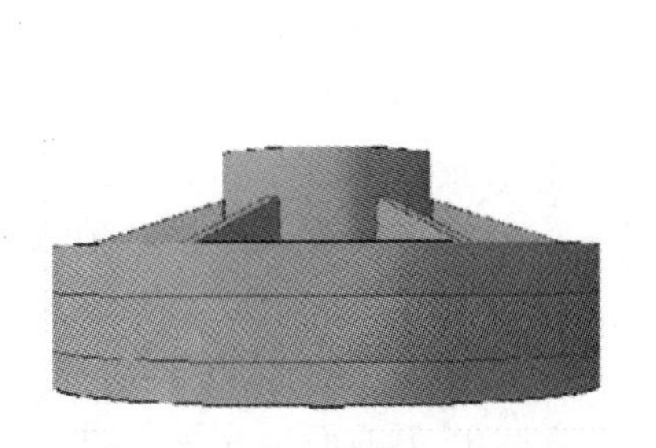
(a) 立面图

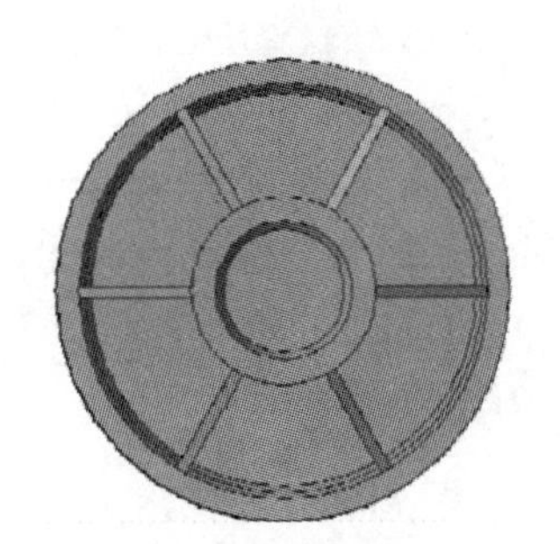
(b) 平面图

图 8-11 重力型基础示意图

对重力型基础进行简化，其模型如图 8-12 所示。

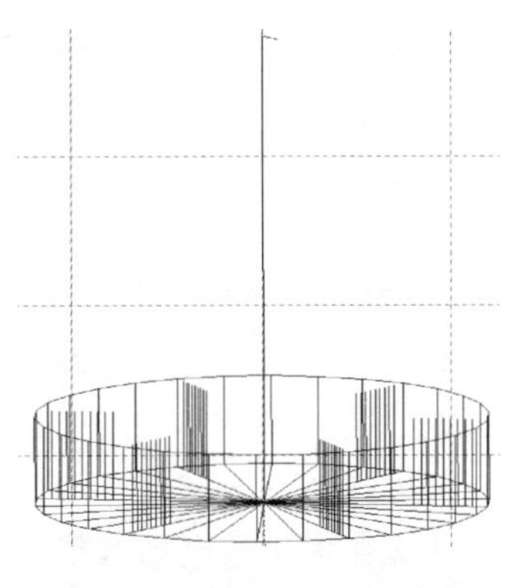
图 8-12 重力型基础模型图

采用正 30 边形笼状结构模拟钢筋结构，采用块状土壤模拟基础的混凝土部分，并设定周围土壤的电阻率为水的电阻率，即 1Ω·m。根据相关资料的研究，当混凝土处于潮湿的环境下并长期与土壤接触时，会使土壤电阻率与周围土壤电阻率达到一个相当的程度。因此，建模时混凝土的土壤电阻率为 500Ω·m，加上混凝土模块之后的模型如图 8-13 所示。

由于重力型基础的主体全部浸没在水中，水位的变化并不会影响重力型基础散流的部分，因此，计算得到

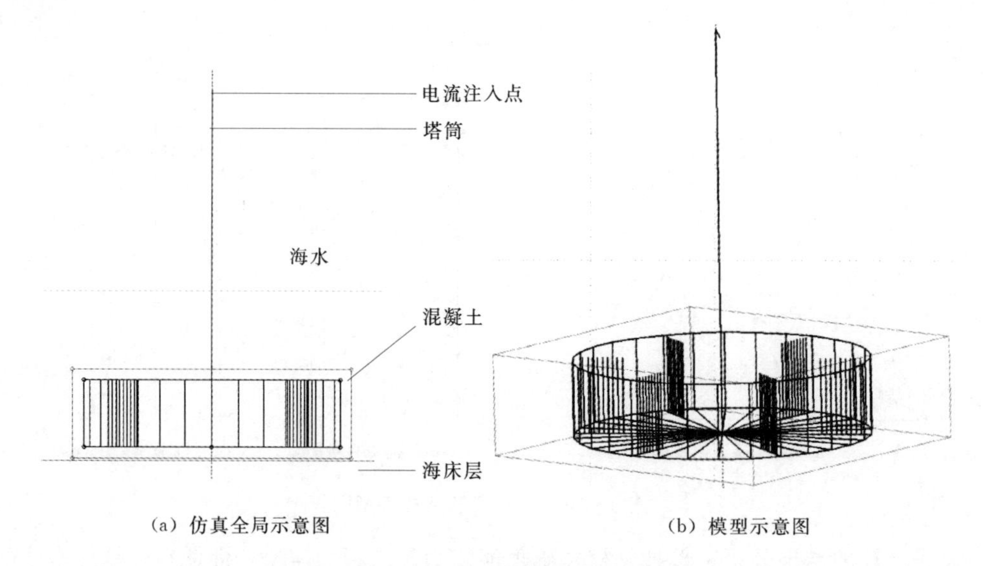

(a) 仿真全局示意图　　(b) 模型示意图

图 8-13 重力型基础仿真模型说明图

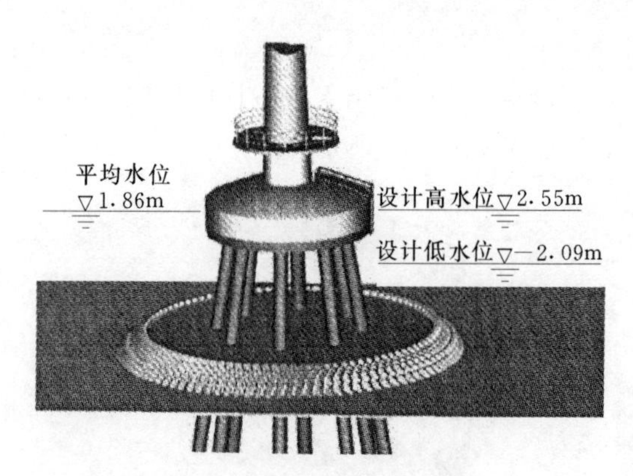

图 8-14 高桩承台群示意图

在极端低水位下，接地电阻为 0.15173Ω，远低于 4Ω。

4. 高桩承台基础

目前我国已经建成投产的海上风电场——上海东海大桥海上风电场，其风力发电机采用的基础形式为高桩承台结构。其示意图如图 8-14 所示。

该高桩承台简化了顶部不参与散流的平台，利用块状土壤模拟混凝土承台部分。在 30m 以上的高桩钢材壁厚为 30cm，在 30m 以下的部分壁厚为 25cm，钢材的外径为 1.7m。计算各典型水位下的接地电阻，结果见表 8-7。

表 8-7 高桩承台结构的接地电阻

典型水位	接地电阻/Ω	典型水位	接地电阻/Ω
极端高水位	0.0863	设计低水位	0.0863
设计高水位	0.0737	极端低水位	0.1015
平均水位	0.0687		

计算表明，无论在何种水位之下，利用高桩承台基础作为自然接地体，接地电阻都小于 4Ω。

5. 导管架基础

根据某海上风电场的相关数据，对容量为 3.0MW 的机组的导管架基础进行了三维建模。导管架基础模型如图 8-15 所示。

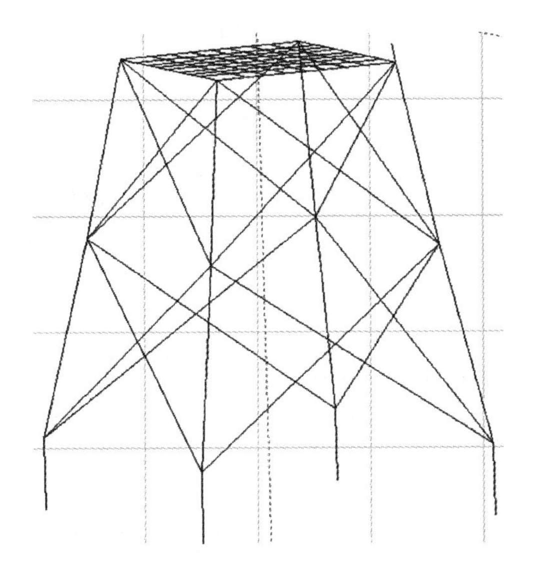

图 8-15 导管架基础模型示意图

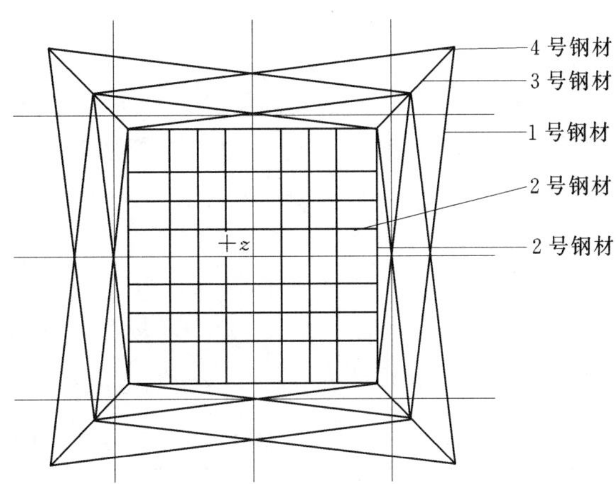

图 8-16 导管架基础模型俯视图和钢材结构示意图

根据设计图，模型俯视图和钢材结构如图 8-16 所示，所用钢管参数见表 8-8。

表 8-8 导管架基础模型所用钢管参数

编号	相对电阻率	相对磁导率	内径/mm	外径/mm
1	10	636	364	380
2	10	636	0	10
3	10	636	750	900
4	10	636	1050	1100

计算各典型水位下的接地电阻，见表 8-9。

表 8-9 导管架基础的接地电阻

典型水位	接地电阻/Ω	典型水位	接地电阻/Ω
极端高水位	0.0926	设计低水位	0.1390
设计高水位	0.1117	极端低水位	0.1591
平均水位	0.1257		

可以看出，利用导管架基础作为自然接地体的接地方案，其接地电阻小于 4Ω，可以认为在前述的水文条件下采用这种接地方案是安全的。

根据仿真计算的结果，对于当前主流的五种海上风力发电机组的基础形式利用基础作为自然接地体的接地电阻都小于 4Ω，能够满足实际工程的需要。

横向对比各个基础的仿真计算结果可知，单桩基础和高桩承台基础的电气性能最好，单柱三钢桩基础的电气性能最差。此外，除了高桩承台基础，其他基础的接地电阻随着水位的下降呈现上升的趋势，而高桩承台基础则呈现先下降后上升的趋势。这是因为高桩承台基础的水泥台部分在平均水位以上时，有一部分浸没于水中，这相当于增加了散流介质的平均电阻率，因此随着水位的下降，接地电阻呈现下降的趋势，当水位下降到平均水位

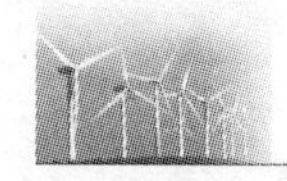

之下时，高桩承台的水泥平台部分已经完全脱离了水面，这种情况下，其接地电阻大小随着水位下降的变化规律和其他基础形式一样。

8.3.3　影响接地电阻的因素分析

根据上述仿真分析，影响接地电阻大小的因素有水位、海水的电阻率、海床的电阻率和伸入海床的桩基长度。下面以导管架基础为例，通过控制变量，单一改变仿真条件参数，分别研究各个影响因素对于接地电阻的影响程度。

1. 海水的电阻率

一般而言，海水的电阻率不会超过 5Ω·m，因此在原来模型的基础上，在极端低水位的情况下，改变海水的电阻率，使其从 1Ω·m 逐渐增加到 5Ω·m，观察接地电阻的变化。仿真计算结果见表 8-10，接地电阻随海水电阻率变化的曲线如图 8-17 所示。

表 8-10　改变海水电阻率的仿真计算结果

海水电阻率/(Ω·m)	接地电阻/Ω	海水电阻率/(Ω·m)	接地电阻/Ω
1	0.1591	4	0.5332
2	0.2965	5	0.6403
3	0.4193		

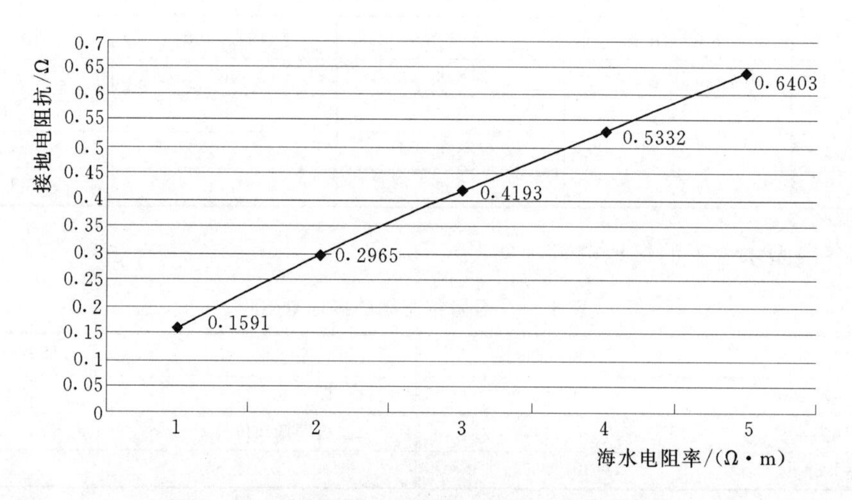

图 8-17　改变接地电阻随海水电阻率变化的曲线

可以看出，海水的电阻率对于接地体接地电阻的影响很大，并且二者有较强的线性相关关系，当海水电阻率增加 400%时，接地电阻增加 302%。不过，尽管海水的电阻率对于接地电阻有影响，但是在海水电阻率最高的情况下，接地电阻仍然能够满足工程需要。在实际工程中应该以精确度较高的海水电阻率开展工程设计。

2. 海水水位

从前述的计算结果可以看出，水位对接地电阻的大小影响很大，下面以极端低水位下的模型为例，分别计算水位下降 1～5m 时接地装置接地电阻的变化。根据上述海上风电场的环境条件，因其比极端低水位低 5m 的地方已经非常接近海床，在这种极端的情况下

如果接地装置仍然能够满足需要，说明在当地的环境下，接地电阻不会因为海水水位的极端变化而出现不满足工程需要的情况。

极端水位下的仿真计算结果见表8-11，接地电阻随水位变化的曲线如图8-18所示。

表8-11 改变海水水位的仿真计算结果

水位比极端低水位低的高度/m	接地电阻/Ω	水位比极端低水位低的高度/m	接地电阻/Ω
1	0.1624	4	0.2260
2	0.1758	5	0.2848
3	0.1851		

从计算结果可以看出，水位对接地电阻的大小有一定的影响，当水位下降了86%，接地电阻增大了75%。并且，当水位比极端低水位低3m时，接地电阻呈现一个突然上升的趋势。这是因为在这个水位，导管架基础的第二个“X”结构已经在水面以上了，极大地影响了入地电流的散流，从而使得接地电阻突然上升。由于海水水位的下降对于接地装置的接地电阻有很大的影响，因此在实际工程中，对于海水的极端水位应该有较为准确的估计。

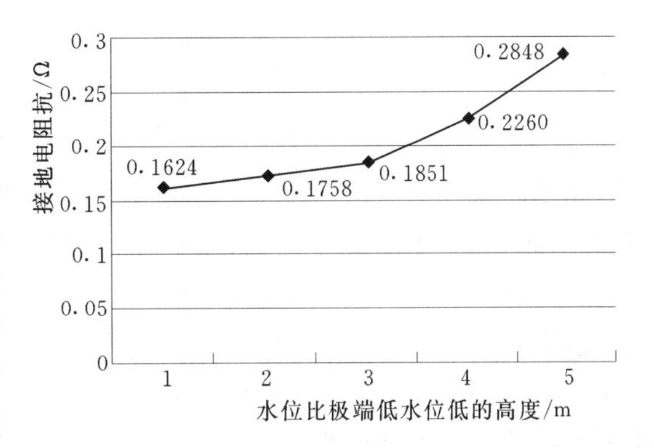

图8-18 极端水位下接地电阻的变化曲线

3. 海床土壤电阻率

基础结构伸入海床以下的部分很大，其对于散流的贡献不能忽略，因此，海床的土壤电阻率对接地电阻的大小也有影响。以极端高水位下的模型为例，取电阻率在100～5000Ω·m之间进行变换，计算接地电阻（表8-12），并绘制接地电阻随海床土壤电阻率变化的曲线（图8-19），分析海床土壤电阻率的变化对于接地电阻的影响。

表8-12 极端高水位下接地电阻随着海床土壤电阻率的变化

电阻率/(Ω·m)	接地电阻/10^{-1}Ω	电阻率/(Ω·m)	接地电阻/10^{-1}Ω
100	0.7788469	2700	0.9856473
300	0.8939932	3200	0.9876019
600	0.9431792	3900	0.9894461
1200	0.9697267	4500	0.9908287
1700	0.9781603	5000	0.9919428
2200	0.9827743		

根据图8-19可以看出，接地电阻随海床土壤电阻率的增大保持着增大的变化趋势。当电阻率在100～1200Ω·m之间变化时，接地电阻变化较为明显，当电阻率上升至1200Ω·m以上时，接地电阻变化的不太明显，曲线接近于水平。

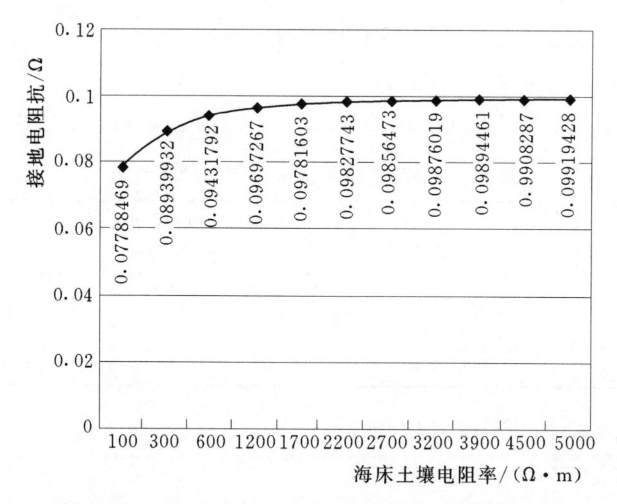

图8-19 接地电阻随海床土壤电阻率的变化曲线

从仿真计算结果可以看出，随着电阻率的增大，接地电阻开始增大得较快，但增大的速度不断减缓。根据计算得出的数据进行粗略分析，当电阻率从100Ω·m增大至300Ω·m时，电阻率增大200%而接地电阻增大14.784%；电阻率从300Ω·m增大至600Ω·m时，电阻率增大100%而接地电阻增大5.502%；电阻率从600Ω·m增大加至1200Ω·m时，电阻率增大100%而接地电阻增大2.815%，由此可见，接地电阻随电阻率增大的速度明显放缓。当电阻率增大至1200Ω·m以上时，接地电阻增大的速率再次明显降低，电阻率从1200Ω·m增大至1700Ω·m时，电阻率变化41.667%而接地电阻只变化0.870%，且后来随着电阻率的增大，变化速度不断减小以至几乎不明显。但纵观全部数据，随着电阻率的增大，接地电阻始终以增长的趋势不断接近0.1Ω。

由此可见，海床土壤电阻率和接地电阻呈现正相关关系，但是，随着电阻率的增大，相关系数呈现减小的趋势，这是因为在利用导管架基础作为自然接地体的接地方式下，地网的散流主要通过海水层完成。从数据分析，当土壤电阻率小于500Ω·m时，接地电阻对于海床土壤电阻率的敏感度还是较高的。

4. 桩基长度对于接地电阻大小的影响

钢管桩伸入海床层以下通常达到十几米甚至20多m，参考杆塔接地装置中垂直接地体的设置，伸入海床以下的长度也会影响接地电阻的大小。对于导管架结构，在极端低水位的条件下，改变钢管桩的长度，仿真结果见表8-13，接地电阻随钢管桩伸入海床的长度的变化曲线如图8-20所示。

表8-13 改变钢管桩长度的接地电阻

伸入海床的钢管桩长度/m	接地电阻/Ω	伸入海床的钢管桩长度/m	接地电阻/Ω
5	0.1825	15	0.1806
10	0.1815	25	0.1797

取纵坐标的分度值为0.0005Ω，伸入海床的长度高达25m时，接地电阻比伸入海床的长度为5m时小1.5%，可以看出，增加伸入海床的长度会使接地电阻下降，但是效果

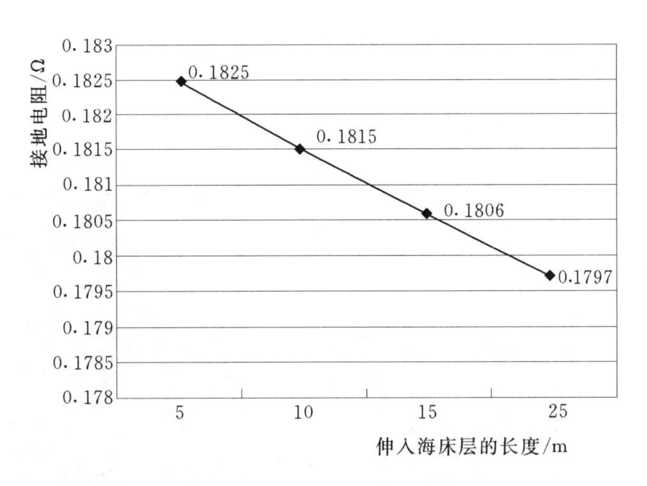

图 8-20　接地电阻随钢管桩伸入海床的长度的变化曲线

并不明显。

8.4　接地阻抗对海上风机桨叶引雷能力的影响

由于海上风力发电机的接地阻抗通常远远小于陆上风力发电机的接地阻抗，一般只有陆上风力发电机的 3%～5%，因此有必要考虑接地电阻对桨叶引雷能力的影响。本节设计了模拟试验以研究接地电阻对桨叶引雷能力的影响。

8.4.1　风机模型的建立

1. 两桨叶风机模型

风机模型采用缩比模型，比例为 1∶100，整体高度 1.3m。桨叶的数量为 2 个，长度为 0.7m，材料采用环氧树脂；塔筒采用环氧树脂杆进行模拟，底座用槽钢焊接成十字形的基座固定。模型示意图如图 8-21 所示，模型图如图 8-22 所示。

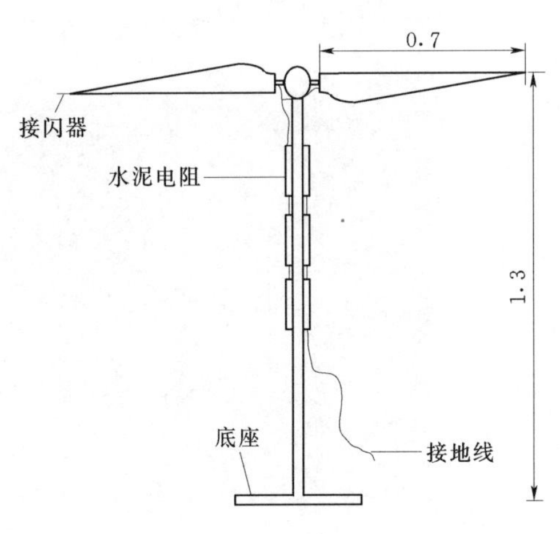

图 8-21　两桨叶风机模型示意图（单位：m）

图 8-22　两桨叶风机模型图

桨叶的尖端利用单股铜线模拟桨叶的接闪器，如图 8-23 所示。接闪器连接 2.5mm 的铜线形成雷电流的泄流通道。在塔筒上用功率为 150W，阻值为 2Ω 的水泥电阻进行串并联的组合，模拟风力发电机的不同接地电阻，如图 8-24 所示。

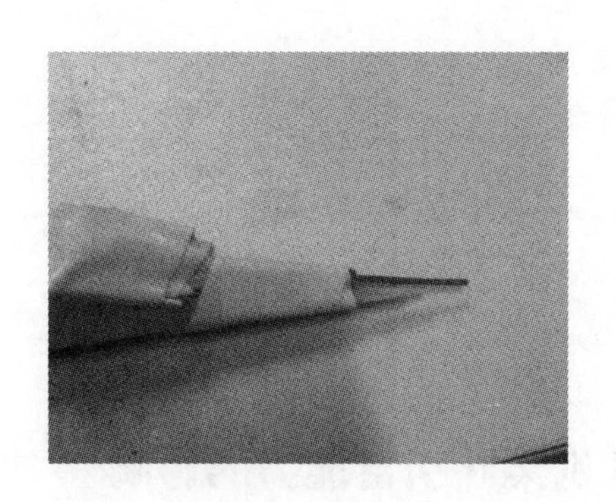

图 8-23 风机桨叶尖端模拟的接闪器设计

图 8-24 塔筒上模拟的接地电阻设计

2. 三桨叶风机模型

风机模型采用缩比模型，比例为 1∶100，整体高度 1.9m。桨叶的数量为 3 个，长度为 0.7m，材料采用环氧树脂；塔筒采用环氧树脂杆进行模拟，底座用槽钢焊接成十字形的基座固定。模型示意图如图 8-25 所示，模型图如图 8-26 所示。其接闪器与杆塔的模拟设计与两桨叶风机相同。

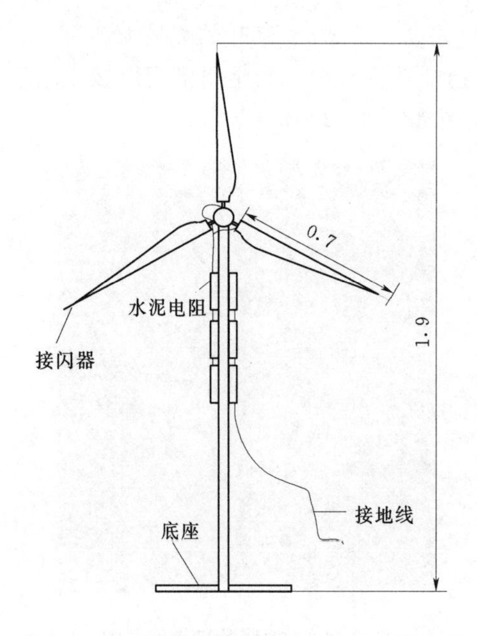

图 8-25 三桨叶风机模型示意图（单位：m）

图 8-26 三桨叶风机模型图

8.4.2 试验场地的设计

两桨叶风机模型与三桨叶风机模型试验场地设计一致，如图 8-27 所示。试验所用的电极采用长度 l=70cm、直径为 10mm 的钢材制成，端部为顶角为 30°的圆锥，利用绝缘绳将电极牢固固定。电极对地的高度分别为 d_1=1.0m 和 d_2=0.7m，电极对扇叶的距离 s_1=1.45m 和 s_2=1.0m。在这三个高度（l、d_1、d_2）上，电极的尖端和水平面呈 30°夹角。冲击电压发生器的高压引线连接在电极上。

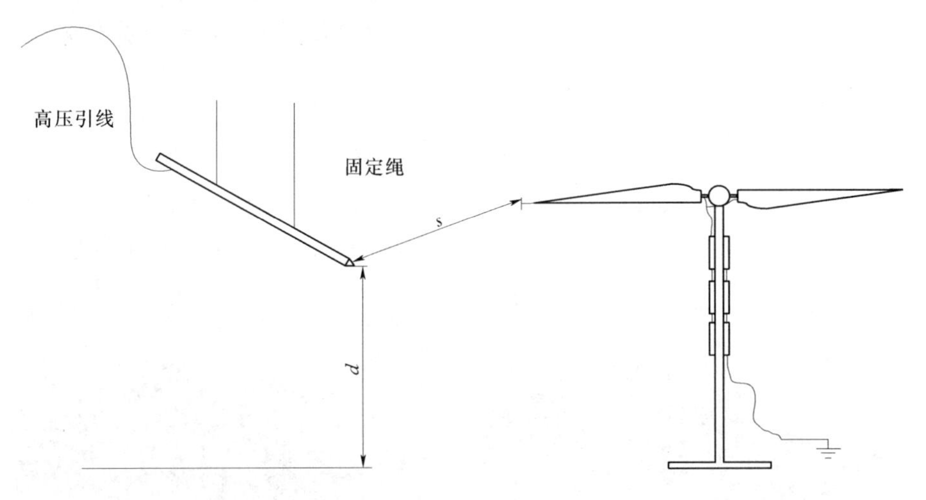

图 8-27 实验场地设计示意图

8.4.3 试验条件及设备的选取

1. 模拟雷电的冲击电压的选取

雷电的发展是一个梯级的过程，自然雷电的下行先导从逼近地面到发生跃变的持续时间和操作波的波头时间接近，在地面产生的电场和操作波产生的电场相似。因此用操作波进行模拟试验，放电的随机性更能逼近自然雷电。选取标准操作冲击电压（-250/2500μs）为试验电压进行试验，冲击电压的幅值为每次试验空间间隙的 90%～100%击穿电压。在相同的空间间隙下，还进行了标准雷电波下（1.2/50μs）的试验以进行对比。试验中标准雷电波的幅值也为当前间隙下 90%～100%的击穿电压。

2. 电极的选用

雷电下行先导作用下的空间电场分布与上方电极为长棒、下方为平板上摆放缩比模型物的电场分布相似。先导直径一般为 1～10mm，因此采用长度为 70mm、直径为 10mm、头部顶角为 30°的圆锥钢棒来模拟雷电的下行先导。为了和自然界的雷电下行先导尽可能相似，电极采用与水平面呈 30°左右的夹角进行布置。

8.4.4 试验方法的确定

1. 接地电阻大小的确定

在正常的水位下，海上风电机组的接地电阻一般小于 0.5Ω，根据《风力涡轮机　第

3部分：海上风力涡轮机的设计要求》（IEC 61400－3—2006）的规定，风电机组的接地电阻要小于4Ω。因此，设计试验时，在满足实际情况的基础上，为了能够较好地得出桨叶引雷能力随着风机接地电阻大小变化的关系曲线，取接地电阻在0.25～5Ω的范围内变化。

2. 雷击概率的确定

固定放电电极对地的距离d和对桨叶的距离s，改变接地电阻的大小，在一个确定接地电阻的情况下施加此状态的90%～100%的放电电压，放电50次，分别记录击中桨叶和大地的次数，再换算成百分数，以雷击桨叶的比例来度量风机桨叶的引雷能力。

8.4.5 试验结果及分析

试验过程中风机模型典型放电现象如图8－28所示。图8－28（a）和图8－28（b）分别为两桨叶风机在模拟试验中，雷击中地面和雷击中桨叶的场景；图8－28（c）和图8－28（d）分别为三桨叶风机在模拟试验中，雷击中地面和雷击中桨叶的场景。

(a) 两桨叶模型雷击地面

(b) 两桨叶模型雷击桨叶

(c) 三桨叶模型雷击地面

(d) 三桨叶模型雷击桨叶

图8－28 风机模型典型放电现象

从图 8-28 可以看出，无论是两桨叶还是三桨叶风机，雷电都有可能击打在桨叶上或者桨叶以外的区域。雷击桨叶时，雷电先导先与叶尖的接闪器接触形成放电，再顺着叶片上的导线沿着接地电阻最后注入大地，保证桨叶在雷击的时候不被雷击毁，从而保证风力发电机的正常运行。

在每一个确定的空间间隙下，分别对接地电阻为 0.25Ω、0.5Ω、1.0Ω、2Ω 和 5Ω 的情况下进行了 50 次放电试验，得出雷击桨叶的概率。将试验结果进行描点并利用指数函数模型进行曲线拟合，得到各个试验条件下雷击桨叶的概率随接地电阻大小变化的曲线(图 8-29)，反映出当电极对地和对桨叶的距离不同时，各个接地电阻下雷击桨叶的概率。

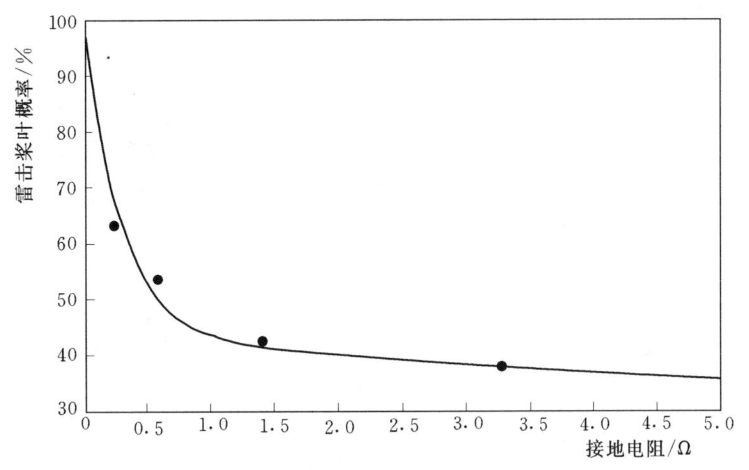

(a) 操作波下电极对地距离 1.0m 时两桨叶曲线拟合

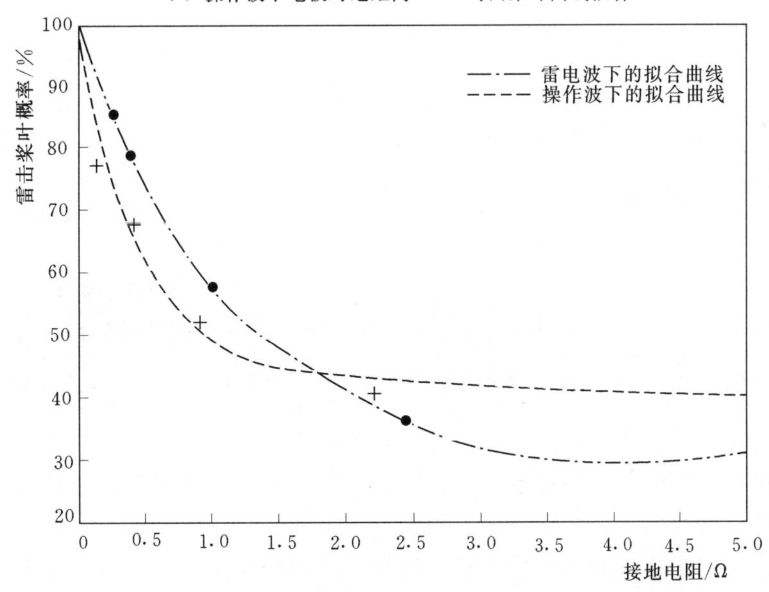

(b) 操作波和雷电波下电极对地距离 0.7m 时两桨叶曲线拟合

图 8-29（一） 各试验条件下雷击桨叶的概率随接地电阻大小变化的曲线

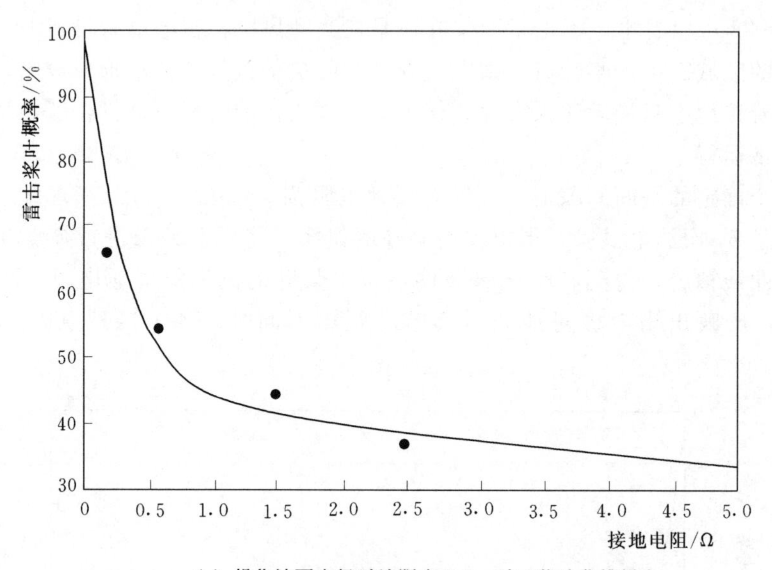

（c）操作波下电极对地距离0.6m时三桨叶曲线拟合

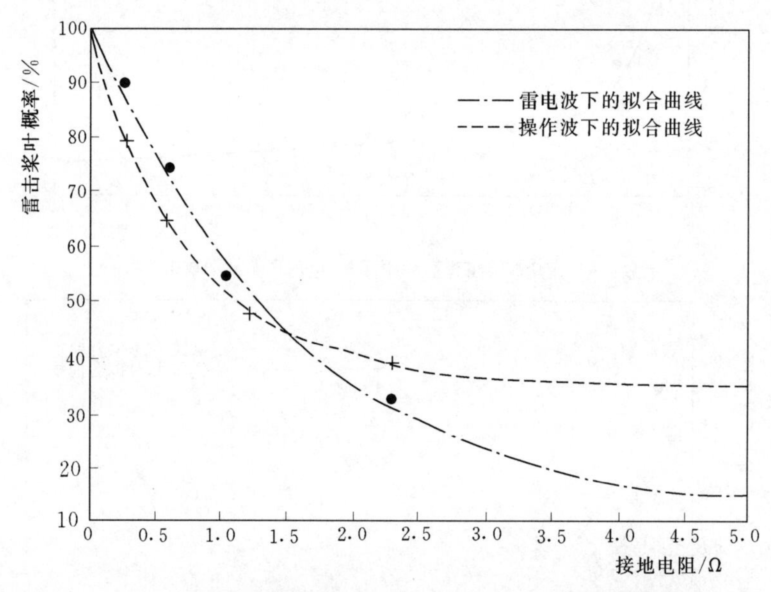

（d）操作波和雷电波下电极对地距离0.7m时三桨叶曲线拟合

图8-29（二） 各试验条件下雷击桨叶的概率随接地电阻大小变化的曲线

根据图8-29所示拟合曲线对比及分析可得以下结论：

（1）电极对地面的距离会影响雷击桨叶的概率，并且随着间隙的增加而减小。这是因为随着间隙距离的变化，在当前间隙下的90%～100%的放电电压也会发生变化，电压的波动会影响试验雷击桨叶和击地的概率。但是间隙的变化并不会影响引雷能力与接地电阻大小的关系。

（2）在一个确定的空间间隙下，随着接地阻抗的增加，风机桨叶的引雷能力呈现一个快速下降的趋势，下降的速度与接地电阻的大小呈现负相关关系，表明接地电阻的增大对

桨叶引雷能力的影响有饱和性。

（3）雷电波下桨叶引雷能力下降的速度和接地电阻大小的负相关关系较操作波下更为缓慢。这是因为接地电阻的增加会影响桨叶叶尖迎面先导发展的速度，随着接地电阻增大，迎面先导发展的速度会降低。雷电波下，由于击穿时间较短，迎面先导发展的时间不够，相比操作波下的情况，此时迎面先导发展得不够完全，因此对于接地电阻的变化敏感性也更强。而在操作波下，尽管接地电阻增加会降低先导的发展速度，但是迎面先导总是可以在击穿时间内发展到一个较为完全的程度，因此，在这种情况下，桨叶的引雷能力对接地电阻增加的敏感性相对较低，接地电阻对于引雷能力影响的饱和性也较为显著。

采用基础作为自然接地体的接地方案的接地电阻通常在 0.15Ω 左右。当接地电阻较小时，桨叶的引雷能力较强。但是海上风机的接地方案，接地电阻大小随着潮汐水位的变化而变化，在极端低水位的情况下接地电阻可能达到 1Ω 甚至更大。在这种情况下，接地电阻的变化带来的桨叶引雷能力的下降，会影响桨叶的雷电屏蔽性能。因此，在进行接地设计时，需要考虑接地电阻增大时，风机桨叶引雷能力下降的情况，以此来提高风机桨叶防雷措施的效果。

参 考 文 献

[1] 卜云平，成斌，王宏珍．接地装置的接地电阻测量［J］．实用测试技术，2000（02）：28－31．

[2] 刘思佳，杨红，宁秀元．风电系统中性点接地系统选择及设计［J］．农村电气化，2013（10）：54－55．

第9章　接地系统的测量技术

在雷击或雷电波袭击时，由于电流很大，会产生很高的残压，使附近的设备遭受到反击的威胁，并降低接地装置本身保护设备带电导体的耐雷水平，达不到设计的要求而损坏设备。同时接地系统的接地电阻是否合格直接关系到附近工作人员安全，因此，必须大力加强对接地系统接地电阻的定期测量。

9.1　接地的模拟实验法

9.1.1　模拟实验

设计复杂形状接地电极时，设计者要导出接地电阻的计算公式很困难。这时，采用水槽模拟实验法推算接地电阻会更简便。模拟实验是科学实验的一种基本类型，它是通过模仿实验对象制作模型或模仿实验的某些条件来进行实验的一种实验方法。

9.1.2　水槽模拟实验法

水槽模拟实验法有很多研究分类，其中推定电容量和推定电位分布研究最具代表性，被称为电解槽模拟实验法。水槽模拟实验所需的实验设备有水槽、水槽中的媒介、电源、电流表、电压表、模拟接地电极等。本实验是进行接地的模拟实验，故水槽必须做成与均质大地相似的环境。水槽实验如图9-1所示，用充满自来水的水槽模拟匀质大地。

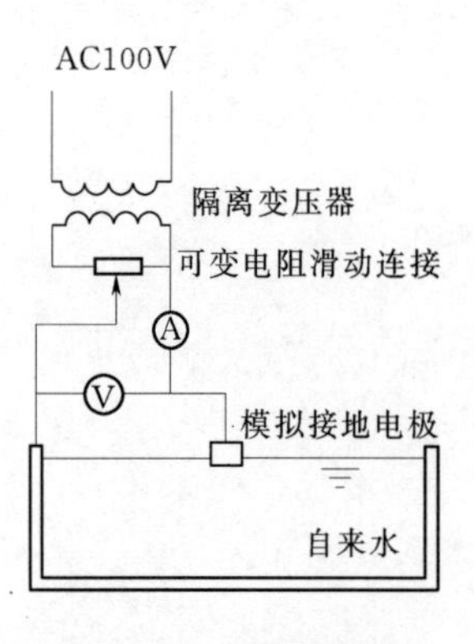

图9-1　金属水槽

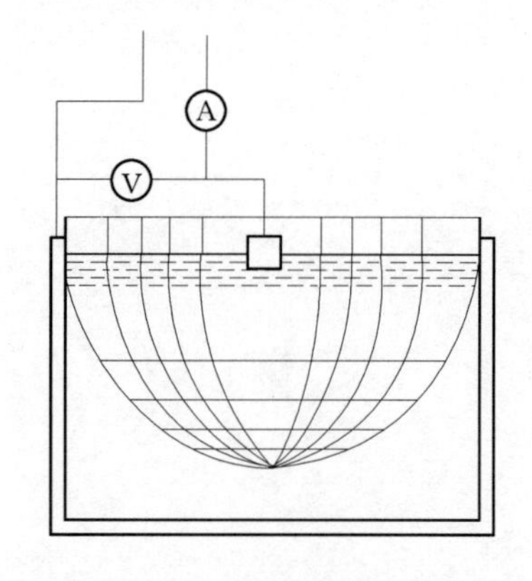

图9-2　金属归路电极

从测量精度考虑，水槽应尽可能大，但不一定是由金属材质制成。在进行接地模拟实验时，归路电极是必要的。故当使用绝缘材料合成树脂制作容器时，必须放入半球状金属制网状电极作为归路电极。如图9-2所示，当金属制归路电极为水槽时，应有效利用水

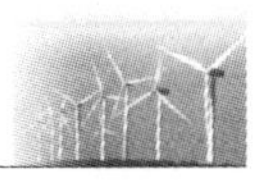

槽面积。可以考虑选用电解质溶液作为水槽中的媒介。研究发现，自来水的电阻率随温度变化，便于实验。本书用自来水设置水温检测器测定温度，从而计算电阻率。

作为电极材料，导电性越高越好，故一般采用加工的铜、黄铜。在使用它们之前，需要在电极表面进行脱脂。采用较小的电极模型时，水表面张力会使电极表面和水不能很好地黏结，影响测量结果。电源使用工频电源，且必须接入绝缘变压器把电源与配电系统的接地隔开。在电流流入接地电极时，接地电阻是把相对于无限远点接地电极的电位升除以注入电流得到的。电压表一端在模拟电极上，另一端连接处因水槽制成的材料不同而不同。若为金属材料，则接在水槽上；若为绝缘材料，则接在归路电极上。在水槽模拟实验中（图9-1），模拟接地实验的电位升和注入电流分别由电压表和电流表测量。

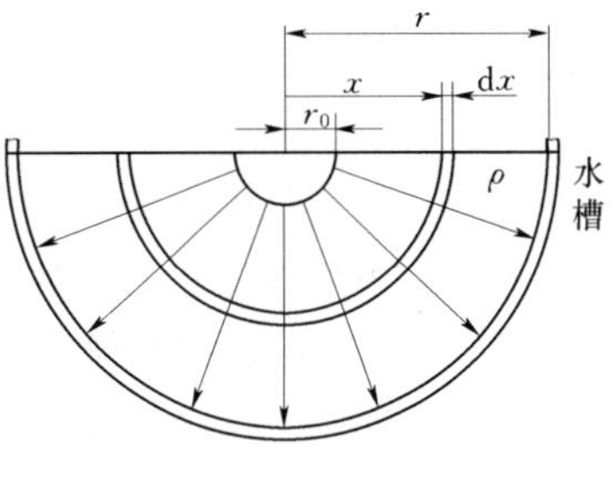

图 9-3 半球形水槽

接地电阻的范围从严谨的理论上来说，应包含无限远方的大地，而在水槽模拟实验中，只能做出有限大的水槽。水槽的有限性引起的误差可以通过半球电极和半球水槽来研究，如图 9-3 所示。

如图 9-3 所示半径为 r_0 半球状接地电极中，注入电流以放射状流出。假设离半球中心距离为 r 的地方有半径为 r 的半球形水槽，水槽电阻率为 ρ。离球中心距离为 x 的地方厚度 $\mathrm{d}x$ 处电阻为

$$\mathrm{d}R=\rho\frac{\mathrm{d}x}{2\pi x^2} \tag{9-1}$$

$\mathrm{d}R$ 与离电极的距离 x 的平方成反比。而离电极表面 $x=r_0$ 至无限远 $x\to\infty$ 处对 $\mathrm{d}R$ 积分便可以计算半球电极真的接地电阻 R，即

$$R=\int_{r_0}^{\infty}\mathrm{d}R=\frac{\rho}{2\pi}\int_{0}^{\infty}\frac{\mathrm{d}x}{x^2}=\frac{\rho}{2\pi}\left[-\frac{1}{x}\right]_{r_0}^{\infty}=\frac{\rho}{2\pi r_0} \tag{9-2}$$

忽略了水槽外侧的分布电阻 ΔR，会使测量结果产生误差。不妨把这个误差称为中止（中途停止）误差 ε，则

$$\varepsilon=\frac{\Delta R}{R}\times 100\%=\frac{r_0}{r}\times 100\% \tag{9-3}$$

从公式中可以得出结论：误差由 r_0/r 决定。

表 9-1 水槽大小和中止误差

水槽的半径 r	中止误差 ε/%	水槽的半径 r	中止误差 ε/%
$2r_0$	50	$10r_0$	10
$5r_0$	25	$20r_0$	5

从表 9-1 可以得出结论，当 $r=20r_0$，即水槽的半径是模拟半径的 20 倍时，误差 ε 是 5%。当模拟比水槽做得更大时，误差变小。实际实验中，不管水槽做得大小如何，中止误差是不可避免的。虽然接地电阻的推定精度是由中止误差决定，但是有改善推定精度的方法。在半球电极实验中，其接地电阻真值在理论上并不清楚，但利用实验

算出中止电阻分量是可行的。ΔR 可以由具体实验条件（水槽的大小和形状）大致确定，几乎不受水槽模型形状影响。形状引起的接地电阻的变化是在电极附近发生的，而对远方影响很小，故相对于用半球之外的电极实验，使用半球做实验可以在一定程度上修正测量值。

下面讲述比例尺的换算方法。当电极形状一定大小相似变化时，接地电阻 R 为

$$R=K\frac{\rho}{L} \tag{9-4}$$

式中　L——电极规模特征的尺寸，m；

K——由形状决定的系数。

如图 9-4 所示，把相似的接地电极的尺寸取小，再固定其形状并且大地电阻率也固定不变时，接地电阻与接地电极尺寸成反比，即

$$\frac{R_1}{R_2}=\frac{L_2}{L_1} \tag{9-5}$$

式中　R_1——长度为 L_1 的电极的接地电阻，Ω；

R_2——形状相似长度为 L_2 的电极的接地电阻，Ω。

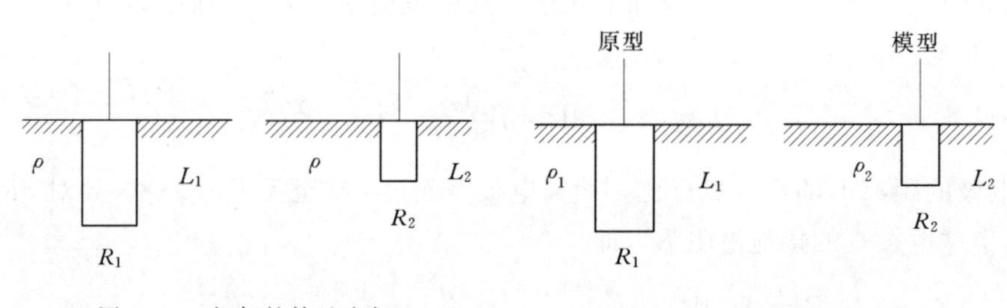

图 9-4　相似的接地电极

图 9-5　大地电阻率变化后相似接地电阻

现在，如图 9-5 所示，大地电阻率变化时，式（9-5）变成

$$\frac{R_1}{R_2}=\frac{\rho_1}{\rho_2}\frac{L_2}{L_1} \tag{9-6}$$

$$R_1=R_2\frac{\rho}{\rho_m}M \tag{9-7}$$

$$M=\frac{L_2}{L_1}$$

式中　R_1——原型电极的接地电阻，Ω；

R_2——模拟电极的接地电阻，Ω；

M——缩尺率；

ρ——大地电阻率，Ω·m；

ρ_m——实验时用的煤质的电阻率，Ω·m。

可以根据式（9-7）从模拟接地电阻推定原型电阻。

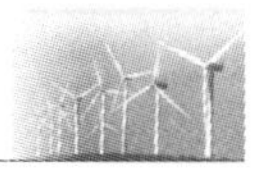

9.2 接地电阻的测量

9.2.1 接地电阻测量的目的

接地装置接地电阻的测量通常基于以下目的：

（1）取得建筑物防雷保护，建筑物内设备防雷保护及有关人身安全所必需的设计数据。

（2）对计算值进行校核，以检验计算方法的正确性，为新的计算方法或软件的推广应用提供依据。

（3）测量接地装置的真实接地电阻，检查新接地网的接地电阻是否达到设计要求，检查旧接地网的接地电阻是否发生了变化。

（4）确定无线电发射机的发射电路接地装置是否合适。

（5）确定防雷保护接地装置是否合适。

（6）确定由于电力系统接地故障电流引起的地电位升及在整个地段内的电位变化。

总的来说，用于现场测量接地电阻的方法都是以“导线—大地”为回路，依据电极布置的要求，用补偿法进行测量。按照所使用的电源不同，测量方法分为直流法和交流法两类；按读取数据和仪表的不同，分为电压—电流法、比率法和电桥法。这些方法既有其优点又有其不足和局限性，选取时应根据实际的测量目的及测量对象作出适当的选择。

9.2.2 测量接地电阻的基本原理

接地电阻通常根据其意义进行测量。接地电阻是电流经接地体流入大地时接地点 U 和 I 的比值。

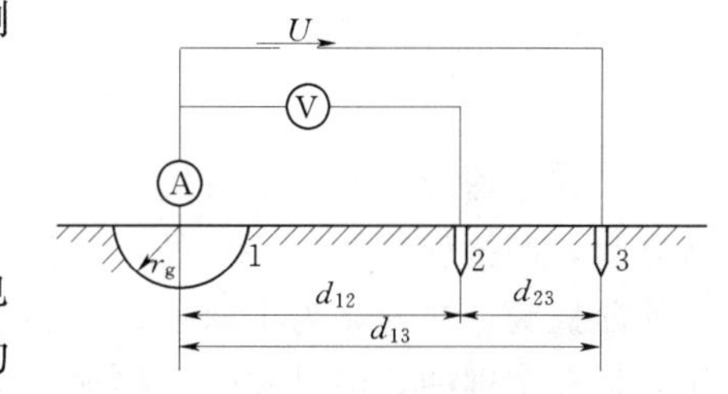

图 9-6　三极法测量接地电阻的试验接线

测量方法为：在接地点注入一定电流，如图 9-6 所示。为简化计算，不妨设接地体为半球形，可以算得距球心 x 处电流密度为

$$J=\frac{I}{2\pi x^2} \tag{9-8}$$

式中　J——距球心为 x 处的球面上电流密度，A/m^2；

I——经接地体入地的电流，A；

x——距球心的距离，m。

设无穷远处电势为零，ρ 为土壤电阻率，电场中任意两点电势差等于电场强度在两点间的线积分，即 $E=J\rho$，则距接地球心 $x(x\geqslant r_g)$ 电压为

$$U=\int_{\infty}^{x}-E\mathrm{d}x=\int_{\infty}^{x}-\frac{\rho I}{2\pi x^2}\mathrm{d}x=\frac{\rho I}{2\pi x}\bigg|_{\infty}^{x} \tag{9-9}$$

由式（9-9）得，电极 1、2 之间的电势差为

$$U_{12}=\frac{I\rho}{2\pi}\left(\frac{1}{r_g}-\frac{1}{d_{12}}\right) \tag{9-10}$$

电极3使电极1、电极2之间出现的电势差为

$$U'_{12}=\frac{I\rho}{2\pi}\left(\frac{1}{d_{23}}-\frac{1}{d_{13}}\right) \tag{9-11}$$

电极1、电极2之间的总电势差为

$$U=U_{12}+U'_{12}=\frac{I\rho}{2\pi}\left(\frac{1}{r_g}-\frac{1}{d_{12}}+\frac{1}{d_{23}}-\frac{1}{d_{13}}\right) \tag{9-12}$$

由此电极1、电极2之间呈现的电阻 R_g 为

$$R_g=\frac{U}{I}=\frac{\rho}{2\pi}\left(\frac{1}{r_g}-\frac{1}{d_{12}}+\frac{1}{d_{23}}-\frac{1}{d_{13}}\right) \tag{9-13}$$

接地体1的接地电阻实际值为

$$R=\frac{\rho}{2\pi r_g} \tag{9-14}$$

式中　r_g——接地体的半径，m。

要使实际接地电阻 R 等于测量的接地电阻 R_g，就必须使式（9-13）与式（9-14）相等，即

$$-\frac{1}{d_{12}}+\frac{1}{d_{23}}-\frac{1}{d_{13}}=0 \tag{9-15}$$

令 $d_{12}=ad_{13}$，$d_{23}=(1-a)d_{13}$，代入式（9-13）得

$$\frac{1}{1-a}-\frac{1}{a}-1=0$$

即

$$a^2+a-1=0$$

解得

$$a=0.618$$

如果在半球形表面，电流极不置于无穷远处，电压极就必须放在电流极和被测接地体两者之间，距接地体 $0.618d_{13}$ 处，这种测量接地电阻的方法被称为0.618法或补偿法。当假设的前提为：接地体为半球形，球心位置电阻率一致和忽略镜像的影响时，这一结论的应用才是有范围的，但是实际中接地电阻大多数为带状、管状和管状形成的接地网。测量结果的差别随极间距离 d_{13} 的减小而增大。等位面距其中心越远，不论接地体的形状如何，其形状就越接近半球形，并且在论证一个电极作用时，忽略了另一个电极的存在，也只在极距 d_{13} 足够大的情况下才能减小误差。实际地网是介于圆盘和圆环两者间的网格状，用上述论证方法，可以证明当接地体的圆盘（圆盘半径为 r）电极布置采用补偿法时，其测量误差 ε 为

$$\varepsilon=\frac{2r}{\pi}\left(\frac{1}{d_{23}}-\frac{1}{d_{13}}-\frac{1}{r}\arcsin\frac{r}{d_{12}}\right) \tag{9-16}$$

取不同的 d_{13} 代入式（9-16）可求得相应的误差，见表9-2，表中 D 为圆盘直径。

表9-2　采用不同电极距离测量圆盘接地体接地电阻

电极距离	$5D$	$4D$	$3D$	$2D$	D
误差/%	−0.057	−0.089	−0.216	−0.826	−8.2

从表9-2可知，用 $2D$ 补偿法测量圆盘接地体的接地电阻时，其误差比较小（小于1%）。

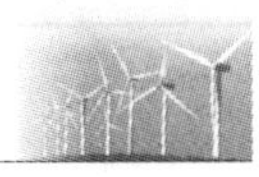

设接地网为圆环接地体，接地导体的直径 $d=8$mm，地网半径 $r=40$mm，d_{13} 取不同的值，采用补偿法，按式（9-16）计算其相应测量误差 ε，结果见表 9-3。

表 9-3 用不同电极距离（d_{13}）测量圆环接地体接地电阻误差 ε

d_{13}	$5D$	$4D$	$3D$	$2D$
ε/%	−0.0322	−0.0595	−0.138	−0.498

由表 9-3 和表 9-2 知，以 D 或 $2D$（为圆环直径）补偿法测量接地电阻时，误差均小于 1%。采用 $2D$ 补偿法时，测量电极的布置是电流极距离地网中心 $d_{13}=2D$，电压极距地网中心是 $d_{12}=0.618D$，$d_{13}=1.235D$。《接地装置特性参数测量导则》（DL/T 475—2006）规定：当被测接地装置的面积较大而土壤电阻率不均匀时，为了得到较为可信的测试结果，建议把电流极距离被测接地装置的距离增大，同时，电压极距离被测接地装置的距离也相应增大，一般 d_{13} 取（4～5）D。对于超大型接地装置则尽量远，d_{12} 的长度与 d_{13} 相近。如果土壤均匀，$d_{12}=d_{13}=2D$。

9.2.3 测量接地电阻的方法

1. 电压-电流表法

电压-电流表法是常用的一种测量方法，其接线如图 9-7 所示，测量时只需读取伏特表和安培表的示数，然后计算接地电阻，即

$$R=\frac{U}{I} \tag{9-17}$$

式中 R——接地电阻，Ω；

U——实测电压，V；

I——实测电流，A。

此方法的最大优点是不受测量范围限制，小到 0.1Ω（如大电流接地系统的接地电阻）大到 100Ω 及以上的接地电阻都能测量，而且测量结果比较准确。此方法不足的是：测量需要独立的电源；测量的准备工作和测量过程较繁琐；测后需经过计算才能得出接地电阻的值。故对于大型接地网，如 220kV 及以上的变电所的接地网或当接地网对角线 $D\geqslant 60$ 不能采用比率计法和电桥法时，应采用电压-电流表法。

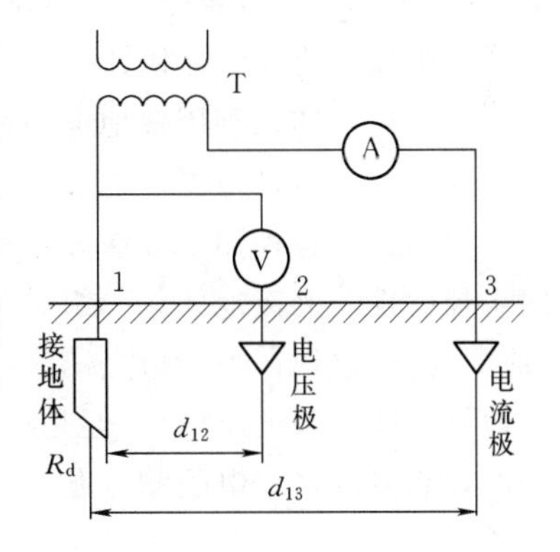

图 9-7 用电压-电流表法测量接地电阻的接线图

2. 比率计法

比率计法的简化原理接线如图 9-8 所示。可见，被测接地体、串联的附加电阻 R_{11} 和接地棒与起测量作用的主要部件（拥有两个框架式线圈 r）相连。测量时，流比计指针偏转的角度与流入两框架式线圈里的电流比成正比，即

$$I_2(r+R_{11})=I_1R_x$$

或

$$R_x=\frac{I_2}{I_1}(r+R_{11})$$

MC-07 型和 MC-08 型接地电阻测量仪就是利用这个基本原理制成的。只要测量前把流比计的刻度用电阻校准，测量时就可以直接读出接地电阻。

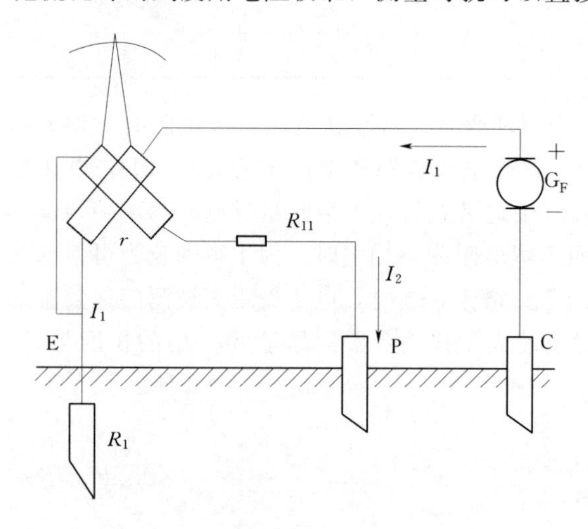

图 9-8　流比计型接地电阻测量仪的简化原理图

E—接地体；P—电压极；C—电流极；r—线圈内阻；R_{11}—附加电阻；G_F—手摇电机

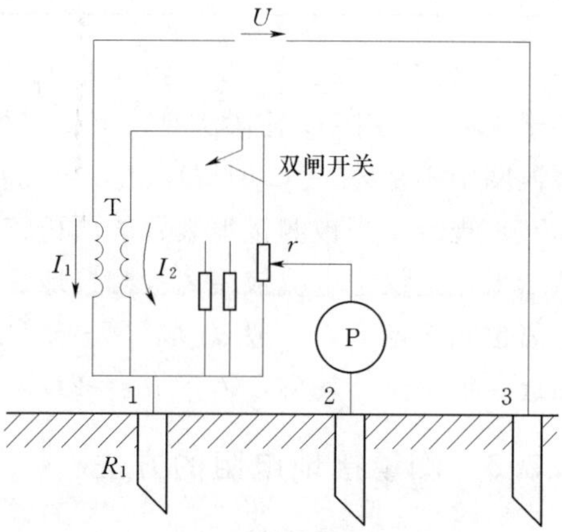

图 9-9　电桥法接地电阻测量仪原理图

1—接地体；2—接地极；3—电流极；P—检流计；r—滑动电阻；T—实验变压器

3. 电桥法

电桥法（也称电位法）的原理接线之一如图 9-9 所示。调节滑动变阻器电阻 r 使检流计（P）指针指零，由 $I_1R_x=I_2r$，则有 $R_x=\frac{I_2}{I_1}r$。取 $\frac{I_2}{I_1}k=n$（n 为电桥倍率，k 为倍率电阻并联系数），并根据这个基本原理制成接地电阻测量仪（如 ZC-8）。只要测量时调节滑动变阻器 r 使检流计指针指零，就可直接从表盘上得到接地电阻值（$R_d=nr$）。

由上述可知，利用接地电阻测量仪测量接地电阻，不但方便简单，而且不需要另外配备独立电源，但是被测接地装置电阻不在其测试范围之内时不能采用。

从上述的各种测量方法和接线原理图中可知，无论采用哪种方法，测量时都需要敷设两组辅助性质的接地体。一组是用来构成流过被测接地装置的电流回路，称为辅助接地体（或称为电流极）；另一组是用来测量被测接地装置与零电位点（大地）之间的电压，称为接地极（或称为电压极）。但是，除了电压-电流表法需要现场准备，对按电桥法和比率计法原理制成的接地电阻测量仪，一般都带有配套的辅助接地极和接地体以及相关的连接导线。

9.2.4　影响接地电阻测量结果的因素及消除方法

由于受到各方面因素的影响，发电厂接地网接地电阻的测量结果有很大误差。大型的接地网一般要求接地电阻阻值很小，受不利因素制约，测量时外界干扰带来的相对误差常使得测量结果不能客观真实地反映接地网的工作情况。测量结果的不确定性不但会带来经

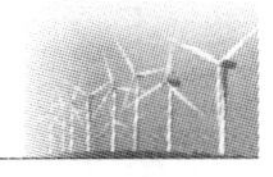

济损失，如地网误改造、损坏设备等，而且可能还会带来严重的安全隐患。故保证地接网接地电阻值在合格范围内是设备正常、安全运行的基础。特别对于防雷接地而言，接地电阻越小，瞬间将几千安培的雷电流引入大地的能力也就越好，被保护对象也就越安全。正确选择接地电阻的测量方法，消除影响接地电阻测量值的不利因素十分必要。下面从外界干扰和测量回路本身因素两个方面探讨如何消除这两方面的影响。

1. 外界干扰的来源及消除的方法

受电力系统零序电流的干扰以及高频干扰等，接地网接地电阻的测量结果误差很大。同时，必须注意测量的过程引线互感对测量结果的干扰。下面分别阐述如何消除这两方面干扰的影响。

(1) 消除接地体上的零序电流干扰。由于负载的不平衡，35kV 直配线、110kV 联网的电厂，经接地体总会有一些零序电流流过，给测量结果带来误差。可以采用试频大电流法，即增加测量电流的数值，来消除零序电流对接地电阻测量值的影响。这样不仅可以提高信噪比、减小测量误差，而且可以利用两次测量的结果对数值进行校正。

(2) 消除引线互感对测量的干扰。在测量接地网接地电阻时，可以采用三角形布置电极，电流极引线的截面由电流值大小决定；电压极引线截面不应小于 1.0～1.5mm^2；电流极与电压极的引线应相距 5～10m；而电流极引线截面角度由电流极与接地体之间的距离决定。这样可以减少引线互感对测量结果的干扰。

接地电阻测量结果的准确性是研究者判断接地是否良好的重要手段之一。如果测量结果不准确，不仅浪费人力、物力、财力，还会给接地设备带来安全隐患。故在实际工作中，科学地制定测量方法、正确使用测量工具、减少外界干扰、科学得出准确数据，是接地设备能够安全可靠运行的重要保证。

2. 影响与解决问题

接地电阻测量回路本身因素和地网环境对接地电阻的影响显而易见。在测量中应该避免不利因素的影响，才能保证测量结果的准确性。测量时会出现的问题及其解决方法如下：

(1) 问题：测量线方向不对，距离不够长。

解决方法：找准测试线方向，接地体与电流极，电压极之间的距离应符合规定。

(2) 问题：电流极接地电阻过大。

解决方法：在地桩处浇水或用降阻剂降低电流极接地电阻。

(3) 问题：测试夹与接地测试点接触电阻过大。

解决方法：将接触点用锉刀或砂纸磨光，然后再用测试夹线夹子充分夹好磨光触点来降低接触面电阻。

(4) 问题：仪器准确度下降等仪器使用上的问题。

解决方法：可以采取重新校准为零的办法提高其准确度。

接地电阻测量时，还会受到接地网所处环境的影响。如土壤结构不均、地质不一、干湿程度不一样，并且具有分散性。对于地表面杂散电流，特别是架空地线、电缆外皮、地下水管等，对测试结果影响特别大。此时可以在接地网上选取不同的点，然后对这些点的测量结果取平均值。

9.2.5 海上风力发电机接地阻抗的测试方法

近年来，我国经济发展迅速，对电能的需求增加，特别是清洁能源所发电能。因此，许多海上风力发电场应运而生，而关于海上风力发电机组的阻抗测试也成为研究课题。

利用海上风力发电机组和海上升压站的线路作为电流线，也可以选择相邻的另外一台风机作为电流极进行布线方案的设计，再选取合适角度的第三台风机，利用其接地基础作为电压极。在此基础上，采用利用现有线路或者船行布线的方式，进行电压极引线的布线。选取风机接地基础作为电压极的原则是：电压极引线的长度距离风机基础边沿（4～5）D（D为接地体的最大对角线长度）。对于电压极引线和电流极引线的夹角α，《接地装置特性参数测量导则》（DL/T 475—2006）要求大于30°，而IEEE的相关标准要求在90°～270°之间。

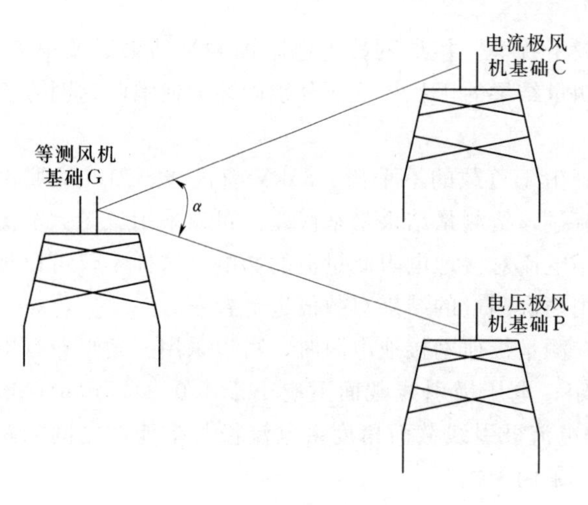

图9-10 测试方案示意图

海上风力发电机组接地阻抗的测试方案如图9-10所示。

海上风电机组的基础规模较小，属于等电位模型，因此，不需要考虑最大接触电压和最大跨步电压。陆上风电场对于风力发电机接地阻抗的要求已经是从对人体保护的角度出发所制定的标准，对于等电位的海上风力发电机组模型，这个标准同样可行。

为了仿真计算海上风力发电机组利用其基础作为自然接地体的接地阻抗，利用当前主流的接地仿真计算软件CDEGS建立模型。仿真结果见表9-4～表9-7，相应各种情况下接地阻抗变化曲线如图9-11～图9-14所示。

表9-4 改变海水电阻率的仿真计算结果

海水电阻率/(Ω·m)	接地阻抗/Ω	海水电阻率/(Ω·m)	接地阻抗/Ω
1	0.1591	4	0.5332
2	0.2965	5	0.6403
3	0.4193		

表9-5 改变海水水位的仿真计算结果

水位比极端低水位低的高度/m	接地阻抗/Ω	水位比极端低水位低的高度/m	接地阻抗/Ω
1	0.1624	4	0.2260
2	0.1758	5	0.2848
3	0.1851		

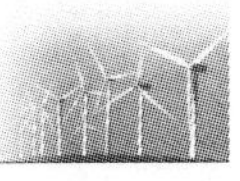

表 9-6 极端高水位下改变海床土壤电阻率的仿真计算结果

海床土壤电阻率/(Ω·m)	接地阻抗/Ω	海床土壤电阻率/(Ω·m)	接地阻抗/Ω
100	0.07788	2700	0.09856
300	0.08939	3200	0.09876
600	0.09431	3900	0.09894
1200	0.09697	4500	0.09908
1700	0.09781	5000	0.09919
2200	0.09827		

表 9-7 改变伸入海床的长度的仿真计算结果

伸入海床的长度/m	接地阻抗/Ω	伸入海床的长度/m	接地阻抗/Ω
5	0.1825	15	0.1806
10	0.1815	25	0.1797

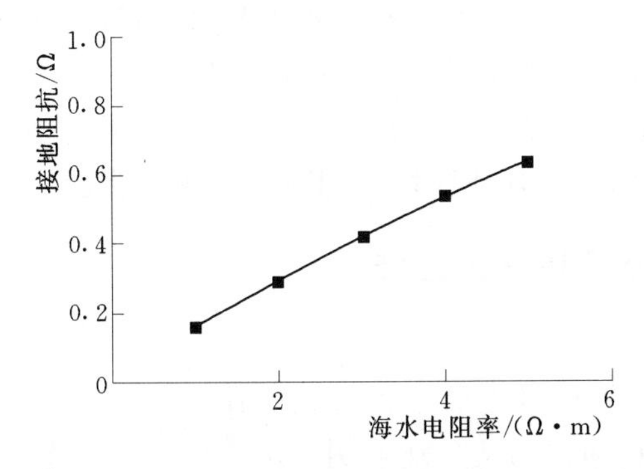

图 9-11 改变海水电阻率接地阻抗的变化曲线

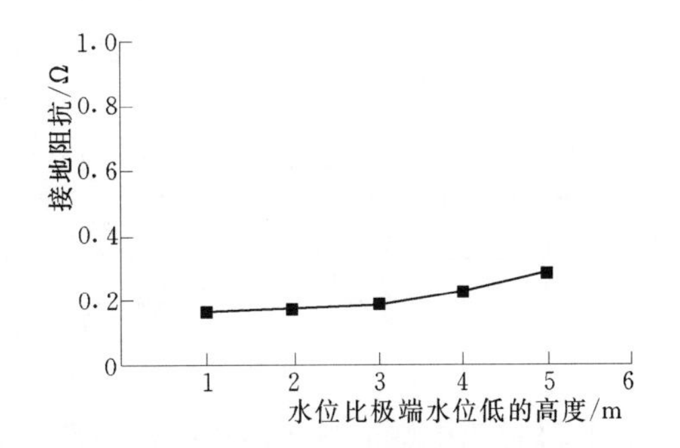

图 9-12 改变海水水位接地阻抗的变化曲线

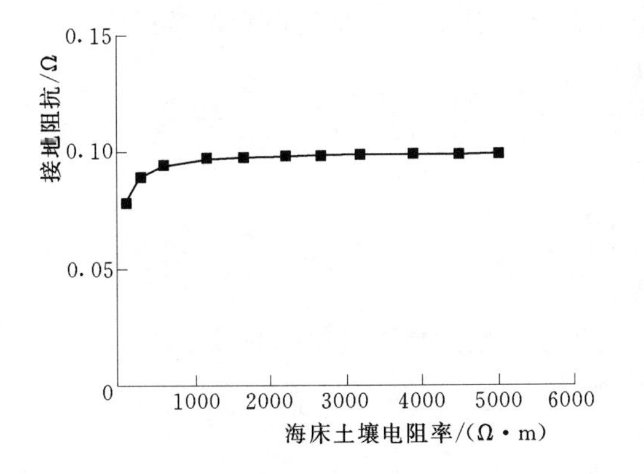

图 9-13 改变海床土壤电阻率接地阻抗的变化曲线

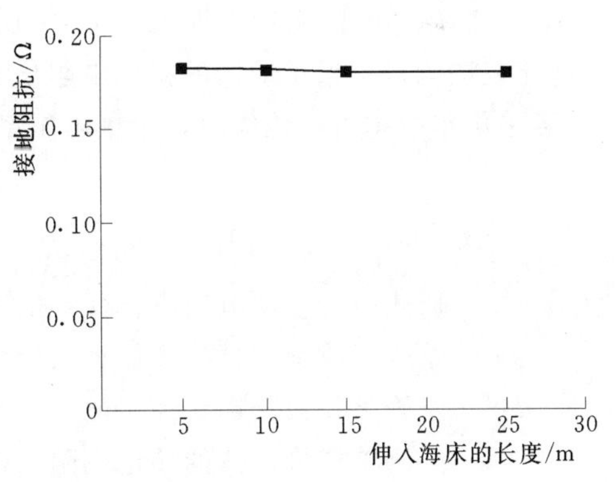

图 9-14 改变伸入海床的长度接地阻抗变化曲线

从仿真计算的结果来看，在影响接地阻抗的几个因素中，海水电阻率影响最为显著，但是接地阻抗仍然不超过 0.7Ω；而极端水位影响不大，并且在正常的水位下，海上风电机组的接地电阻一般小于 0.5Ω，因此工程上不管采用哪一种基础作为自然接地体，其接

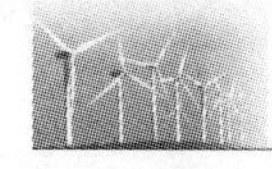

地性能都能满足小于 4Ω。

9.3　土壤的电阻率的测量

测量土壤电阻率的目的为了进行接地装置的设计，而接地装置设计要达到两个要求：一是接地装置之上的地表面的接触电压和跨步电压满足人身安全的要求；二是接地电阻满足要求以保证设备的安全运行。接地极埋在电阻率极高的上层土壤的极端情况除外，位于接地极或邻近接地极附近的大地表面的位置，电位梯度主要是上层土壤电阻率的函数，而此处接地极的电阻却主要是深层土壤电阻率的函数，而且在接地装置的尺寸非常大时更是如此。不同性质的土壤一般会有不同的土壤电阻率，即使同一种土壤，由于温度和含水量等不同，土壤电阻率也会随之发生显著的变化。故为了在进行接地装置设计时有正确的标准，让所设计的接地装置更符合实际工作的需要，使用最小的投资来达到最理想的设计结果，必须进行土壤电阻率的测量。

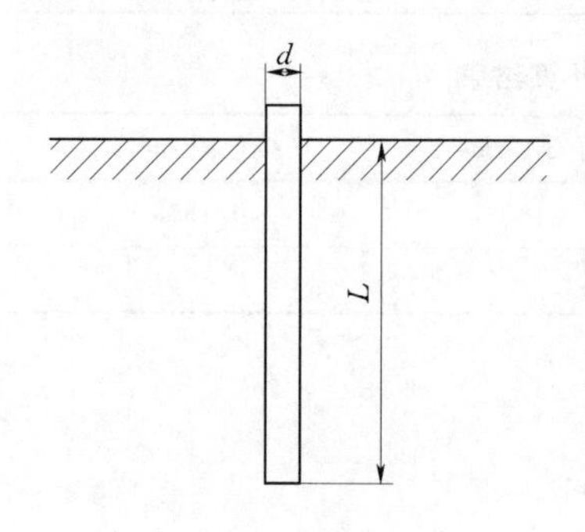

图 9－15　单极法测量土壤电阻率示意图
d—单极接地体的直径；
L—单极接地体的长度

在接地装置的设计过程中，为了使设计结果更切合实际，经济实用，土壤电阻率应采用现场实测数据。

9.3.1　测量电阻率的方法

1. 单极法

通过测量简单接地装置的接地电阻，如图 9－15 所示，再计算出土壤电阻率。首先在测试点埋设简单的接地体，例如，一根直径为 25mm、长 2.5～3m 的圆钢，或者直径为 50mm、长 2.5～3m 的钢管，还可以采用一根 40mm×4mm，长 10～15m 的扁钢，埋入 0.7～1.0m 的地下。然后采用接地电阻测试仪或者电压表-电流表法测量单根接地体的接地电阻值 R_d。

若采用单根垂直接地体时，土壤电阻率为

$$\rho=\frac{2\pi LR_d}{\ln\dfrac{4L}{d}} \tag{9-18}$$

式中　ρ——所测位置土壤电阻率，Ω·m；

L——钢管（或圆钢）接地体埋入地中的深度，也就是该接地体的长度，m；

d——钢管外径或圆钢直径，m；

R_d——实测单根接地体的接地电阻，Ω。

若采用水平埋设的接地体，该位置电阻率为

$$\rho=\frac{2\pi LR_d}{\ln\dfrac{L^2}{bh}} \tag{9-19}$$

式中　ρ——测量处的土壤电阻率，Ω·m；

L——水平埋设的接地体总长，m；

h——水平接地体埋设深度，m；

b——扁钢截面宽度，m；

R_d——单根水平接地体实测接地电阻，Ω。

单极法几乎都是反映埋设单根接地体附近处的土壤电阻率，不能代表面积较大地域的土壤电阻率，故用单极法测量的土壤电阻率有较大误差。同时，在所测的单根接地体的接地电阻中，包含连接导线与接地体的接触电阻，故在实际工程中很少采用单极法。

2. 两极法

两极法的原理如图 9-16 所示，首先在被测区域插入电流极 A 和电流 B，在电流 A 和电流 B 之间施加电流，然后将电流表接入回路中测量电流 I，最后将电流极 B 看作零点位，电压等于电源电压 E，电源一般用电池充当。虽然这样就可以得到接地电阻 $R=\frac{E}{I}$，但是这仅仅是粗略的估计。如果电流极半径为 r，且采用标准半球电极，则由半球接地极的接地电阻计算公式可以得到被测区域的电阻率 ρ 为

$$\rho=2\pi rR \tag{9-20}$$

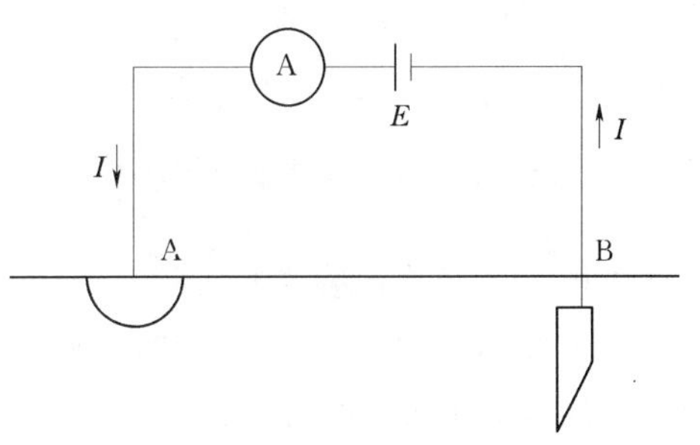

图 9-16 两极法测电阻率的原理图

但是这只是粗略的估计。现场测量可以采用 Shepard 土壤电阻仪进行粗略测量。该仪器不但可以在额定电池电压的基准上将电流刻度标定为电阻率刻度，而且通过将电极打入地中或挖掘区土壤的侧壁或底部，可在短时间内对小型土壤区域进行大量测量。该测量仪包括两个铁电极，一个尺寸较大，而相比之下另一个尺寸较小，二者都附在绝缘杆上。在测量时，电池的正极通过一只毫安表连接到较大的电极上，而电池的负极则连接到较小的电极上。该仪器的优点是便于携带。

3. 四极法

采用四极法测量土壤电阻率时，其接线如图 9-17 所示。假设电极的埋深为 L，电极间距为 a，并在电极 C_1、C_2 间施加电流，那么电极 C_1、C_2 在电极 P_1、P_2 上产生的电压分别为

$$U_1=\frac{\rho I}{2\pi}\left(\frac{1}{a}-\frac{1}{2a}\right) \tag{9-21}$$

$$U_2=\frac{\rho I}{2\pi}\left(\frac{1}{2a}-\frac{1}{a}\right) \tag{9-22}$$

则电极 P_1、P_2 间的电压为

$$U_{12}=U_1-U_2=\frac{\rho I}{2\pi a} \tag{9-23}$$

故

$$\rho=\frac{2\pi a(U_1-U_2)}{I}=2\pi a\frac{U}{I}=2\pi aR \tag{9-24}$$

式中 R——实测土壤电阻，Ω；

ρ——土壤电阻率，Ω·m；

U——P_1、P_2 点的实测电压，V。

由式（9-24）可知，当a已知时，测量电极P_1、P_2间的电压和流过的电流，即可算出土壤的电阻率。四极法测得的土壤电阻率与电极间的距离a有关，当a不大时所测得的电阻率仅为大地表层的电阻率，随着电极的埋深，a也相应增大。一般测得的ρ值是埋深为0.75a处的值。为测得土壤深层次的土壤电阻率，应取不同的a值（如$a=10$m、20m、30m、40m等）进行几次测量。

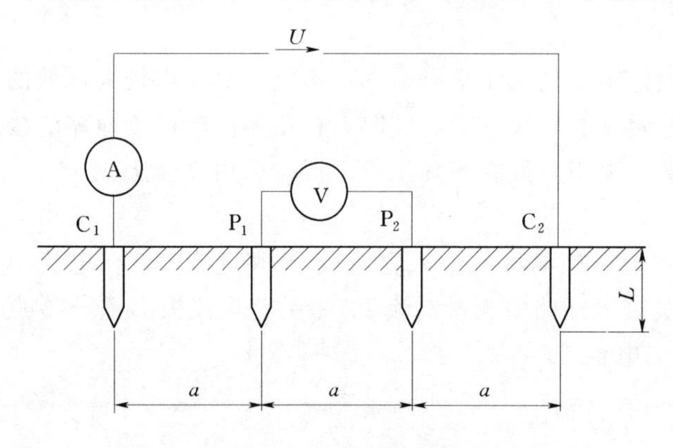

图9-17　四级法测土壤电阻率的实验接线

除以上方法可测电阻率之外，具有四个端头的接地电阻测量仪均可用于四极法测量土壤的电阻率。用四极法测量土壤电阻率时，可以用直径2cm左右，长0.5～1.0m的圆钢或钢管作电极，由于接地装置的实际散流效应，四根电极间距应该相等且在20m左右，埋深应该小于极间距的0.05倍。同时为使测量结果更准确，测量变电所的ρ值时，应取3～4点以上测量数的平均值作为测值。

考虑季节变化对电阻率的影响，将上述方法测得的电阻率ρ乘以季节系数φ才是一年中最大的电阻率，即

$$\rho_{max}=\varphi\rho \tag{9-25}$$

式中　φ——季节参数，其值见表9-8，测量时如大地比较干燥，取表9-8中的较小值，比较潮湿时，则取较大值；

ρ——实测土壤电阻率，Ω·m。

表9-8　接地装置的季节系数φ值

埋　深/m	水平接地体	长2～3m垂直接地体
0.5	1.4～1.8	1.2～1.4
0.8～1	1.25～1.45	1.15～1.3
2.5～3.0	1.0～1.1	1.0～1.1

用四极法测量时应注意以下事项：

（1）测土壤电阻率时尽量避开地下的管道等，以免影响测试结果。

（2）测土壤电阻率不要选择在雨后土壤较湿时进行。

（3）在给已运行的变电所测土壤电阻率时，电流要受到地中水平接地体的影响，故测量时要找土质相同但远离接地网的地方。

（4）为了了解土壤的分层情况，应改变a值进行测量，例如$a=10$m、20m、30m、40m、50m等。

（5）为了全面了解电阻率水平方向的分布情况，应在被测区域内找多个不同的点（一般4～6个点）进行测量。

9.3.2 测量时注意事项以及要求

1. 地下管道的影响

测量区域靠近居民区或工矿区时，可能会有地下水管等具有一定金属部件的管道。此时，应把电极布置在与管道垂直的方向上，并且要求最近的测量电极（电流极）与地下管道之间的距离不小于极间距离。否则，将会影响电阻率的测量结果。

2. 土壤结构不均匀的影响

土壤结构不均匀对土壤电阻有很大的影响，故不应该在有明显的岩石、裂缝和边坡等不均匀土壤上布置测量电极。为了得到较为可信的结果，可以将测量场地分成多块，并分别在每块上测量。

3. 测量要求

为了让测量结果更接近实际运行结果，测量时所用的接地体、接地棒和辅助接地体，最好采用与设计或实际安装的尺寸相同的对应装置。一般是埋设长 2.5m、直径 50mm 的钢管。若土质坚硬，可采用长 2.5m、直径 25mm 的圆钢。若设计或安装的是扁钢接地体，则可采用长 10～15m 的 40mm×4mm 扁钢。

9.4 接触电压、电位分布和跨步电压的测量

1. 接触电压

为确保人身安全，应对 1000V 及以上的电气设备进行接触电压的测量；在发电厂和变电所附近，经常有人员来往的地方，应做电位分布和跨步电压的测定，以防在发生接地故障时，这些地方出现过高的、危及人们生命的接触电压和跨步电压。通常把距接地设备水平距离为 0.8m 处，以及沿该设备外壳（或构架）垂直于地面的距离为 1.8m 的两点间的电压称为接触电压。当人体接触到这两点时，就要承受接触电压。对接触电压的测量实际上是对这两点之间的电压进行测量，如图 9－18 所示。接地体的周围有较大的电流密度，导致电压降也较大，同时电流密度又与距离接地体距离的平方成反比；故在接地极的一定范围外，电流密度接近于零，该处可当做大地的零电位点。

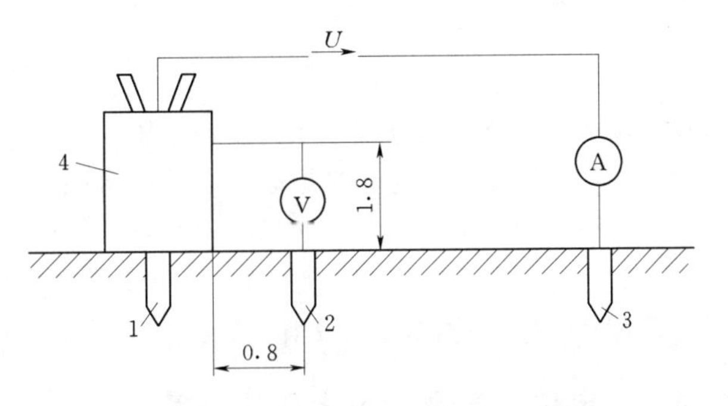

图 9－18 测量设备接触电压的实验接线（单位：mm）
1—接地体；2—接地极；3—电流极；4—电气设备

2. 电位分布

当电流经过接地装置时，会在其周围形成不同的电位分布，即

$$U_x = \frac{r_g}{x} U_g \tag{9-26}$$

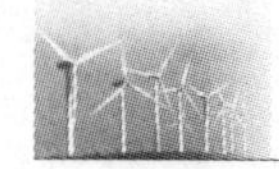

式中　U_x——离接地体距离为 x 处的电压，V；

U_g——接地体的电压，V；

r_g——接地体的半径，m；

x——离接地体的距离，m。

3. 跨步电压

跨步电压是指电气设备发生接地故障时，在接地电流流入接地点周围电位分布区行走的人两脚之间（大约相距0.8m）的电压。当人体两脚接触该两点时，就会承受跨步电压。一般应该选择经常有人出入的地方测量电压分布和跨步电压。在接地体最近处，其测量间距约为0.8m，选5～7点进行测量，之后的间距可增加到5～10m，一般测到25～50m远处便可。通常采用直径8～10m、长约300mm的圆钢做测量的接地极，将其埋入地50～80mm便可；如果要在混凝土或砖块地面进行测量，采用26cm×26cm的铜板或钢板作接地体，铜板或钢板压上重物，板下的地面用水浇湿，这样可使铜板或钢板与地接触良好。

9.4.1　接触电压的测量

采用电压-电流表法测量电气设备金属外壳（或构架）的接触电压，试验接线如图9-18所示。

接触电压取被测设备金属外壳（或构架）上高1.8m处和距设备外壳水平距离0.8m处两点间的电压值；测量时需用高内阻抗（大于100kΩ）的电压表；测试电流应通过被测设备的金属外壳（或构架）（图9-18）。在接通电源后同时读取电压表和电流表的示数，此时的电压表示数 U 就是对应于测试电流值 I 的接触电压。由于接触电压的大小与通过接地装置入地的电流成正比；当最大短路电流为 I_{max} 时，对应的接触电压应为

$$U_{jcmax}=U\frac{I_{max}}{I}=UK \tag{9-27}$$

式中　U——对应实验电流值 I 的接触电压，V；

I——经设备外壳和接地装置入地的实验电流值，A；

I_{max}——发生接地故障时通过接地装置入地的最大短路电流，A；

U_{jcmax}——对应 I_{max} 的最大接触电压，V；

K——I_{max} 与测试电流 I 比值。

9.4.2　电位分布及跨步电压的测量

测量跨步电压时，应取沿着接地体径向（垂直接地体）方向表面上相距0.8m的两点间的电压（两点对地电位差）。在测电位分布时，应先将接地棒（电压极）插入零电位处（距接地装置约25m），测出接地装置对地电压最大值 $U_{d'}$。然后将接地棒沿着需要测量的地带移动，测出1、2、3、…、$n-1$、n 各点对接地装置的电压 U_1、U_2、U_3、…、U_{n-1}、U_n，求出对地电压分别为

$$U_{1d}=U_d-U_1$$
$$U_{2d}=U_d-U_2$$
$$\vdots$$
$$U_{(n-1)d}=U_d-U_{n-1}$$
$$U_{nd}=U_d-U_n$$

采用电压-电流表法测量，接线如图 9-19 所示。施加电压后，测试电流 I 经接地装置入地。在靠近接地装置处，取 0.8m 的间距，选取 5～7 个点测量，之后可增加间距，比如取 5～10m，一般测到距接地装置 25～30m 处即可。记录下每一个测试点的电位值和距接地装置的距离，就能画出电位分布图，如图 9-20 所示。

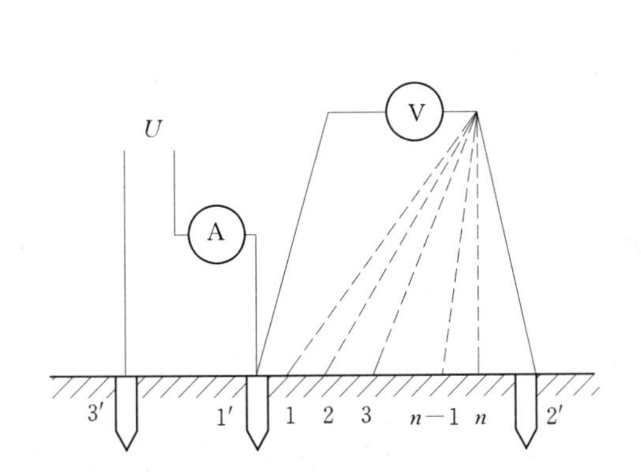

图 9-19 试验接线

1′—接地体；2′—电压极；3′—电流极

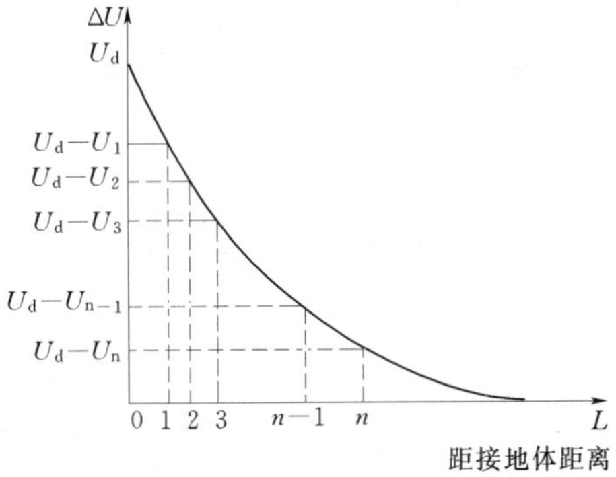

图 9-20 电位分布

当接地装置流过最大的接地短路电流时，各点的实际电位是

$$U_{nd}=(U_d-U_n)\frac{I_{max}}{I}=K(U_d-U_n) \tag{9-28}$$

故从电位分布图上可以求出相距 0.8m 任意两点间的实际跨步电压为

$$U_{kb}=K(U_n-U_{n-1})=K[U_{(n-1)d}-U_{nd}] \tag{9-29}$$

式（9-28）和式（9-29）中，K 表示最大接地短路电流 I_{max} 与测试电流 I 的比值。

9.4.3 用接地电阻测量仪测量接触电压和跨步电压

在缺乏测试电源的地方，往往利用接地电阻测量仪来测杆塔的接触电压和跨步电压，既方便又经济，可按下列步骤进行测试。

可采用三极直线法测出接地装置的接地电阻 R_d。电流极和电压极的布置如图 9-21（a）所示，电流极 C 与电压极 P 离铁塔基础边缘的直线距离分别为 $d_{EP}=2.5L$，$d_{EC}=4L$（L 为接地体最大射线长度，m），将铁塔与接地装置电气上的连接断开后，测出 R_d 值。

得到接地装置的接地电阻 R_d 值后，将接地棒（P 极）移动到点 1、2、3、…、n（图 9-22），并依次测出各点处的电阻值 R_{d1}、R_{d2}、R_{d3}、…、R_{dn}，由此，可得出接触电压为

$$U_{jc}=I_dR_{d1}=\frac{R_{d1}U_d}{R_d} \tag{9-30}$$

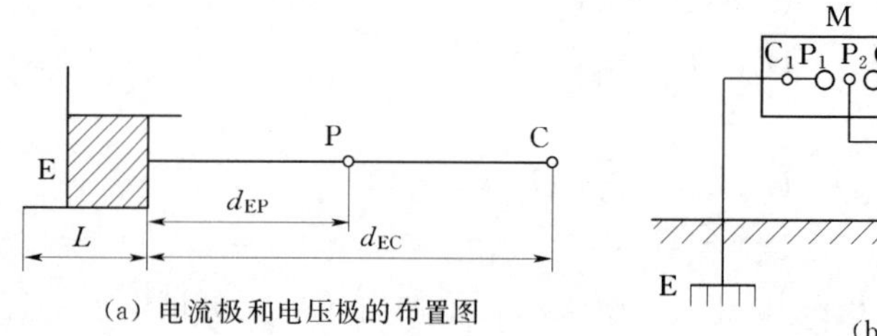

(a) 电流极和电压极的布置图

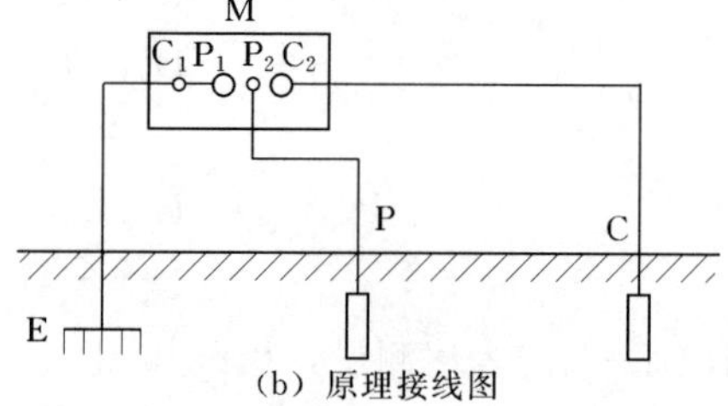

(b) 原理接线图

图 9-21　测量输电线杆塔接地电阻

E—被测杆塔的接地装置；P—测量用的电压极；C—测量用的电流极；

M—接地电阻测量仪；L—接地装置的最大射线长度

任意点 n 的对地电位

$$U_{dn}=\left(1-\frac{R_{dn}}{R_d}\right)U_d \tag{9-31}$$

跨步电压

$$U_{kb}=[R_{dn}-R_{d(n-1)}]\frac{U_d}{R_d} \tag{9-32}$$

式中　U_d——接地装置上流过实际接地短路电流 I_d 时所呈现的对地电压，其值等于接地短路电流 I_d 与接地装置的接地电阻 R_d 的乘积，V；

R_{d1}——接地棒（P 极）置于距接地装置 0.8m 的水平距离的位置①处（图 9-22）所测的接地电阻值，Ω；

$R_{d(n-1)}$、R_{dn}——接地棒在距接地装置 0.8m 的 $n-1$ 和 n 位置处所测得的接地电阻值，Ω。

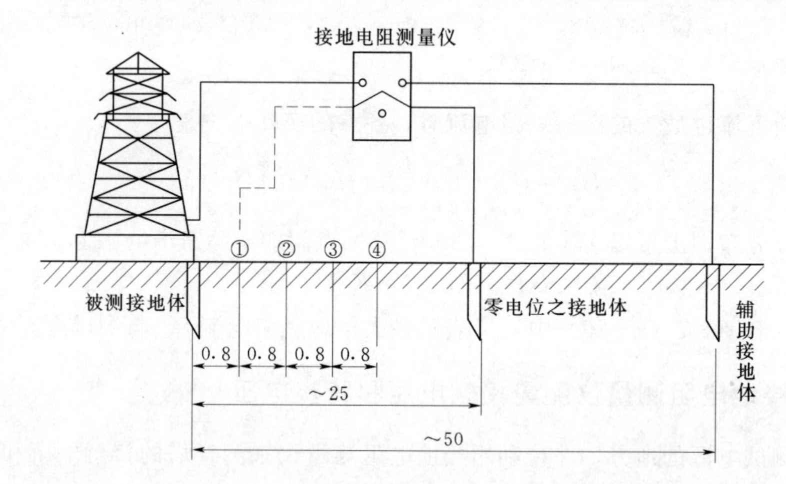

图 9-22　用接地电阻测量仪测量接触电压和电位分布（单位：m）

此外，采用单钳式接地电阻测试仪，如 CA6411、CA6413 或 CA6416 等，其电阻测量量程为 0.1～1200Ω，电流测量量程 1mA～30A，这时不必使用辅助接地棒，也不必使待测设备的接地断开；只需钩住接地线或接地棒，便能测出接地电阻。采用双钳法的 5600 接地电阻测试仪也不需使用接地棒，电阻测量量程为 1～200Ω。

智能精密接地电阻测试仪 HT234E，两线测量不必接辅助接地棒；可以用三线法、四线法测量接地电阻和土壤电阻率；具有自动校零功能，消除引线电阻；具有数据保持功

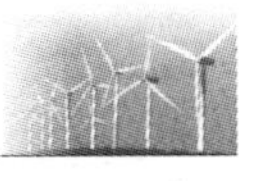

能，可储存 15 个测量结果；还可以测量电压；可以自动保护，防止误操作；结构坚固、抗冲击、耐振动，适合在恶劣环境中使用。电阻测量量程为 0～2000Ω，分辨率 0.01Ω，精度±2%（测量电流不大于 10mA，测量频率 125Hz，测量电压小于 80V），电压测量量程 0～400V，分辨率 1V，绝缘强度测试 2500V。

上述新型接地电阻测试仪的使用能使测量工作方便可靠，精确度好，效率高。通常在工作条件允许的情况下，技术人员都会采用新型仪器进行测量工作。

9.4.4 校验安全性

将实际测得的接触电压和跨步电压与 GB 50065—2011 规定允许的最大值比较，应满足下式

$$U_{jc}(或 U_{kb}) \leqslant U_{jcmax}(或 U_{kbmax}) \tag{9-33}$$

在大电流接地系统，当发生单相接地或同点两相接地时，变电站、发电厂及电气设备的接地装置允许的最大接触电压和跨步电压分别为

$$\begin{cases} U_{jc}=\dfrac{174+0.17\rho_f}{\sqrt{t}} \\ U_{kb}=\dfrac{174+0.7\rho_f}{\sqrt{t}} \end{cases} \tag{9-34}$$

式中 ρ_f——人脚站立处地面的土壤电阻率，Ω·m；

t——接地短路电流持续的时间，s。

在小电流接地系统中，当发生单相接地后，在不迅速切除故障时，变电站、发电厂及电气设备的接地装置允许的接触电压和跨步电压最大为

$$\begin{cases} U_{jc}=50+0.05\rho_f \\ U_{kb}=50+0.2\rho_f \end{cases} \tag{9-35}$$

参 考 文 献

[1] 郭昆亚．输电线路杆塔接地电阻测量方法研究［D］．保定：华北电力大学，2008.

[2] 方超颖，李炬添．接地电阻对风机桨叶引雷能力影响模拟试验［J］．电网技术，2015，39（6）：1709-1713.

[3] 颜喜平，许根养．现场杆塔接地电阻和土壤电阻率测量存在问题及误差分析［J］．电瓷避雷器，2008，222：38-41.

[4] 刘国华．线路特殊区域杆塔跨步电压及接触电压的测试及研究［D］．杭州：浙江大学，2009.

第10章　风电工程防雷接地设计案例

10.1　风力发电机组

本节以某厂家3MW的风力发电机组为例，对风力发电机组防雷接地设计作深入介绍。

10.1.1　风力发电机组的泄流途径

风力发电机组接地系统的构建应按照IEC标准《风力发电系统　第24部分：防雷保护》（IEC/TR 61400—24）实施。根据IEC/TR 61400—24建议，风电机组所有的系统和金属部件必须连接在一起并连接到一个低电阻的接地路径上。整机防雷接地系统原理如图10－1所示。

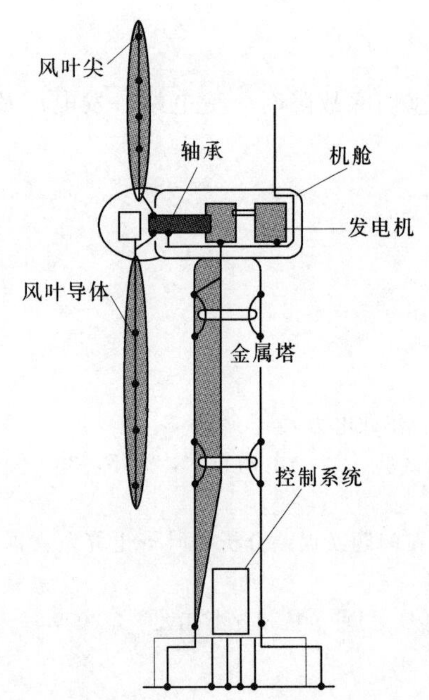

图10－1　整机防雷接地系统原理图

机组的泄流是机组整体外部泄流方式。整机雷电泄流通道如图10－2所示。风力发电机组的叶片是整机中最易接闪的部件，从叶片接闪电流到引下线，到轮毂外围滑动装置（变桨接地炭刷），到主轴与轮毂旋转接触的滑动接地炭刷，到偏航尾部滑动炭刷，再到达塔筒最后接入接地系统散流，完全避开风机主要大部件，如齿轮箱、发电机等，相比传统风机的内部泄流方式，其优点是降低和减少了雷击对风力发电机组造成的设备损坏及影响，保护了风电机组的安全可靠运行。

同时，机组通过在每个泄流环节采取完善的等电位措施，达到等电位保护设备部件并迅速泄放雷电流的目的。

10.1.2　风机直击雷防护

本小节将重点介绍该风电机组的直击雷保护系统中的接闪系统和引下线系统。该风电机组建立的直击雷外部防雷系统示意图如图10－3所示。

10.1.2.1　接闪系统

接闪系统包括金属叶片尖及旋转桨叶中的雷电接收器、轮毂与主轴的滑动连接装置。

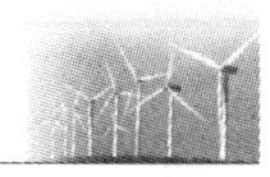

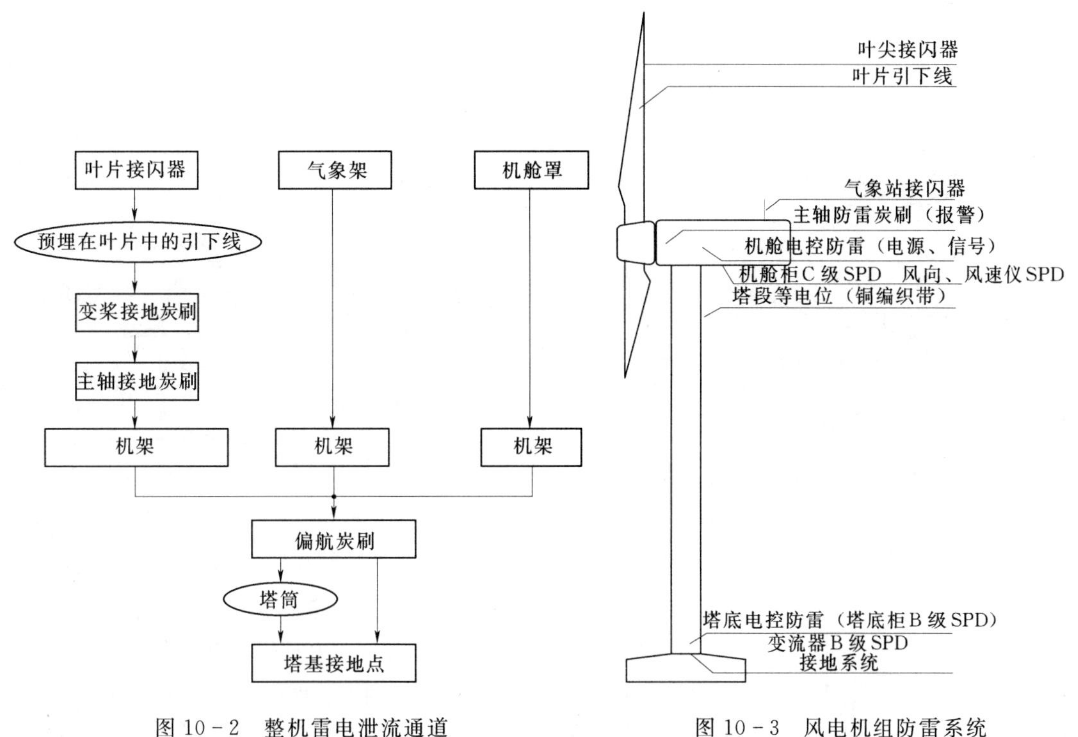

图 10-2 整机雷电泄流通道

图 10-3 风电机组防雷系统

1. 叶片接闪器设计

对于叶片的接闪器设计，叶尖和叶中共设四组接闪器，在叶尖设一组，叶中设三组。采用直径 60mm 的铜质材料制作的圆盘形接闪器，根部通过叶片固定法兰固定在叶尖，底部连接法兰通过桁架上敷设的引下线与叶片根部 M36 法兰栓相连，组成叶片的接闪及导雷通道。叶片通过连接在 M36 法兰栓的接地线和轮毂内部的炭刷一起实现与轮毂的可靠连接，将雷电流引至金属轮毂，从而将叶片和轮毂形成一个整体泄放通道。

接闪器及其布置如图 10-4 和图 10-5 所示。

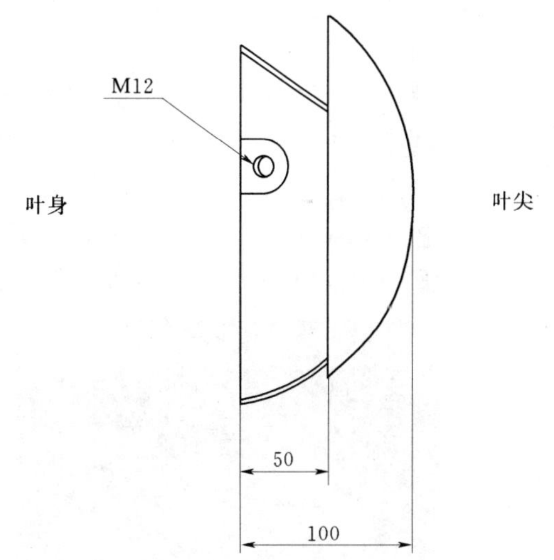

图 10-4 叶尖接闪器（单位：mm）

引下线通过 $70mm^2/12$ 镀锡铜冲压终端与端面带螺纹的交叉螺母连接，如图 10-6 所示。$70mm^2$ 的接地线通过炭刷和变桨轴承座实现可靠连接，从而将叶片和轮毂一起组成接闪及导流通道。

2. 主轴防雷

主轴防雷通过与轮毂旋转接触的炭刷实现，炭刷的尺寸为 25cm×32cm×65cm。炭刷

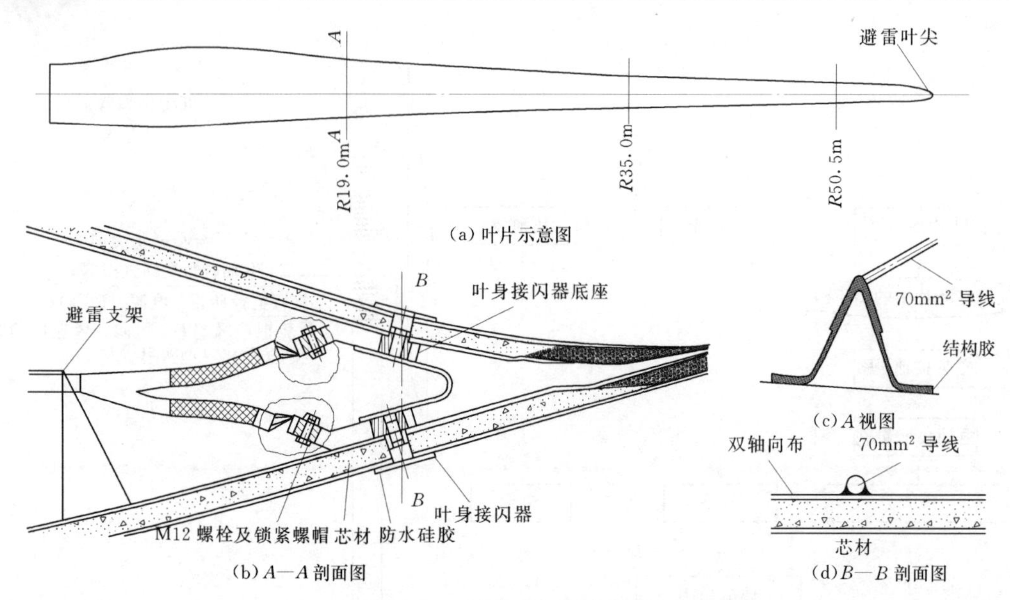

图 10－5　叶中接闪器布置图

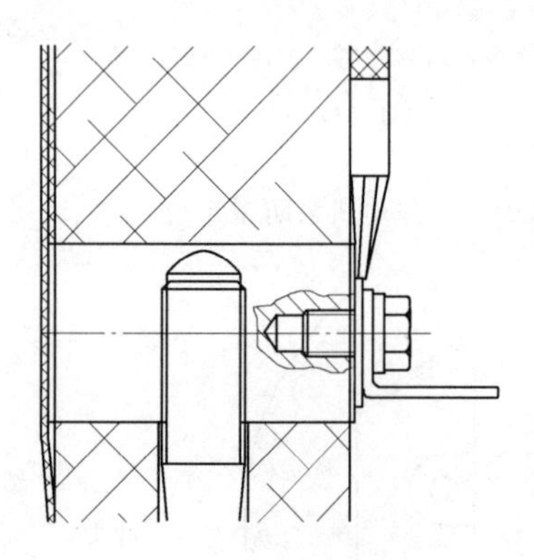

图 10－6　接闪器引下线和法兰栓连接图

通过一根 $70mm^2$ 接地电缆与机架可靠连接，避免了雷电流直接流入主轴及齿轮箱等部件，而造成主轴轴承及齿轮箱内部的轴承使用寿命缩短。主轴接地炭刷安装如图 10－7 所示。

防雷炭刷磨损信号开关为常闭，防雷炭刷磨损信号接线为依次串联，炭刷磨损信号线和炭刷自带线串联起来形成一个回路，通过主轴防雷走线支架固定好，信号线和炭刷自带线一定要紧绷绑好，不能碰到主轴以免损坏。

10.1.2.2　引下线系统

1. 气象架

气象架如图 10－8 所示。气象架安装在机舱上部靠近机舱尾部，避雷针和异形金属框架构成一个封闭的防雷结构。

(a) 视角一

(b) 视角二

图 10－7（一）　主轴接地炭刷安装结构图

(c) 视角三

图 10-7（二） 主轴接地炭刷安装结构图

2. 塔架避雷器

位于偏航轴承刹车盘上的 1 组避雷炭刷（尺寸为 25cm × 32cm × 65cm）将旋转的机架与塔架用可靠的导体连接，避免了雷击电流对偏航系统造成损害。炭刷通过一个 70mm^2 接地铜线与机架相连（图 10-9）。

每节塔筒之间用四组 70mm^2 接地铜编织线可靠连接，如图 10-10 所示。

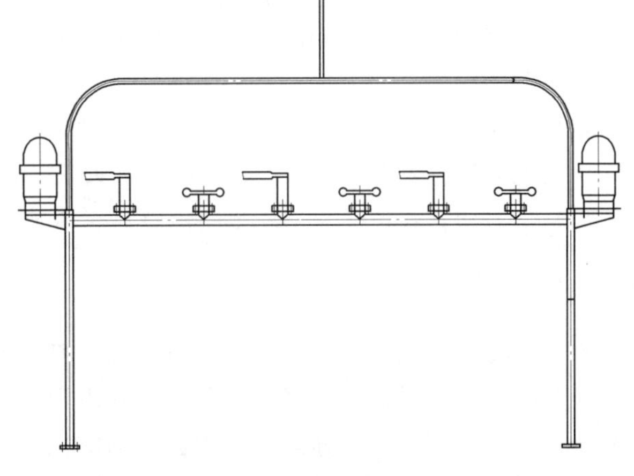

图 10-8 气象架

3. 外部雷电流引下线规格

外部雷电流引下线的规格见表 10-1。

图 10-9 炭刷与机架连接

图 10-10 塔筒之间的连接

表 10-1 外部雷电流引下线规格

零部件名称	线径/mm²	长度/m	定额/根	备 注
叶轮避雷炭刷地线	70	9.5	3	炭刷端 ϕ8，铜牌端 ϕ12 铜鼻镀锡
机舱罩接地线	70	1	1	两端 ϕ12 铜鼻镀锡
避雷针接地线	70	18	2	两端 ϕ12 铜鼻镀锡

10.1.3 风机感应雷防护

感应雷击过电压防护主要分为电源防雷和信号防雷。

1. 电源防雷

依据 IEC62305 系列标准的规定，在不同的 LPS 防护区应采取不同级别的防护措施。在不同 LPS 防护区应设计的 SPD 通流量为：

(1) LPZ1 区：变流器输出端为 25kA，B 级。

(2) 塔底柜：400/690V 输入端为 40kA，B 级。

(3) LPZ2 区：机舱柜 400/690 输入端为 20kA，C 级。

2. 信号防雷

信号防雷主要包括风速仪、风向标、震动浪涌保护。

(1) 电源防雷：230V(L、N)、400V(A、B、C、N)、24V。

(2) 信号防雷：PT100、温湿度传感器、风速仪、风向标、震动传感器。

10.1.4 风机等电位措施

在等电位连接网系统内，所有导电的部件都互相连接，以减小雷击时引起的电位差。为了预防风电场遭受雷击后场内各部件出现不同程度的暂态电位升高而可能导致对周围的金属体、设备、线路、人体之间产生巨大的电位差，发生两者间的反击现象，应对风电场内的金属设备包括金属构架、金属装置、电气装置、通信装置和外来的导体均作等电位连接，连接母线与接地装置。汇集到机舱主底架的雷电流引到塔架，由塔架本体或引下线将雷电流传输到底部，再通过基础内的等电位连接母排引流到接地网。

风电机组机舱接地是整机防雷电气系统的重要一环，其目的是将来自机舱外部支架和叶片轮毂处的雷电经机舱底座、塔架汇流后导入大地，与机舱内部电力电子部件隔离开，保障机舱内部外部电器设备的安全。

1. 机舱罩等电位连接

为了防止机舱骨架内的金属部件因雷击造成暂态的电位升高而出现闪络放电等现象，采用铜编织带将机舱的金属部件进行等电位连接，消除金属部件间的电位差。

如图 10-11 所示，机舱罩龙骨为钢制槽钢，截面积 150mm²，利用其作机舱罩防雷接地。

在机舱罩中增加的编织接地线把机舱罩龙骨、测风杆、机舱罩外栏杆连成一体，使整个机舱罩形成等电位，并最终通过 70mm² 的黄绿接地线接至主机架。

气象架主体结构与机舱罩龙骨可靠接地，不必再用连接电缆。

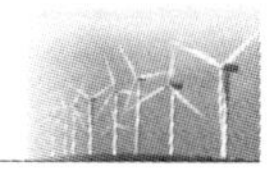

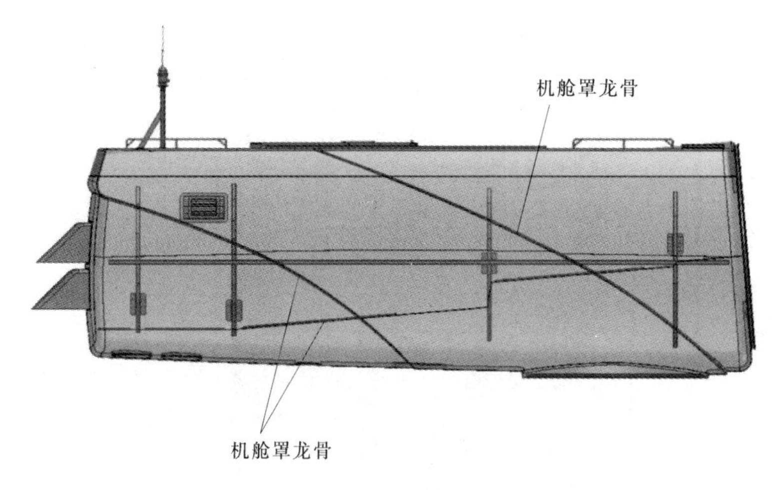

图 10-11 机舱等电位连接

在机舱罩壳体内，等间距布置预埋铜地线，与机舱罩龙骨可靠连接，并留出适当引线，接头用U形卡短路接地，构成机舱环形避雷织带。按照直击雷和感应雷的划分，将机舱整体分为外部和内部系统两个环节进行接地系统的布置。

该风力发电机机舱罩由两个左、右半壳和一个顶舱盖组成。顶舱盖上安装防雷支架和护栏，防雷支架上装有风速仪和风向标及航标灯。机舱罩预埋编织地线并适当留出引出线，共有10处20条线。

首先，裁剪每条引出线至200mm。在机舱左、右后角两处，用$35mm^2$的接线铜鼻子进行短接；往前分别间隔2.5m和5m处的四点也分别用$35mm^2$的接线铜鼻子进行短接，如图10-12所示。

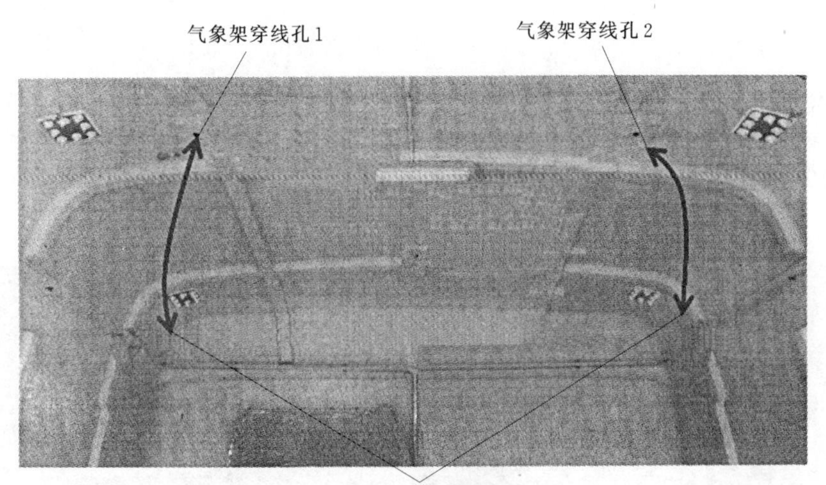

图 10-12 气象架与机舱罩连接示意图

局部放大后，如图10-13所示。

机舱底座后部下面的两点，也分别如上述方法短接，如图10-14所示。

图 10－13　防雷线与机舱连接位置

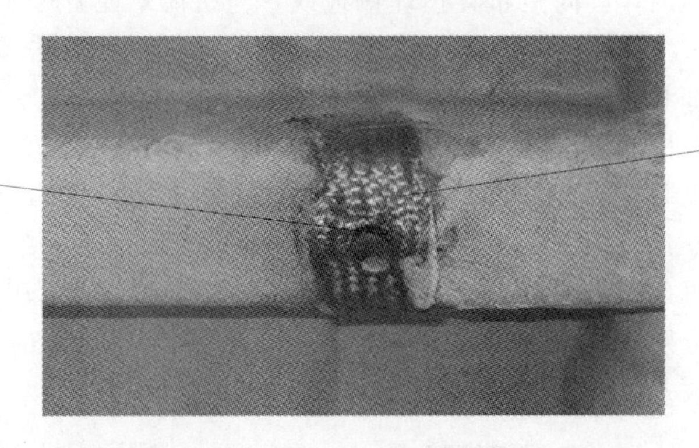

图 10－14　机舱底座连接图

将电缆在支撑腿一侧的铜鼻子用 M10×40mm 不锈钢螺栓与支撑腿连接，该孔为 ϕ10mm 通孔，电缆规格为 70mm^2 黄绿接地电缆。电缆的另一侧的铜鼻子用 M10×20mm 不锈钢螺栓与轴承座附近的机架连接，电缆规格为长 0.5m 的 70mm^2 黄绿接地电缆，如图 10－15 所示。

图 10－15　支撑脚与轴承座附近的机架电缆连接图

图 10－16　机舱罩整体示意图

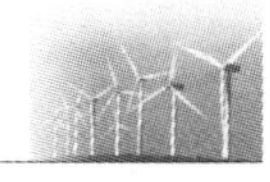

将机舱罩 6 个机舱罩支撑腿与机架用电缆连接起来，如图 10－16 所示。

2. 发电机等电位连接

发电机采用四脚接地。用 4 根长 0.4m 的 $50mm^2$（或者 $70mm^2$ 铜质编织线）接地电缆就近接到机架孔上。安装前，先将螺纹孔周围用角磨机将漆层清理干净，再用 M12 丝锥将螺纹孔清理干净。电机和机架上各有 4 个 M12 的螺纹孔。冷却器用长 0.2m 的 $50mm^2$（或者 $70mm^2$ 铜质编织线）接地电缆接到电机外壳上。风力发电机等电位连接如图10－17 所示。

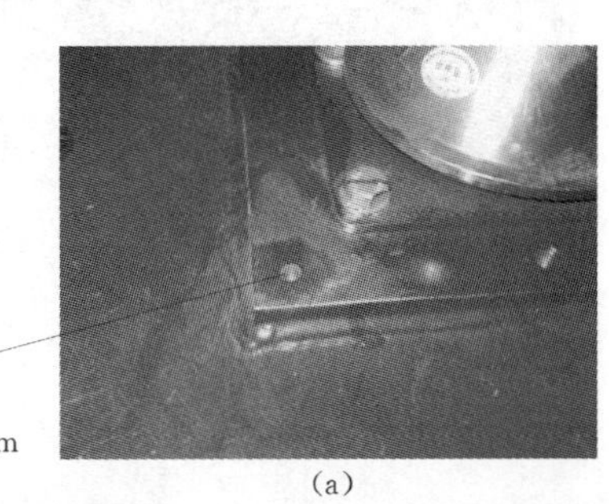

(a)

(b)

接地编织带

(c)

图 10－17 风力发电机等电位连接图

3. 机舱柜等电位连接

用一根长 0.5m 的 $50mm^2$ 电缆一端安装在机舱柜左侧接地点，另一端连接到机舱柜支撑腿上，机舱柜另一侧安装方式相同，如图 10－18 所示。

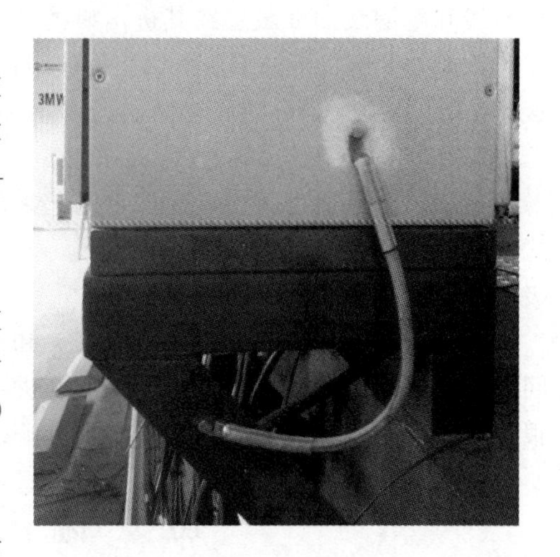

图 10－18 机舱柜支撑腿与接地点连接图

4. 齿轮箱等电位连接

在齿轮箱两侧底角上钻 2 个 M12 的螺纹孔，用两根长 0.4m 的 $50mm^2$ 接地电缆（或者 $70mm^2$ 铜质编织线）接到机架上，如图 10－19 所示。

5. 冷却风扇等电位连接

将冷却风扇支架去除保护漆，用接地电缆和机架就近连接，实现利用壳体接地。

机舱前端下方的两处引出线分别接在偏航轴承的防雷保护器的固定铜螺柱上，再做两根短接线，压接 $120mm^2$ 铜鼻子，用两个 M6×40mm 的六角头螺栓与机舱底座前端的螺纹孔牢固连接。连接处用角磨机去掉蓝色漆层。

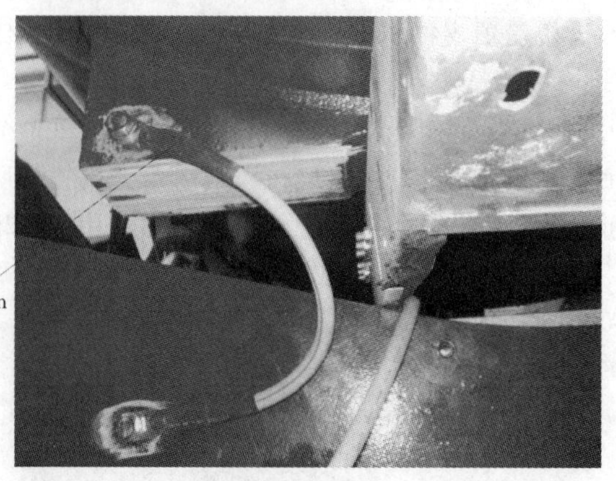

图 10－19　齿轮箱等电位连接

10.1.5　风机屏蔽措施

发生雷击时，雷电流产生的脉冲电磁场会从空间直接辐射到风电机组中的电气系统和控制系统，干扰系统的正常运行，侵害电气和电子设备。为了避免这种脉冲电磁场的辐射危害，需要对机组的线路及设备采取屏蔽措施。屏蔽措施有结构屏蔽、空间屏蔽、线路屏蔽等。下面将结合本风电机组阐述屏蔽的具体措施。

1. 结构屏蔽

风力发电系统设备结构中大多有金属箱体，具有一定的屏蔽效果。在运行过程中，应确保机箱门板关闭并进行等电位连接及接地。脉冲电磁干扰敏感的电子设备，特别是含有大规模集成电路的微电子设备，都应当采用连续完整的金属外壳将其封闭起来，进出设备信号线和电源线的屏蔽层在其进出口处，应与设备的金属外壳保持良好的电气接触。

该风力发电机组的钢制塔筒将用作结构屏蔽（从 LPZ0 过渡到 LPZ1）。由雷击直接或间接产生的感应磁场 H_0 将大幅减弱，因此减弱的感应磁场 H_1 将会出现在塔筒内部（LPZ1）。

2. 空间屏蔽

空间屏蔽是通过将指定区域封闭起来的壳体，即屏蔽体来实现，这种壳体可以制成板式、网状式以及金属编织带式等形式，其材料可以是导电的、导磁的，也可以是带有金属吸收填料的。

网状等电位连接设施中的金属开关和控制柜包含在等电位连接设备内，它们将用作空间屏蔽（从 LPZ1 过渡到 LPZ2）。这将进一步将磁场从 H_1 减弱到 H_2，使磁场强度降至很低，这样就避免了其对电子设备的影响。

10.2　陆上风电场接地实例

10.2.1　陆上风电机组接地实例

10.2.1.1　滩涂地（基础管桩与水平接地网结合接地实例）

江苏沿海某工程地质条件为：场址区勘探深度范围内上部②～③层为第四系全新统冲

海相粉土及海相淤泥质软土，下部为晚更新世滨海相沉积物，土壤电阻率约为2Ω·m。

因风电机为高耸结构建筑物，受水平风荷载时，其水平力和底部弯矩很大，并且风电机对塔架倾斜较敏感，对基础不均匀沉降要求较高。风电机组基础采用PHC桩基础，PHC桩采用工厂预制、高压蒸汽养护，桩身采用高强混凝土（C80）和高强预应力钢丝。参考国内外风电机组基础资料及已建工程的设计经验，风电机组基础为直径17m的圆形基础，每台风电机采用34根DN600PHC桩，桩长30m，分3圈布置，外圈20根，中圈10根，内圈4根。

由于土壤电阻率低，且土建基础管桩数量多、管径大，且长达30m，可充分利用土建基础管桩作为自然接地体，风电机组接地装置以风电机组基础中心为圆心，根据基础管桩位置设置多圈环形接地网，接地网敷设于管柱桩顶部并与管桩钢筋网可靠连接，同时从风电机组中心向外敷设4根水平接地扁钢与环形水平接地扁钢连接。箱变基础接地网与风电机接地网用2根扁钢连接。

经该地区多个工程接地检测试验，采用该接地方案，单台风力发电机工频接地电阻远小于2Ω。滩涂地风电机基础接地示意图如图10-20所示。

10.2.1.2 草原（土壤电阻率较低，基础钢筋与水平接地网接地实例）

内蒙古某工程地质条件为：场区稳定地下水位以上土层①层、②层及③—1层细砂视电阻率值整体上稍大，稳定地下水位以下电阻率值较小，由于场地大，各测试孔位视电阻率变化较大，各层土壤电阻率值在几十欧米到四五百欧米之间，经加权计算后，土壤电阻率取值介于22～108Ω·m之间。从该工程地质条件来看，接地条件良好，处理方法也较容易。

首先充分利用风力发电机基础钢筋网作为自然接地体，根据现场实际情况及土壤电阻率敷设人工接地网，以满足接地电阻的要求，重点区域加强均压布置。

单台风电机接地装置采用以风机中心为圆心设置环形水平接地带，内圈圆环半径为9m，外圈以9m间距递增，同时从风机中心向外敷设数根水平接地扁钢与环形水平接地扁钢相交，水平接地扁钢敷设深度为1.2m。在辐射水平接地扁钢与环形水平接地扁钢交点处设置垂直接地极，垂直接地极长3m，顶部距地面1.2m，与水平接地扁钢焊接，垂直接地极相互间距必须大于6m。箱式变电站接地网完成后，用2根接地扁钢与风电机基础接地网可靠连接。

环形水平接地扁钢及辐射水平接地扁钢主要起连接和均压作用，而扩散雷电流的任务主要由垂直接地极完成。采用该方案，在该地区单台风力发电机工频接地电阻一般均小于4Ω。草原风电机基础接地示意图如图10-21所示。

10.2.1.3 江西某风电场风电机组接地计算处理实例（垂直接地极与降阻剂结合接地实例）

江西某风电场具有装机容量大、机组分散等特点，设计中根据不同的地质条件采用不同的接地方法，使接地电阻达到规范要求值。风电机组基础主要分为两种情况：沙地和天然地基。对于沙地地基，设计中主要采用水平接地体和垂直接地体外加少量降阻剂相结合的方法。对于天然地基，主要采用水平接地体和接地模块相结合的方法。充分利用风电机组的基础，在互成120°管桩中敷设三根垂直接地极并引出与风机主接地网相连。

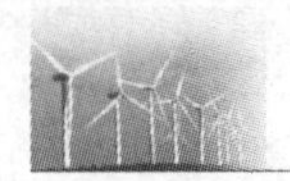

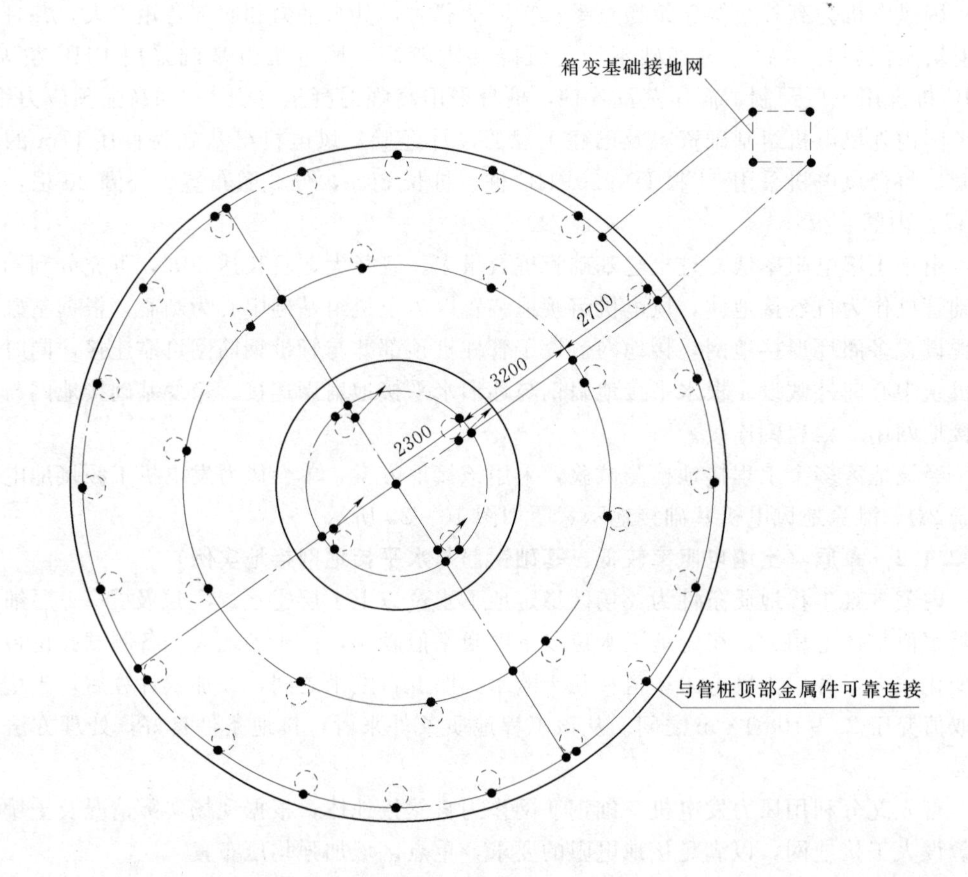

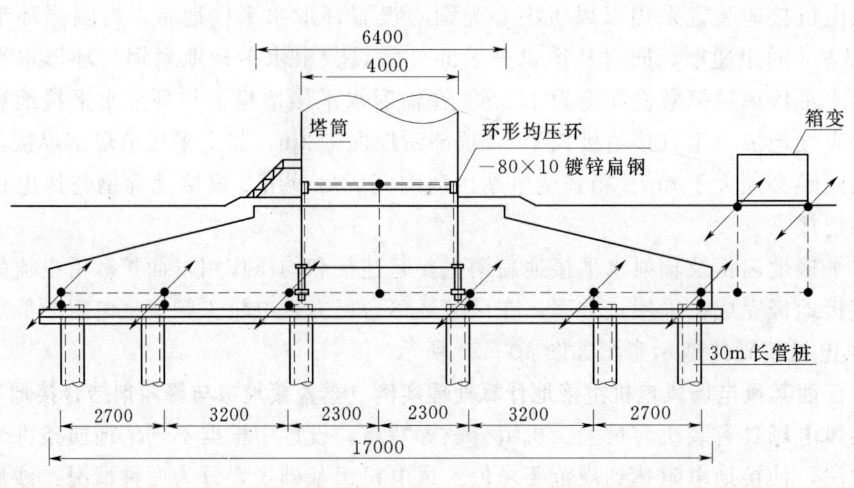

图 10-20　滩涂地风电机基础接地示意图（单位：mm）

1. 风机基础为沙地的接地电阻

(1) 复合式接地网。风机接地网面积 $S_{\Sigma}=2600\text{m}^2$，土壤电阻率 $\rho=5000\Omega\cdot\text{m}$，则

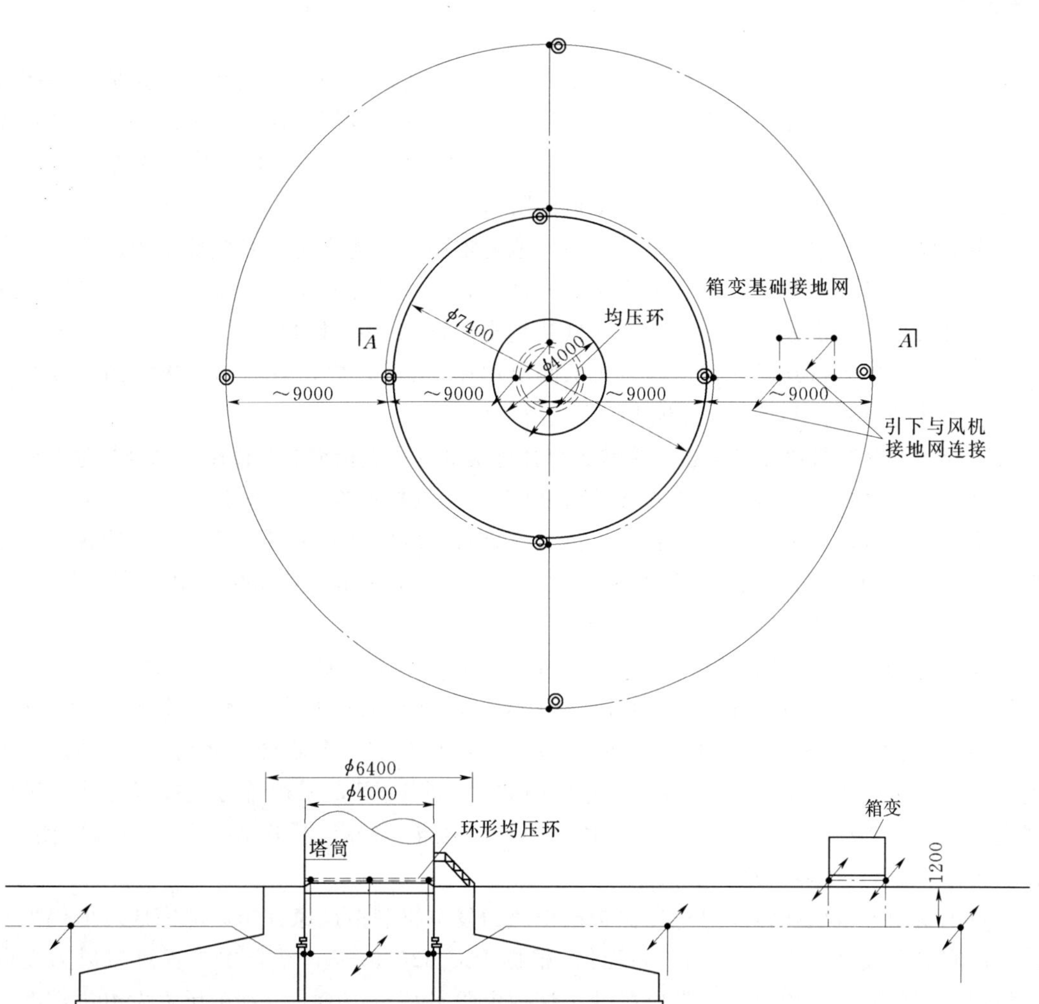

图 10-21 草原风电机基础接地示意图

$$R=0.5\frac{\rho}{\sqrt{S_{\Sigma}}}=49(\Omega)$$

(2) 接地深井。ϕ100mm镀锌钢管，10m/根，10口深井，取$\rho=5000\Omega$，$d=0.1$，则

$$R_{j\Sigma}=\frac{\rho}{2\pi l}\left(\ln\frac{8l}{d}-1\right)=\frac{5000}{2\pi\times(10-0.8)}\left[\ln\frac{8\times(10-0.8)}{0.1}-1\right]=484(\Omega)$$

$$R_{j}=\frac{484}{10}=48.4(\Omega)$$

全厂总接地电阻经实际测量为25.5Ω。

2. 风机基础为天然地基的接地电阻

天然地基因为垂直接地体难于往深度方向发展，所以采用水平接地体和接地模块相结合，并且在水平接地体周围敷设降阻剂的方法。同时充分利用了风电机组的基础，在互成120°管桩中敷设三根垂直接地极并引出与风机主接地网相连，因为接地模块至今尚无成熟的计算方法，只能通过实际测量得到接地电阻值。

由上面的计算结果可以看出：风机的接地电阻还是不能满足工频接地电阻的要求，当采用 2～4 根长度为 60～80m 的镀锌扁钢外延后，单机接地电阻仍然大于 4Ω，选择地理位置相对接近的风机地网相连以达到降低接地电阻的效果。本工程 33 台 1500kW 风机地网分成 5 个片区进行互联，片区内风机的距离均在 500m 以内，各局部大接地网连接完成后，检测接地电阻，5 个片区接地电阻均小于 4Ω。

10.2.1.4 湖北某风电场风电机组接地计算处理实例（垂直接地极与降阻剂结合接地实例）

湖北某风电场位于海拔约 1600m 的高山上，风电机所在地一般由表土、风化岩、基岩三层组成，该地区岩性为片麻岩和石英岩，碎石土层中夹有云母，其电阻率均较高。根据土壤电阻率测试报告，其土壤电阻率为 1000～4500Ω·m，强风化岩电阻率为 1500～27000Ω·m，基岩为 5000～25000Ω·m。

本风电场共安装 16 台 850kW 西班牙进口风电机组，供货厂家为 GAMESA，风电场采用两级升压方式。风电机出口电压为 690V，在每台风电机附近配套安装一台 0.69/10kV 箱式变电站，根据布置情况，每 3～5 台风电机组成一个联合单元后，由 1 回 10kV 电缆线路送至升压站 10kV 开关柜；10kV 侧共“4 进 1 出”，采用单母线接线方式；风电场电能经 1 台 SZ10－16000/110 主变压器再次升压至 110kV 后送入系统，110kV 侧“1 进 1 出”，采用变压器线路组接线。

风电机组本身的防雷及过电压保护已由风力发电机制造厂家在出厂前完成，但仍需要对其配套设备及基础进行防雷接地设计。根据 IEC 62305－3，结合本工程进口风力发电机机组厂家的要求，单台风力发电机冲击接地电阻需小于 10Ω，以利于风力发电机雷电流释放。

结合各台风力发电机组所处位置地形情况，首先按以下方法进行设计，如接地电阻不满足要求，则需对该接地网进一步采取措施。

根据风电机组所处位置的地形情况，单台风电机接地装置采用以风电机中心为圆心设置环形水平接地带，根据冲击有效范围的计算，内圈圆环半径为 9m，外圈以 9m 间距递增，同时从风电机中心向外敷设数根水平接地扁钢与环形水平接地扁钢相交，水平接地扁钢敷设深度为 1.2m（该地区冻土层厚度约 1m）。在辐射水平接地扁钢与环形水平接地扁钢交点处设置垂直接地极，垂直接地极长 3m（土壤电阻率大的应加长），顶部距地面 1.2m，与水平接地扁钢焊接。垂直接地极相互间距必须大于 6m（具体根据垂直极长度增加而相应加大）。环形水平接地扁钢及辐射水平接地扁钢主要起连接和均压作用，而扩散雷电流的任务主要由垂直接地极完成。

1. 单台风力发电机的接地电阻计算

（1）单台风力发电机水平复合接地网工频接地电阻为

$$R_g=0.5\frac{\rho}{\sqrt{S}} \tag{10-1}$$

式中 R_g——风电机工频接地电阻，Ω；

ρ——土壤电阻率，Ω·m；

S——接地网面积，m^2。

（2）单个垂直接地极接地电阻为

$$R_v=\frac{\rho}{2\pi l}\left(\ln\frac{8l}{d}-1\right) \tag{10-2}$$

式中 R_v——单个垂直接地极接地电阻，Ω；

l——接地极的长度，m；

d——接地极的等效直径，m。

（3）单台风电机冲击接地电阻为

$$\alpha_1=\frac{1}{0.9+\beta\frac{(I\rho)^m}{l^{1.2}}} \tag{10-3}$$

$$\alpha_2=\frac{1}{0.9+\beta\frac{(I\rho)^m}{l^{1.2}}} \tag{10-4}$$

$$R_i=\frac{R_v\alpha_2R_g\alpha_1}{R_v\alpha_2+R_g\alpha_1}\frac{1}{\eta} \tag{10-5}$$

式中 R_i——单台风电机冲击接地电阻，Ω；

I——雷击冲击电流，kA；

α_1——水平接地网冲击系数；

α_2——垂直接地极冲击系数；

m——水平接地网参数为0.9；垂直接地极参数为0.8；

β——水平接地网参数为2.2；垂直接地极参数为0.9；

η——屏蔽系数，取0.7。

（4）每台风电机冲击接地的有效半径为

$$r=\frac{6.6\rho^{0.29}}{\sqrt{\pi}} \tag{10-6}$$

式中 r——风电机冲击接地的有效半径，m；

ρ——土壤电阻率，Ω·m。

将单台风电机土壤电阻率等参数代入式（10-1）～式(10-6)，可计算出每台风电机的冲击有效半径、工频接地电阻和冲击接地电阻，见表10-2。

表 10 - 2　单台风电机工频接地电阻和冲击接地电阻

风机编号	土壤电阻率 ρ /(Ω·m)	冲击接地有效半径 r/m	工频电阻 R/Ω	冲击电阻 R_i /Ω	备　　注
1	4630	43.1	40.25	8.71	
2	5920	46.2	44.1	8.8	
3	6640	47.8	43.74	9.49	
4	13660	58.9	77.52	7.99	
5	7740	50	48.52	9.41	
6	9340	52.8	146.37	16.01	需采取措施
7	3630	40.1	28.44	8.53	
8	6420	47.3	76.05	12.69	需采取措施
9	3930	41.1	34.74	8.54	
10	7720	49.9	57.04	9.17	
11	3880	40.9	36.66	8.89	
12	6020	46.5	49.48	8.11	
13	5140	44.4	40.27	9.88	
14	3410	39.4	59.61	14.9	需采取措施
15	2460	35.8	22.46	8.73	
16	4070	41.5	35.97	9.23	

尽管本风电场土壤电阻率很高，但由于风电机组厂家要求为冲击接地电阻不大于10Ω，不是一个很高的要求，因此经过设计计算，大部分机组都能满足要求，根据表 10 - 2 的计算结果，本风电场还有 6 号、8 号、14 号共三台风电机的冲击接地电阻不满足要求，应采取措施降阻，本工程采用了物理型长效降阻剂（包括水平网和垂直接地极），用 0.2m×0.2m 的体积包裹接地体，以降低三台风电机的接地电阻，根据厂家经验参数，降阻系数可达到 0.52，但为保险起见，取降阻系数为 0.6。

使用降阻剂后风电机场地土壤电阻率普遍较高，且地形复杂，水平接地网施工困难，因此其余各台风电机的垂直接地极也使用长效降阻剂以有效地降低冲击接地电阻，见表 10 - 3。

表 10 - 3　使用降阻剂后单台风电机工频接地电阻和冲击接地电阻

风机编号	土壤电阻率 ρ /(Ω·m)	冲击接地有效半径 r/m	工频电阻 R/Ω	冲击电阻 R_i /Ω	备　　注
6	9340	52.8	73.2	9.6	
8	6420	47.3	38.03	7.6	
14	3410	39.4	24.8	8.94	

采用降阻剂降阻后，接地竣工验收经测试，所有风电机组接地电阻均满足了风电机组厂家的要求。

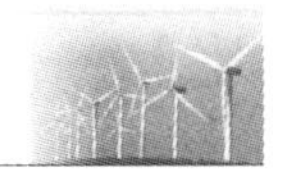

2. 升压站接地计算

(1) 110kV升压站保护措施包括以下内容：

1) 直击雷保护。升压站电气设备采用户内型布置，布置在生产楼内。因此，升压站生产楼可采用屋顶女儿墙避雷带进行直击雷保护。

2) 侵入雷电波保护。在风电场10kV配电装置母线和110kV配电装置（GIS）出线侧与架空线入口处装设氧化锌避雷器保护。

3) 消弧线圈消谐。本风电场10kV侧采用电缆输电，经计算，风电场10kV系统单相接地电容电流小于30A。按照规程规定，可不安装消弧消谐设备。

4) 操作过电压。在升压站10kV断路器柜中配置过电压吸收装置来防止真空断路器的操作过电压。

5) 接地。由于110kV升压站土壤电阻率高，而升压站采用户内布置方案，占地面积小。因此，接地电阻非常大，必须采取措施降低接地电阻。

接地装置采用方孔网格状布局，网格间距8m左右，水平接地扁钢敷设深度为1.2m（该地区冻土层厚度约1m），在升压站挡土墙内侧一圈设置接地极（长度为5m），同时，升压站向四周扩大接地网的面积，网格间距为30m，最后在大面积接地网外向外敷设数根水平射线。在扩大后的整个接地网范围内使用长效降阻剂以降低升压站接地电阻。

(2) 升压站接地电阻计算。

升压站接地电阻为

$$R_{变}=0.5\frac{\rho}{\sqrt{S}}=5.58(\Omega)$$

升压站接地网和所有风力发电机接地网用三根镀锌扁钢连接。连接线接地电阻为

$$R_{线}=\frac{\rho}{2\pi L}\left(\ln\frac{L^2}{hd}+A\right)/3=3.02(\Omega)$$

式中 $R_{线}$——水平接地极的接地电阻，Ω；

A——水平接地极的形状系数，$A=-0.6$。

由于1～5号及14～16号风力发电机距离升压站较远，对降低整个地网的工频接地电阻效果不大，故不考虑该部分连接用地线及风电机接地网对升压站工频接地电阻的影响。

因此，升压站总的工频接地电阻为

$$R_{总}=\frac{(R_{变}/\!/R_6/\!/R_7/\!/\cdots/\!/R_{13}/\!/R_{线})}{\eta}=1.57(\Omega)$$

式中 η——整个地网屏蔽系数取0.9。

(3) 升压站内接触电压和跨步电压验算。

1) 地电位为

$$U_g=IR_g=9420(V)$$

式中 I——入地电流，根据短路电流计算结果取6000A。

经计算，$U_g>2000V$，按照规程要求，需采取隔离措施。

2) 最大接触电位差为

$$U_{tmax}=K_{tmax}U_g=1.20\times1.0\times0.135\times1.144\times9420=1750(V)$$

$$K_{tmax}=K_dK_LK_nK_s$$

$$K_d=0.841-0.225\lg d=1.20$$

$$K_L=1.0(按方孔接地网考虑)$$

其中

$$n=2\left(\frac{L}{L_0}\right)\left(\frac{L_0}{4\sqrt{S}}\right)^{1/2}=13.2$$

$$K_n=\frac{0.076+0.776}{n}=0.135$$

$$K_s=0.234+0.414\lg\sqrt{S}=1.144$$

3）最大跨步电压为

$$U_{smax}=K_{smax}U_g=0.038\times9420=358(V)$$

$$K_{smax}=(1.5-\alpha_2)\ln\frac{h^2+(h+T/2)^2}{h^2+(h-T/2)^2}/\ln\frac{20.4S}{dh}=0.038$$

其中

$$\alpha_2=0.35\left(\frac{n-2}{n}\right)^{1.14}\left(\frac{\sqrt{S}}{30}\right)^{\beta}=0.53$$

$$\beta=0.1\sqrt{n}=0.36$$

4）允许最大值为

接触电压

$$U_t=\frac{174+0.17\rho_f}{\sqrt{t}}=883(V)$$

跨步电压

$$U_s=\frac{174+0.7\rho_f}{\sqrt{t}}=1670(V)$$

式中　ρ_f——地表面的土壤电阻率，计算设备接触电压时取干燥混凝土电阻率 3000Ω·m，计算跨步电压取测量最低土壤电阻率值 1600Ω·m；

t——短路电流持续时间，取 0.6s。

从计算结果可以看出，升压站内的设备接触电压不满足要求，需采取措施，在隔离开关操作机构、设备本体、支架构架四周 0.6m 处敷设局部闭合接地线，埋深 0.3m，并与设备支构架的接地引下线相连。地面跨步电压满足要求。

(4) 隔离措施。考虑到本电站处于高电阻率地区，满足《交流电气装置的接地》(DL/T 621—1997) 中的不大于 5Ω 的要求。但升压站地电位超过 2000V，按照规程要求需采取隔离措施，防止风电场高电位引出及场外低电位引入。措施如下：

1）通信（或信号）线是最常见的低电位引入和高电位引出途径。本风电场对外界的通信线、信号线等采用光纤连接。风电场的通信线路对外是隔离的，不存在高电位引出和低电位引入的问题。

2）为了防止高电位引入，从升压站内引到接地网外的低压线路，最好使用架空线路，其电源中性点不在接地网内接地，而在用户处单独接地。如果采用金属外皮的电缆供电，

则除电源中性点不在接地网内接地而在用户处接地外，最好能把电缆直埋于土中，或在电缆进入用户处将金属外皮剥去50～100cm后穿入绝缘护套内。

3）引出接地网外的金属管道，可采用一段绝缘管，或在法兰连接处加装橡皮垫和绝缘垫圈，并把连接法兰的螺栓穿在绝缘套管内等隔离措施。采用法兰隔离高电位，通常不应少于三处。

3. 线路屏蔽

风电场内设备布设的各种电力线、电源线和信号线易于受到雷电脉冲磁场的感应作用。当这些线路受到电磁感应后，将会产生沿线路传输的电涌过电压，侵害与线路端接的电气和电子设备。对线路采用的常见屏蔽措施是使用屏蔽电缆，即利用缆线外的屏蔽层来阻尼电磁场对内部芯线的感应。线路的屏蔽应注意以下几点：

（1）在机舱、控制柜和塔内布置电源线和信号线时，建议架设布线槽进行布线。风电机组内的供电电源和IT连接头排布要求遵守电缆的EMC平衡法排布和强制要求的间距，防止彼此间的电磁干扰。

（2）通信系统线缆与防雷引下线最小平行距离为1m，最小交叉距离为0.3m；电力电缆与通信线缆平行敷设时，最小间距为0.6m；配电箱与通信线缆最小距离为1m，变电室与通信线缆最小距离为2m。

另外，在LPZ边界处，等电位联结网必须包含屏蔽的IT电缆和导体，并使用浪涌保护设备。

10.3 集电线路防雷设计实例

本节以某风电场雷击事故为例，利用ATP/EMTP仿真软件建立了雷电直击风电场集电线路的模型，仿真计算了变压器上的暂态过电压以及流过导线线路的最大雷电流，比较了在线路上安装避雷器与降低杆塔接地电阻对仿真结果的影响，选择有效的风电场集电线路防雷保护措施。

10.3.1 计算模型的建立

1. 雷电流模型

常用的雷电流模型有双指数模型和Heidler模型，为了能够更好地对雷电流进行定量分析，可用双指数表达式来描述雷电流波形，即

$$i=AI_{\mathrm{m}}(\mathrm{e}^{-\alpha t}-\mathrm{e}^{-\beta t})$$

式中　α、β——常数，其大小可由沿先导通道的电荷密度、回击速度和回击过程中先导电荷的复合率推导求得。

根据我国电力系统防雷设计建议，本节雷电流波形参数选为2.6/50μs。

2. 杆塔模型

在经受雷电冲击时，塔顶呈现的电位与注入塔顶的冲击电流的比值（即杆塔的波阻抗）直接影响到塔顶电位的计算结果。雷电波从塔顶传到塔基是需要时间的，不同横担上的电位是有差别的，所以在进行仿真计算时，杆塔模型中不同高度处的波阻抗不同。这里

利用多波阻抗模型对线路杆塔进行等效。杆塔的多波阻抗模型如图10－22所示，其等效模型如图10－23所示。各部分波阻抗计算公式如下。

主支架

$$Z_{Tk}=60\times\left(\ln\frac{2\sqrt{2}h_k}{r_{ek}}-2\right)$$

$$r_{ek}=2^{1/8}(r_{Tk}^{1/3}r^{2/3})^{1/4}(R_{Tk}^{1/3}R^{2/3})^{3/4}$$

式中，r_{Tk}、R_{Tk}、r、R 分别如图10－22对应部位所示，h_k 为各横担相对于地面的高度。

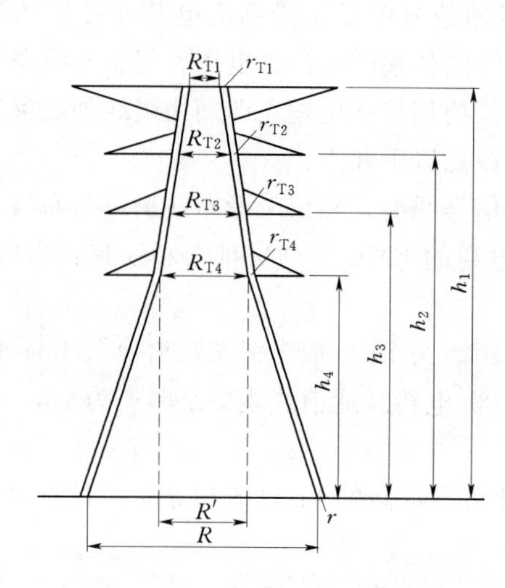

图10－22　杆塔多波阻抗模型

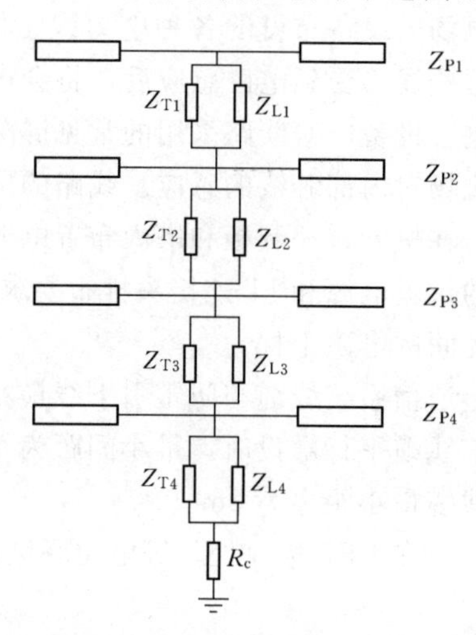

图10－23　杆塔多波阻抗等效模型

支架的波阻抗

$$Z_{Lk}=9Z_{Tk}$$

横担的波阻抗

$$Z_{Ak}=60\ln\frac{2h_k}{r_{Ak}}$$

式中　r_{Ak}——第 k 部分横担的等值半径，可近似取为与杆塔主体节点处横担宽度的1/4。

3. 输电线路模型

雷电波的传播有两个重要参数，特征阻抗和传播速度。这两个参数都是频率的相关函数，并且雷电流的波前时间仅为几微秒，等值频率高，所包含的频率十分丰富。为了使仿真效果更符合实际情况，应该建立与频率相关的线路模型。ATP/EMTP仿真软件中，J. Marti模型是具有频率相关参数的线路模型，它在频域用一个近似的有理函数来拟合阻抗函数，并且通过一系列处理建立等效的诺顿电路，它实质上是将模拟滤波技术应用于求解频变参数的线路。因此线路模型采用J. Marti模型。

4. 绝缘子串模型

该风电场线路耐张绝缘子串及悬垂绝缘子串均采用防污型陶瓷绝缘子，型号为XWP－7，分别以单串、双串的形式进行连接。耐张绝缘子串采用5片绝缘子，悬垂串采用4片绝缘子。在仿真时采用相交法对绝缘子串是否闪络进行判断。若绝缘子串两端电压曲线与其伏秒特性相交，则判定绝缘子串发生闪络，曲线的相交时刻即为发生闪络的时刻，如图10－24所示。

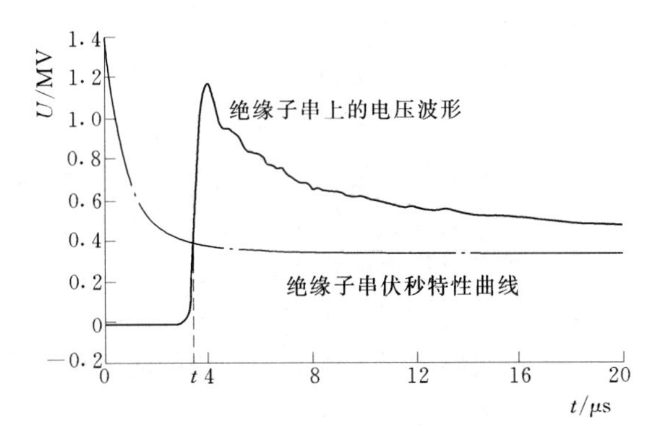

图 10-24　绝缘子串闪络时电压、伏秒特性曲线

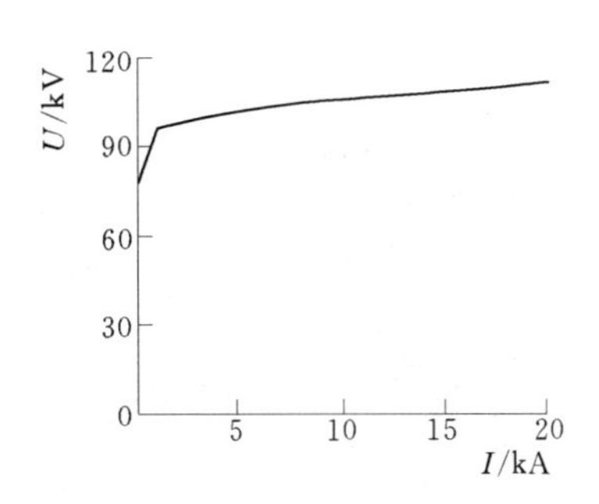

图 10-25　避雷器伏安特性曲线

5. 避雷器模型

避雷器具有良好的非线性特性，当线路正常运行时，避雷器呈现高阻抗而相当于断路；当线路遭受雷击而出现雷电过电压时，其电阻值立即大幅度下降，可以视为短路。避雷器的伏安特性曲线如图 10-25 所示。因此，避雷器可以采用 ATP/EMTP 中的非线性电阻来近似等效。

6. 变压器模型

雷电过电压计算通常用于变电站对外部侵入过电压的绝缘配合研究。对于变压器，通常不需考虑过电压的传递，只需要知道一次侧端子的过电压，此时可用冲击波侵入电容（即入口电容）进行模拟。图 10-26 所示为冲击波侵入电容模拟的变压器。

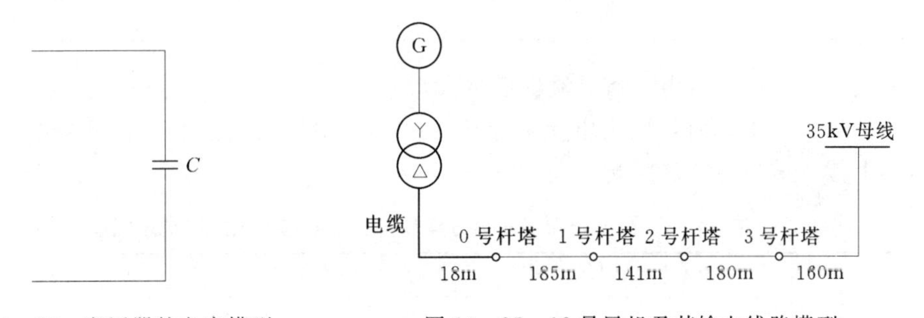

图 10-26　变压器的电容模型

图 10-27　12 号风机及其输电线路模型

10.3.2　风电场集电线路雷击事故实例分析

1. 事故经过

2012 年 5 月 30 号下午 2 点左右，雷雨天气，大连某风电场 1 号集电线和 2 号集电线相继跳闸，同时 12 号风机电源发生故障。雨停后，经巡线发现：12 号风机箱变的低压侧断路器跳闸，并且低压柜内连接断路器的低压电缆、铜母线及二次线的绝缘部分都烧黑炭化。12 号风机以及与其相连的 4 级杆塔模型如图 10-27 所示，其中 0 号杆塔为终端水泥杆塔，1～3 号杆塔为铁塔。

2. 仿真分析

雷电击中箱变的前几级杆塔时会产生很大的雷电过电压。由于杆塔与变压器之间的距

离很短，因此雷电波沿线路传播至变压器时会在变压器上产生很大的过电压，可能造成变压器高压侧的过电压保护器动作。根据实际情况，该风电场的接地网相互连接，雷电波会经接地引下线传播至变压器的低压侧，造成变压器的低压侧损坏。同时雷击会产生很大的过电流，造成线路的绝缘损坏。因此降低箱变上的过电压并且限制流过线路的过电流对于线路的防雷保护有很重要的作用。

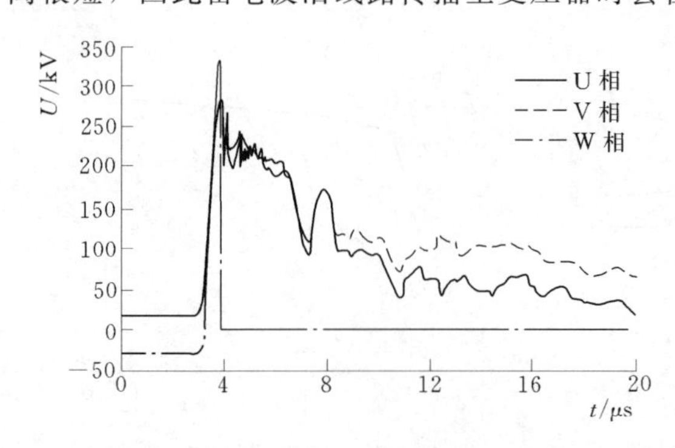

图 10－28　绝缘子串两端的电压波形

根据该风电场地理环境及设计要求，取接地电阻 15Ω，且原线路终端塔（即 0 号杆塔）已安装避雷器。应用 ATPdraw 构建雷电直击于风电场场内输电线路的模型，计算出该段线路的耐雷水平约为 35.2kA。雷电流为 35.2kA 时绝缘子串两端的电压波形图如图 10－28 所示。

不同大小的雷电流分别击中 3 号杆塔上时，箱式变压器的侵入波过电压幅值见表 10－4。

表 10－4　不同雷电流幅值下箱变上的过电压幅值

雷电流幅值/kA	过电压幅值/kV	雷电流幅值/kA	过电压幅值/kV
240.00	151.79	120.00	121.08
200.00	141.62	100.00	116.11

从表 10－4 可以看出，雷电流幅值越大，侵入波过电压幅值也越大。为了对过电压进行定量分析，在仿真时，取雷电流大小为 100kA。不同雷击点和避雷器安装情况对箱式变压器上侵入波过电压的影响见表 10－5。

表 10－5　改变避雷器安装方案和雷击点时箱变上的过电压幅值

雷击塔号	方案 1	方案 2	方案 3	方案 4
	0 号	0 号、1 号	0 号、1 号、2 号	0 号、1 号、2 号、3 号
1	147.71	106.40	—	—
2	109.43	98.00	88.11	—
3	107.02	90.46	80.87	78.37

从表 10－5 可以看出，安装避雷器对降低变压器的侵入波过电压具有明显的作用，并且安装的避雷器组数越多，侵入波过电压越低。原线路上 0 号杆塔已安装避雷器。当雷击中 1 号杆塔时，在 1 号杆塔上安装避雷器后侵入波过电压降低了 28%；当雷击中 2 号杆塔时，在 2 号杆塔上安装避雷器后侵入波过电压降低了 10.1%。当雷击中 3 号杆塔时，在 3 号杆塔上安装避雷器后侵入波过电压只降低了 3%。可见在 3 号杆塔上安装避雷器，对降低箱式变压器的侵入波过电压的效果已经不明显。所以应采取在 1 号和 2 号杆塔上增设避雷器的措施，使箱式变压器上的侵入波过电压大大减小，从而起到保护变压器低压侧

的作用。

假设1号杆塔和2号杆塔均安装了避雷器。由于该风电场所处地理条件的限制，在此只改变终端塔（0号杆塔）和1号杆塔的接地电阻。其中 R_0 为终端塔的接地电阻；R_1 为1号杆塔的接地电阻。取雷电流为100kA，当雷电击中1号杆塔时，改变0号杆塔和1号杆塔的接地电阻，变压器上的侵入波过电压波形如图10-29所示。

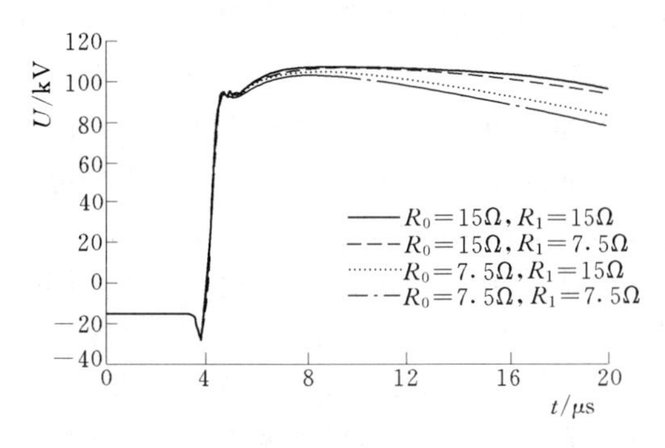

图10-29 降低接地电阻对过电压的影响

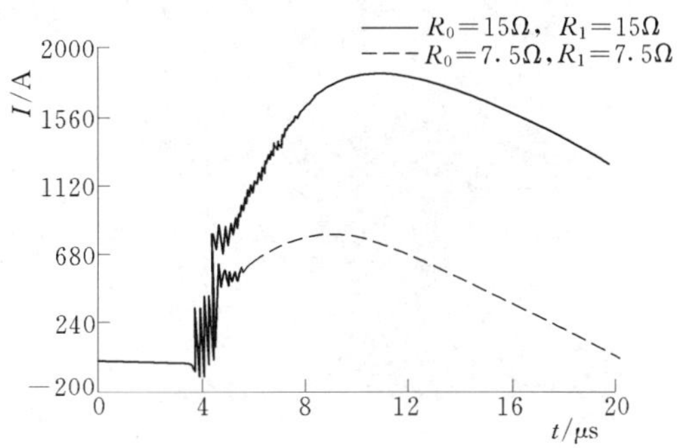

图10-30 降低接地电阻对过电流的影响

由图10-29可知，降低 R_0 和 R_1 对降低侵入波过电压起到的作用非常微弱。但是对限制流过线路的雷电流起到重要作用，如图10-30所示。

当0号杆塔和1号杆塔的接地电阻均降到原来的一半（7.5Ω）时，电流幅值降低了49.8%，所以，降低终端塔和1号杆塔的接地电阻可以有效降低线路损坏的几率。

10.3.3 集电线路防雷措施的改进

安装避雷器可以将雷电流分流入地，从而降低变压器上的侵入波过电压，对线路及变压器起到保护作用。通过对仿真结果的分析可以看出，在终端塔以及1号杆塔和2号杆塔共同增设避雷器起到的防雷保护作用比较明显。当雷击杆塔时，由于杆塔的冲击接地电阻远小于避雷线及输电导线的波阻抗，大部分雷电流由杆塔入地，剩余部分则沿避雷线流向邻近杆塔，因此降低杆塔接地电阻能减小过电流。通过仿真分析可得，降低终端塔和1号杆塔的接地电阻能对防雷保护起到较大地作用。

因此，在1号杆塔和2号杆塔上增设线路避雷器和降低终端塔和1号杆塔的接地电阻可大大降低此类故障的发生概率，提高风电场集电线路的耐雷水平。

10.4 海上升压站平台的雷电防护与接地

本节以某三层220kV海上升压站为原型，对海上升压站的典型结构作了介绍，并介绍了工程应用上的防雷与接地设计。

10.4.1 升压站的结构分层

该升压站如图10-31所示。

该升压站的第一层为甲板层。甲板层底部要求位于海水在极端高潮位时的最大波高以

图 10-31　某 220kV 海上升压站

上位置，防止底层受到海水侵蚀。甲板层上布置有救生设备库、工具间及备品库、应急柴油机房、消防水泵房、暖通机房等房间和一个半固定移动式卫生间。靠近甲板边缘处布置有救生设备。在位于第二层的主变压器下方布置有事故油罐。甲板层同时作为电缆层，35kV 和 220kV 海缆通过 J 型管穿过本层甲板，其他种类的电缆也通过电缆桥架敷设在甲板层上。根据设备高度的要求以及甲板层作为升压站结构转换的要求，甲板层高度设计为 6.5m。

升压站的第二层中间布置两台主变压器，分别位于两个房间内。主变压器本体和散热器分开布置，散热器位于主变室两侧的外平台上。主变室一侧布置有 40.5kV 等级的开关室和接地变室，其中开关室内布置开关柜，接地变室内布置 4 组场变兼接地变压器和 4 组电阻柜；另一侧布置 GIS 室、继保室、通信机房、蓄电池室、低压配电室和应急控制室，其中应急控制室内布置火灾报警控制器、导航盘、应急配电盘及控制台等。本层高度由 GIS 设备确定，设计时取值为 6.5m。

升压站的第三层中间为主变区域，同时在两侧放置 4 套无功补偿装置。

10.4.2　直击雷防护设计

升压站内的设备、管道、构架、电缆金属外皮、钢屋架、钢窗等较大金属物和突出屋面的油枕、测风仪等金属物，均接到防雷电感应的接地装置上。

在升压站的金属屋面四周，每隔 18～24m 采用引下线接地一次。沿屋角、屋脊和屋檐等易受雷击的部位敷设网格不大于 5m×5m 或 6m×4m 的接闪网，并沿屋顶周边敷设接闪带，防止雷直击升压站。接闪带敷设在外墙外表面或屋檐边垂直面上，也可敷设在外墙外表面或屋檐垂直面外。接闪器之间要做好相互连接。

10.4.3　感应雷防护设计

室外低压配电线路全线采用电缆直接埋地敷设设计，在入户处将电缆的金属外皮、钢管接到等电位连接带或防雷电感应的接地装置上。

电子系统的室外金属导体线路宜全线采用有屏蔽层的电缆埋地，其两端的屏蔽层、加强钢线、钢管等应等电位连接到入户处的终端箱体上，在终端箱体内应装设电涌保护器。

一次系统和二次系统均装设避雷器，防止雷电波侵入；在电源引入的总配电箱处应装设Ⅰ级试验的电涌保护器，电涌保护器的电压保护水平值应小于或等于 2.5kV。每一保护模式的冲击电流值幅值应等于或大于 12.5kA。

对于采用光缆的电子系统的室外线路，在其引入的终端箱处的电气线路侧应装设 B2 类慢上升率试验类型的电涌保护器。

平行敷设的管道、构架和电缆金属外皮等长金属物，其净距小于100mm时，采用金属线跨接，跨接点的间距不应大于30m；交叉净距小于100mm时，其交叉处也应跨接。长金属物的弯头、阀门、法兰盘等连接处也应用金属线跨接。

10.4.4 接地设计

该海上升压站的接地设计方案如图10-32所示。

借鉴国外升压站接地方案的设计经验，该升压站的主接地体包括主接地导体和升压站平台上的众多裸露的接地点。接地点和升压站基础的主要和次要钢结构的焊接要可靠牢固，裸露接地点的位置应当尽可能靠近升压站的设备，以便就近接地。此外，必须采用预防措施保证基础的主次钢结构避免遭受雷击。主接地导体和裸露接地点的焊接面应足够大，以满足雷电流泄流的需要。

图10-32 海上升压站甲板上的裸露接地体示意图

中性点需要接地的设备，其中性点也要通过设备附近的裸露接地体进行接地。每一个裸露接地体只能为一个设备提供接地接口，以保证所有设备接地的可靠性。在进行可靠接地之后，裸露在外部的接地体应当和已可靠连接的接地线密封在一起，具体的密封方法应当与设备供应商所生产的其他设备的密封结构相一致，以便于检修和更换。

根据国外海上升压站的设计实例，升压站内所有设备的等电位电缆可以采用截面积为70mm^{2}的铜绞线。在设计布线方案时，要保证等电位电缆的长度最小，不能存在因过长而打结和成环的情况。此外，必须保证在甲板上有足够多的裸露接地点，接地点和接地系统的主要和次要钢结构可靠连接，并且应该进行防腐处理。

海上升压站电气设备采用总的接地装置，二次设备经由二次接地网与主接地网相连。

参 考 文 献

[1] 杨文斌. 风电系统过电压保护与防雷接地及其设计 [D]. 杭州：浙江大学，2008.

[2] 熊玉辉，胡惠清. 浅谈江西某风电场接地方案 [C]. 2012年江西省电机工程学会年会论文集，132-134.

[3] 万文涛，尚景宏. 垂直轴风电机组的防雷接地设计 [J]. 应用科技，2010，37 (12)：1-4.

[4] 潘琳，张彦昌. 内陆风电场风电机组接地方式探讨 [J]. 电气时代，2012，(11)：76-80.

[5] 李天密，鲁强. 风力发电机组的综合防雷 [C]. 中国农机工业协会风能设备分会，风能产业，2014，(1)：38-48.

本书编辑出版人员名单

总责任编辑　陈东明

副总责任编辑　王春学　马爱梅

责 任 编 辑　张秀娟　李　莉

封 面 设 计　李　菲

版 式 设 计　黄云燕

责 任 校 对　张　莉　梁晓静　吴翠翠

责 任 印 制　帅　丹　孙长福　王　凌